常用中兽药散剂显微结构鉴别彩色图谱集

韩 立 主编

河南科学技术出版社

· 郑州 ·

图书在版编目（CIP）数据

常用中兽药散剂显微结构鉴别彩色图谱集 / 韩立主编. —郑州：河南科学技术出版社，2018.5

ISBN 978-7-5349-9217-9

Ⅰ.①常… Ⅱ.①韩… Ⅲ.①中兽医学—散剂—图谱 Ⅳ.①S853.73-64

中国版本图书馆CIP数据核字（2018）第071857号

出版发行：河南科学技术出版社
　　　　　地址：郑州市经五路66号　　邮编：450002
　　　　　电话：（0371）65737028　65788613
　　　　　网址：www.hnstp.cn
策划编辑：陈淑芹
责任编辑：田　伟
责任校对：郭晓仙
装帧设计：张　伟
版式设计：栾亚平
责任印制：朱　飞
印　　刷：河南瑞之光印刷股份有限公司
经　　销：全国新华书店
开　　本：889 mm×1194 mm　1/16　印张：20.5　字数：505千字
版　　次：2018年7月第1版　2018年7月第1次印刷
定　　价：298.00元

编写人员名单

主　　编　韩　立
副 主 编　刘素梅　邱天宝　杨荣荣　杨　帆
编写人员　张跃京　王军红　吴俊华　王　丽
　　　　　臧合英　司慧民
编写单位　河南省畜产品质量监测检验中心
　　　　　哈密市动物疫病预防控制中心

序

  中兽药是我国传统兽医学的重要组成部分，已有两千多年的应用历史。中兽药的天然性、无残留性和无抗药性是化学药品无法比拟的，中兽药的推广应用是绿色健康养殖的必然发展趋势。河南是中华民族与华夏文明的发源地，地处中原。河南省中药资源有2 700余种，有蕴藏量的种类236种，栽培品种99种。"四大怀药"地黄、牛膝、山药、菊花就是代表性的河南道地药材，另外还有丹参、金银花等。

  哈密市位于新疆维吾尔自治区最东端，地跨天山南北，辖一区两县，是古丝绸之路上的重要门户和交通枢纽，自古以来就是西域与内地联络的咽喉地带，有"西域襟喉，中华拱卫"和"新疆门户"之称。天山山脉横亘于哈密市，把全市分为山南、山北。山北森林、草原、雪山、冰川浑然一体，山南的哈密盆地是冲积平原上的一块绿洲，被气势磅礴的戈壁大漠环抱萦绕。横跨天山南北的独特地貌使哈密素有"新疆缩影"之称。哈密市土壤以潮土、草甸土、沼泽土、盐土等为主，含有丰富的有机物质，适宜生物生长，天然草原面积辽阔，类型多样，植物资源丰富，有野菊花、山慈姑、锁阳、党参、黄芪、麻黄、大黄等野生植物500多种，可入药的就有百余种，还有许多富含盐碱的天然排酸性的碱蓬类优良牧草。

  快速准确鉴别中兽药质量是药检人员必备的一项技能，但由于许多基层药检人员缺乏中药显微鉴别专业知识，对中兽药品种、功能主治和显微结构系统认识不足，造成工作粗陋和被动。针对这些问题，河南省畜产品质量检测检验中心（河南省兽药饲料监察所）结合多年来中兽药检验和标准制修订工作，收集和整理了河南省主要的中兽药成方制剂品种和哈密等地特色野生药用植物，以显微图片加文字介绍形式，集中把河南省的优质中兽药成方制剂的显微鉴别做了全面描述，同时对不易观察的显微特征做了特别说明。书中收录了河南省主要中兽药成方制剂133种。每种制剂简要描述了其处方、制法、性状、显微鉴别、功能、主治。本书既是一本科普资料，也是药检工作者检验工具用书。

　　《常用中兽药散剂显微结构鉴别彩色图谱集》得到 2016 年河南省科学技术学术著作出版资助，是河南省科技厅资助科普图书。该书内容翔实，具有重大的科研和生产应用价值，是以作者为首的团队长期从事教学科研、实验室检验及参加标准制修订工作的经验和成果总结。该书的出版必将对提高中兽药检验水平，推动畜牧业的健康发展，促进畜产品安全，产生积极而深远的影响。

吴志明

2017 年 10 月

前言

中兽药属于天然产物，与抗生素、化学合成类药物相比，具有毒副作用小、不易残留、不污染环境、不易产生抗药性等特点，而且疗效确切。目前，中兽药产品的研究、开发、生产和使用越来越广泛，对动物疫病的防治取得了很好的效果，并对畜产品安全做出了积极的贡献。中兽药生产的同时也存在许多不足，如原药材把关不严，生产设备落后，加工手段粗放，检验人员能力不足等。

显微鉴别是中药鉴别的重要手段之一，该方法以其简便、快捷、准确、直观等特点，逐步为国内外医药工业的药品标准管理部门所采纳，并在实践中广泛应用。中兽药鉴定显微成像技术是一门鉴定中兽药品种和质量、中兽药相关检测人员必须掌握的核心技术，具有很强的实践性和应用性。检验人员掌握该技术能够为独立开展中兽药真伪优劣的鉴定工作打下基础，并可以根据中兽药的质量变化规律进行生产过程的质量控制，实现中兽药的标准化生产，在此基础上开发设计新的加工设备发现新的药材资源。因此，中兽药鉴定显微成像技术是中兽药人才培养、标准化生产、研究开发新产品新设备所必须掌握的技术。

《常用中兽药散剂显微结构鉴别彩色图谱集》分总论和分论两部分。总论主要介绍显微鉴定的方法，分论按 2015 年版《中国兽药典》二部成方制剂的品名目次即中文名称笔画顺序，记载各成方制剂的显微特征文字描述和图谱。本书是以河南省畜产品质量监测检验中心（河南省兽药饲料监察所）和哈密市动物疫病预防控制中心为核心，多家单位结合，充分发挥产、学、研的优势，利用多台（套）先进的自动显微成像系统，历时 15 年检测自主加工或报批的 7 万多批中兽药成方制剂和原药材样本，总结了历次中兽药检测培训的经验做法，筛选了 100 万幅的原始图谱，对 133 种常用中兽药散剂进行了显微鉴别，突出鉴别《中国兽药典》规定的药用植物的药用部位的显微结构的特征。全书以显微结构彩图表达为主，全书插图超过 1 000 幅，图文并茂，实用性强。

在编写和审稿过程中，得到了河南省畜产品质量监测检验中心（河南省兽药饲料监察所）吴志明研究员、河南省农业科学院白献晓研究员、河南中医药大学崔瑛教授等各位专家的帮助和指导，在此表示衷心感谢！

　　由于编者的水平有限，书中难免有错误和不足之处，敬请读者不吝指正。

编者

2017 年 10 月

目录

第一部分　总论……………………………………………1

　一、生物显微镜的构造、使用和保养……………………2

　二、中兽药药材和饮片粉末的显微鉴别…………………4

第二部分　分论……………………………………………13

　二母冬花散（14）　　二陈散（16）　　七补散（17）　　八正散（20）

　三子散（22）　　三白散（24）　　三香散（26）　　大承气散（29）　　大

黄芩鱼散（31）　　千金散（33）　　小柴胡散（36）　　天麻散（38）

　无失散（40）　　木香槟榔散（42）　　木槟硝黄散（44）　　五皮散（46）

　五苓散（49）　　五味石榴皮散（52）　　止咳散（54）　　止痢散（59）

　公英散（61）　　乌梅散（63）　　六味地黄散（65）　　龙胆泻肝散（68）

　平胃散（71）　　四君子散（74）　　四味穿心莲散（76）　　生肌散（78）

　生乳散（79）　　白术散（81）　　白龙散（83）　　白头翁散（85）　　白

矾散（87）　　半夏散（89）　　加味知柏散（91）　　加减消黄散（94）

　百合固金散（96）　　当归散（98）　　曲麦散（100）　　朱砂散（102）

　多味健胃散（103）　　壮阳散（106）　　决明散（109）　　阳和散（111）

　防己散（113）　　防腐生肌散（117）　　如意金黄散（119）　　红花散（122）

　苍术香连散（125）　　扶正解毒散（127）　　牡蛎散（129）　　肝蛭散（131）

　辛夷散（134）　　补中益气散（136）　　补肾壮阳散（139）　　鸡痢

灵散（142）　　驱虫散（145）　　青黛散（148）　　郁金散（150）

　金花平喘散（153）　　肥猪菜（156）　　肥猪散（158）　　定喘散（160）

　降脂增蛋散（163）　　参苓白术散（166）　　荆防败毒散（169）　　荆

防解毒散（172）　　茵陈木通散（175）　　茵陈蒿散（178）　　茴香散（181）　　厚朴散（184）　　胃肠活（187）　　钩吻末（190）

香薷散（191）　　保胎无忧散（195）　　独活寄生散（199）　　洗心散（203）　　穿白痢康丸（206）　　穿梅三黄散（207）　　泰山盘石散（209）　　秦艽散（212）　　破伤风散（215）　　柴葛解肌散（218）　　蚌毒灵散（221）　　健鸡散（223）　　健胃散（226）

健猪散（228）　　健脾散（230）　　益母生化散（233）　　消食平胃散（235）　　消疮散（237）　　消积散（240）　　消黄散（242）　　通关散（244）　　通肠芍药散（245）　　通肠散（247）

通乳散（248）　　柴黄益肝散（249）　　桑菊散（250）　　理中散（252）　　理肺止咳散（254）　　理肺散（256）　　黄连解毒散（258）　　银黄板翘散（259）　　银翘散（262）　　银翘板蓝根散（264）　　猪苓散（267）　　猪健散（269）　　麻杏石甘散（271）

麻黄鱼腥草散（272）　　麻黄桂枝散（273）　　清肺止咳散（275）

清肺散（277）　　清胃散（279）　　清热健胃散（282）　　清热散（284）　　清暑散（286）　　清瘟败毒散（288）　　蛋鸡宝（291）　　雄黄散（294）　　喉炎净散（295）　　普济消毒散（297）

滑石散（299）　　强壮散（301）　　槐花散（303）　　催奶灵散（304）　　催情散（306）　　解暑抗热散（308）　　雏痢净（309）　　镇心散（311）　　镇喘散（313）　　激蛋散（315）　　藿香正气散（317）

第一部分 总论

一、生物显微镜的构造、使用和保养

显微镜按放大倍数和作用的不同分为立体显微镜、生物显微镜和电子显微镜三类。由于鉴定中药材多用生物显微镜，故本节仅对其进行介绍。生物显微镜主要由机械系统与光学系统组成。

（一）普通生物显微镜的一般构造（图1）

1. 机械部分　机械部分由镜座、镜臂、镜筒、物镜转换器、载物台、推进器、焦距调节装置（粗调、微调）等组成。镜座用于支撑整个显微镜，镜臂用于支撑镜筒。镜筒是金属制成的圆筒，上端放置目镜，下端连接物镜。镜筒有单筒和双筒两类，单筒又可分为直筒式和倾斜式两种，双筒则都是倾斜式的。斜筒式显微镜较为先进，使用较方便。物镜转换器用于在不同放大倍数的物镜间互相转换。转换时用拇指和中指移动旋转器（切忌手持物镜移动），当转动听到碰叩声时，说明物镜光轴已对准镜筒中心。镜台又称载物台，用于安放标本片，推进器可以将载玻片前后左右移动。焦距调节装置主要包括粗调节轮（10mm/圈）和微调节轮（0.1mm/圈）两部分，用于调节物镜与标本间的距离。

2. 光学部分　光学部分由目镜、物镜、反光镜、聚光器等组成。较好的显微镜还有光源。目镜装于镜筒上方，由两组透镜构成，通常为3～4个。不同的目镜上刻有"5×""10×""15×"或"4×""8×""10×""20×"等不同的放大倍数。物镜装在镜筒下端物镜转换器的孔中，每个镜头都是由一系列的复式透镜组成的。一般的显微镜有4～5个物镜镜头，不同的物镜上刻有"8×""10×""40×""100×"或"4×""10×""25×""40×""100×"等不同的放大倍数。习惯上把放大倍数为10倍以下的物镜叫作低倍物镜，放大倍数为40倍以上的物镜叫作高倍物镜。低倍物镜常用于搜索观察对象及观察标本全貌。高倍物镜则用于观察标本某部分或较细微的结构。油镜则用于观察微生物或动植物更细微的结构。聚光器（集光器）位于载物台（通光孔）下方，由两块或数块透镜组成，它能将反光镜反射来的光线集中以射入接物镜和接目镜。集光器下有一可伸缩的圆形光圈，叫虹彩光圈，可调节集光器口径的大小和照射面，以调节光线强弱（有的显微镜只有遮光器而无集光器）。光线过强时，可缩小虹彩光圈。反光镜是没有内在光源的显微镜观察时获得光源的装置，位于显微镜镜座中央，一面为平面镜，一面为凹面镜。转动反光镜，可使外面光线通过集光器照射到标本上。使用时，光线强用平面镜，光线弱用凹面镜。有的显微镜该部分装置有光源，扳动螺旋可任意调节光亮大小。

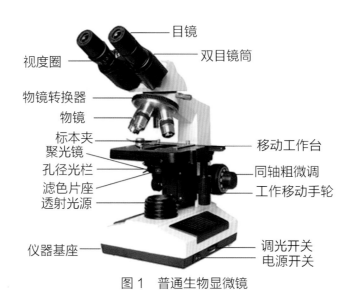

图1　普通生物显微镜

（二）生物显微镜的使用方法

1. 取镜和安放

（1）取镜：左手平托镜座，右手握住镜臂，保持镜体直立。

（2）安放：放置桌边时动作要轻。一般应在身体的前面，略偏左，镜筒向前，镜臂向后，距桌边7～10 cm处，以便观察和防止掉落。使用前应先熟悉显微镜的构造和性能，检查各部零件是否完全合用，镜身是否有尘土，镜头是否清洁，做好必要的清洁和调整工作。

2. 调节光源

用拇指和中指移动旋转器，使低倍镜对准镜台的通光孔，然后上升集光器，使之与载物台表面相距1mm左右，打开光圈，并将反光镜转向光源，以左眼在目镜上观察(右眼睁开)，同时调节反光镜镜面角度，直到视野内的光线均匀明亮为止。

3. 放置标本片

将低倍物镜转到工作位置，然后把标本片放在载物台上，用标本压夹或标本移动器夹好，并使所需观察的部分位于通光孔中央。

4. 低倍镜的观察

（1）镜台（载物台）升降式显微镜：

1）旋转粗调节轮，使镜台缓慢地上升至物镜距标本片约5 mm处。应注意在上升镜台时，切勿在目镜上观察。一定要从右侧看着镜台上升，以免上升过多，造成镜头或标本片的损坏。

2）两眼同时睁开，用左眼在目镜上观察，左手缓慢转动粗调节器，使镜台缓慢下降，至视野内出现物像后，改用微调节螺旋，直至视野内获得清晰的物像。如果物像不在视野中心，可调节推进器将其调到中心（注意移动玻片的方向与视野物像移动的方向是相反的）。如果视野内的亮度不合适，可通过升降集光器的位置或开闭光圈的大小来调节。

3）如果在调节焦距时，镜台下降已超过工作距离而未见到物像，说明此次操作失败，则应重新操作，切不可心急而盲目地上升镜台。

（2）镜筒升降式显微镜：旋转粗调节轮将物镜降至距载玻片0.3～0.5 cm处，用右眼自目镜中观察，同时旋转粗调节轮使镜筒慢慢上升至视野清晰后，调节推进器观察载玻片，将欲观察部分移至视野中心。如果不够清晰，可用微调节轮调节。

5. 高倍镜的观察

在低倍镜下全面观察组织切片的概况，之后用高倍镜观察。方法为：转动物镜转换器将高倍物镜置于光路之中，从目镜观察，同时缓慢旋转微调节轮，直到图像清楚为止。

6. 使用完后的整理

观察结束后，首先将镜筒升高（或载物台下降），聚光器下降，其次取下标本片，然后转动物镜转换器，使物镜与通光孔错开，清扫载物台后，旋转粗调节轮使镜筒下降（或载物台上升）直到两物镜下端与镜台呈"∧"形。将移动器旋回原位。将反射镜转至垂直水平（带有内在光源的显微镜，关闭电源开关），最后罩上防尘罩。

（三）生物显微镜的保养

1. 收藏

将显微镜从镜箱中取出或放入时，应用右手紧握镜臂，左手托住镜座，使镜身保持直立姿势，防止目镜、滤光片及反射镜掉地，并应轻拿轻放。使用前后，要做必要的清洁工作。观察完毕后，把物镜转离光轴，使镜筒下端正好对在两个物镜之间，如物镜转换器上有空位时可使空位对准光孔。与此同时，要将载物台上的压夹或标本移动架移到适当的位置，以避免任何一个物镜的前端碰到其上。

2. 保管

（1）防潮：显微镜不用时应放入显微镜箱中，然后放入包好的适量干燥剂，贮存在干燥的地方。干燥剂要经常检查效期。观察者呼出的水汽在镜臂上凝成的水珠要及时擦掉。

（2）防尘：室内要保持清洁、安静，避免灰尘落到显微镜上，特别是物镜上。镜筒上应经常有目镜放着，以防止灰尘落入镜筒中。

（3）防腐蚀：显微镜不可与腐蚀性的酸类、碱类或挥发性强的化学物质放在一起，以免被侵蚀，缩短使用年限。原则上，当观察含液体的标本时，一般都要盖上盖玻片；假如液体中含有酸、碱等腐蚀性化学物质时，应把盖玻片四周用石蜡或凡士林封住，然后再观察。中药显微鉴定时，经常要用这一类试剂，不可能都封固，所以要特别小心，防止液体流到载物台上，更不可沾在物镜上，因此要求显微标本片必须做得干净整齐，不能有多余的液体留在盖玻片四周，更不能有液体沾在盖玻片上。

3. 清洁方法

（1）机械装置：如有污秽，可用干净的柔软细布擦拭。如有擦不掉的污迹，可用细绸布或擦镜纸蘸少许二甲苯擦拭；不得用酒精或乙醚擦，因为这些溶剂会侵蚀显微镜表面油漆。

（2）光学镜头：使用时必须特别小心，一般不要随便擦拭，如有灰尘附着可用吹气球吹去；吹不掉时，可用干净毛笔或用羽毛轻轻刷去。如有擦不掉的灰尘、油污或指印时，可用棉签或擦镜纸稍蘸少许二甲苯轻擦；一定不要重擦、乱擦，因为灰尘中有许多比玻璃还硬的沙粒，乱擦很容易划出条纹。另外，要顺着镜头的直径方向擦，而不可顺着镜头的圆周方向擦，因为万一不慎划出条纹，直径方向的条纹比圆周方向的条纹对成像质量的影响要小。

在镜检或擦拭时，都要防止手指接触镜头表面，因为手指上有油、汗等附着物，容易使镜头发霉、腐蚀。如有油、汗附着，应立即擦拭。

（3）视场中污点或异物来源的寻找：有时在视场中发现有污点或异物，可以先转动目镜，如果这些污点跟着旋转，则可确定污点在目镜上；若移动标本片，污点跟着移动，则污点是在标本上；如果两者都不是，则污点是在物镜上，可先检查物镜的前镜头，然后检查后镜头。应根据不同情况进行清洁处理。

二、中兽药药材和饮片粉末的显微鉴别

（一）中兽药药材和饮片粉末制片

生物的各种组织形态均具有较为稳定的显微特征，中药材、饮片被粉碎时，其组织、细胞、内含物等依然可见。了解并掌握这些基本特征，是开展中药粉末鉴别的基础。

1. 中兽药药材和饮片粉末的制备

取干燥药材或饮片，磨或锉成细粉，过4号筛，装瓶，贴上标签。制备粉末时，注意取样的代表性和各部位的全面性，如根要切取根头、根中段及根尾等部位，必须全部磨粉，不得丢弃渣头，之后通过4号筛，混合均匀。干燥时，一般温度不能超过60℃，避免经受高温，以免淀粉粒糊化。

2. 制片的基本要求

（1）载玻片与盖玻片：载玻片与盖玻片是影响显微观察的因素之一。因载物台下的聚光器是按使用一定厚度的载玻片设计的，首先应选择规格统一的载玻片（厚0.9～1.2 mm）与盖玻片（厚0.12～0.17 mm）。使用前，将载玻片与盖玻片用稀酸溶液浸泡，清水及蒸馏水洗净，烘干，备用；或将干净的盖玻片用无水乙醇浸泡后，用柔软的绸布或无纤维人造纸揩拭，至表面洁净无瑕。

（2）制片：将供显微观察的粉末药材或样品置于载玻片上，然后加入适宜的试液1滴，用玻璃棒搅匀，用镊子将盖玻片沿一侧轻轻放下，使液体自然展匀即可。可用滤纸吸拭溢出的液体或从盖玻片边缘补充液体不足的空隙。

3. 制片的分类

（1）按使用试剂分类：

1）稀碘液制片：主要用于检查淀粉。

2）斯氏试液制片：本试液专用于观察淀粉形态，可使淀粉粒不膨胀变形，便于测量其大小。

3）水合氯醛制片：水合氯醛溶液为透化剂，可使干缩的细胞壁膨胀而透明，并能溶解淀粉粒、树脂、蛋白质及挥发油等。

（2）按保存时间分类：

1）临时制片：封藏介质一般为流动性液体，不耐久藏，但制作简易，适用于一般的显微观察及显微化学反应。

2）半永久性制片：在上述临时制片周围，直接使用加拿大树胶。将盖玻片周围封严，室温放置1天干燥后，置冰箱内，一般可观察使用10年以上。封藏介质还可以选用半固体的甘油明胶。

3）永久性制片：封藏介质一般呈固态，可长期保存，但制作费时，多用于教学标本。制作方法一般是先将粉末用无水乙醇浸润，随后沥去乙醇，用二甲苯浸润，再沥去二甲苯，滴加加拿大树胶的二甲苯溶液后，自然挥发干燥、固定后即可。

4. 制片方法

用解剖针挑取粉末少许，置载玻片的中央偏右的位置，加适宜的试液1滴，用针搅匀(如为酸或碱时应用细玻棒代替针)，待液体渗入粉末时，用左手食指与拇指夹持盖玻片的边缘，使其左侧与药液层左侧接触，再用右手持小镊子或解剖针托住盖玻片的右侧，轻轻下放，则液体逐渐扩延充满盖玻片下方。如液体未充满盖玻片，应从空隙相对边缘滴加液体，以防产生气泡；若液体过多，用滤纸片吸去溢出的液体，最后在载玻片的左端贴上检品的标签或书写上标记。

如供试品为含挥发性成分的制剂，取其粉末进行微量升华装片。

5. 制片注意事项

（1）粉末加液体搅拌及加盖玻片时容易产生气泡。如用水或甘油装片时，可先加少量乙醇使其润湿，可避免或减少气泡的形成，或反复将盖玻片沿一侧轻抬，亦可使多数气泡逸出。搅拌时产生的气泡可随时用针将其移出。

（2）装片用的液体如易挥发，应装片后立即观察。用水装片也较易蒸发而干涸，通常滴加少许甘油可延长保存时间。

（3）需用水合氯醛溶液透化时，应注意掌握操作方法。装片后用手执其一端，保持水平置小火焰上1～2cm处加热，并缓缓左右移动使之微沸，见气泡逸出时离开火焰，待气泡停止逸出再放在小火上，并随时补充蒸发的试液，如此反复操作，直至粉末呈透明状为止，放凉后滴加甘油镜检。

（二）染色

为使标本片特征显著，可根据细胞壁及细胞内含物的性质，加入不同染色剂染色。常见的显微化学反应如下。

1. 细胞壁性质的检定

（1）木化细胞壁：加间苯三酚试液1～2滴，稍放置，加盐酸1滴，因木化程度不同，显粉色、红色或紫红色。此操作最好在水合氯醛透化后再进行，效果较好。

（2）木栓化或角质化细胞壁：加苏丹Ⅲ试液，稍放置或微热，呈橘红色至红色。

（3）纤维素细胞壁：加氯化锌碘试液，或先加碘试液湿润后，稍放置，再加硫酸溶液（33→50），显蓝色或紫色。

（4）硅质化细胞壁：加硫酸无变化。

2. 细胞内含物性质的检定

（1）淀粉粒：加稀碘试液，呈蓝色或紫色。

（2）糊粉粒：①加碘试液，呈黄棕色。②加硝酸汞试液，呈砖红色(材料中如含有多量脂肪油，宜先用乙醚或石油醚脱脂后进行)。

（3）脂肪油、挥发油和树脂：①加苏丹Ⅲ试液，呈橘红色、红色或紫红色。②加90%乙醇，脂肪油和树脂不溶解(蓖麻油及巴豆油例外)，挥发油则溶解。

（4）菊糖：加10% α-萘酚乙醇溶液，再加80%硫酸1～2滴，显紫红色并很快溶解。

（5）黏液：加钌红试液，呈红色。

（6）草酸钙结晶：①加稀醋酸不溶解，加稀盐酸即溶解但无气泡发生。②加硫酸（1→2）逐渐溶解，片刻后析出针状硫酸钙结晶。

（7）碳酸钙（钟乳体）：加稀盐酸溶解，同时有气泡发生。

（8）硅质：加硫酸不溶解。

（三）微量升华

中药的某些化学成分可以采用升华的方法分离出来，然后进行化学的或微观的鉴定。当试样量很少的时候，可以采用微量升华的装置来进行。微量升华的装置可以有多种形式，将常用的装置及操作方法叙述如下：

取铜板、铝板或白铁板一块，放在中心有孔的石棉板上。铜板的中心对准石棉板上的孔。在铜板的中心放一个小铜圈，铜圈高约1 cm，直径约1 cm（可用抗生素实验用的不锈钢圈或其他类似物代替）。将试料粉末（0.1～0.2 g）装入铜圈中成一层，再在铜圈上覆盖一张载玻片，用微型煤气灯或酒精灯在石棉网下小心加热，逐渐升高温度。当有水汽冷凝或出现升华物时，随即换一张载玻片。每一个试样升华时，需准备3～4张载玻片。为了加强冷凝作用，可在载玻片上面放一滴冷水。从铜圈上换下的带有升华物的载玻片应在无尘处放凉，然后直接在显微镜下观察，不要加封藏剂或盖玻片，以免损坏结晶。有的结晶析出较慢，可放置过夜后再观察。

取大黄粉末少量，进行微量升华，可见菱状针晶或羽状针晶。

（四）显微鉴别记录

显微鉴别记录要求详细、清晰、明确、真实。

1. 粉末显微鉴别

先记录原粉末的色泽、气味，然后边观察、边记录。注意观察的全面性。观察每张粉末片时，应自上左至下右，呈"之"字形扫描，逐渐移动粉末片，全面观察应找的特征，将每个特征一一描述及绘图，在观察与描绘时，即应测定其长度并一一记录，分析统计其长度（最小量值、多见量值、最大量值）。

描述特征时，应根据先多数后少数的顺序，将易见、多见的特征先加以描述，顺次而为少见的，最后方描述偶见的，并在特征项下加注"多见""少见"等字样。描述应先着重描述特征的组织、细胞和内含物。对于各类药材均具有一些基本组织，如叶类药材有栅栏细胞、海绵细胞、细小导管等可不做重点描述。

2.绘图时的注意事项

绘图要特征明确、线条清晰。绘图方法有徒手或采用显微描绘器。徒手绘图时，一边用左眼向显微镜内观察，一边睁开右眼将视野中特征图像用铅笔（HB画粗线、4H画中线、6H画细线）转绘于记录纸上。如采用显微描绘器绘图或显微摄影，可根据各该仪器的操作要求进行，并注明放大倍数，或加比例尺。

3.及时分析异常记录

应注意标准规定以外的异常显微特征的记录，并根据药材的基源进行综合分析。

4.结论

根据实际检验的显微特征记录与质量标准中记载的显微特征或对照药材的显微特征进行比较是否相符，断定其真伪或是否有掺伪。按规定填写检验记录和检验报告。

（五）显微鉴别注意事项

1.气泡的去除

制成的显微标本片中如有多量气泡或气泡数量虽少，但影响观察，则须将其去除。制片如不能加热，则可用针或细镊子将盖玻片轻轻抬起再缓缓放下，必要时重复数次，往往可使气泡逸出；如气泡不易逸出，则可用针将其轻轻引出，必要时补加少量封藏液，然后盖好盖玻片。加盖玻片时动作要轻、缓，不可操之过急。

如果制片可以加热，则可将制片加热，并使标本片略倾斜，则气泡可从盖玻片一侧逸出。必要时可加少量药液以补充蒸发散失的液体。如上法无效，则须重新制片。

2.药液的添加或置换

显微标本片中有时需要添加某些试剂或用一种药液置换另一种药液。此时，可用滴管吸取药液，滴加在盖玻片右侧或左侧边缘，而在其相对一侧的边缘放一小片滤纸，以吸取在盖玻片下的原药液。操作时须防止药液沾污盖玻片的上表面。

3.显微颗粒转动的处理

在观察某些显微特征时，如淀粉粒、花粉粒或孢子等，需要使其转动以便观察各个不同的表面。有时一些组织碎片与欲观察的特征重叠而妨碍观察，或需要判断某些黏附在细胞或组织碎片上的物质是否为其固有的内含物或是偶然附着的杂质时，须设法使材料转动或推动使之分离，以便观察。可用解剖针、镊子或铅笔在盖玻片上轻轻加压或微微推动盖玻片，同时在显微镜下观察目的物转动或移动的情况，直至达到要求。

4.含多量淀粉的显微标本和粉末的处理

该处理中具有鉴定意义的细胞往往被多量的淀粉粒掩蔽而不易见到，为此可取一部分粉末入试管中加水煮沸，使淀粉粒糊化，放置片刻或用离心机使细胞下沉管底，然后用长形吸管将管底沉淀物吸出，供制片观察用。

5.含多量油脂类的显微标本或粉末的处理

当多量油脂妨碍观察时，可先进行脱脂。脱脂的方法有两种：取切片或粉末少许放在载玻片的中部，从玻片的一端加氯仿或乙醚，将玻片的这一端微微提高，溶剂即流入切片或粉末，并从另一端流出，如此处理数次，大部油脂即可被脱出；取切片数片或粉末少许入小烧杯中，加氯仿少许浸渍，倾去氯仿，必要时可如此重复处理。如为粉末药材也可浸渍后，滤过，在滤纸上再加少量氯仿洗涤。

6.颜色很深的切片或粉末的处理

可先进行脱色处理，取切片或粉末放在小烧杯中或载玻片上，加少许过氧化氢溶液或含氯化钠的溶液浸渍数分钟，待颜色变浅时，除去大部分液体，加新鲜煮沸后的蒸馏水，以吸除粉末中存在的许多气泡，即可供观察用。

7. 其他

（1）粉碎用具用毕后，必须处理干净，干燥后才能使用于另一种药材或成方制剂。

（2）所用盖玻片和载玻片应绝对干净。新片要用洗液浸泡或用肥皂水煮半小时，用水冲洗，再用蒸馏水冲洗1～2次，置于70%～90%乙醇中，取出，烘干。

（3）进行显微鉴别实验时有一定的步骤，一般先进行甘油醋酸片的观察，后进行水合氯醛片观察，最后再进行滴加试剂或结合其他理化试剂的显微观察。所以在实验中，首先观察淀粉粒，不论其多少和大小，首先描述，其次方是其他的显微特征。

（4）为提高显微鉴别的正确性，可与对照药材或已经鉴定品种的药材对照观察。

（5）必要时，可借助偏光装置寻找和观察，尤其是淀粉粒、结晶、纤维、石细胞、导管等有偏光特性的显微特征。

（六）中兽药药材和饮片粉末的显微鉴别

1. 植物类药材鉴别特征

（1）根及根茎类药材鉴别特征：根及根茎类药材的粉末显微鉴别，以具有特征性的后含物、厚壁组织、分泌组织为观察重点，其次是表皮、下皮、根被或木栓组织、内皮层、导管及管胞等。根茎类中药还要注意鳞茎、块茎常含有多量较大的淀粉粒。

1）细胞后含物：

a. 淀粉粒：其形态随植物种类而异。观察时，应注意淀粉粒的多少、形状、类型、大小、脐点形状及位置、层纹等特征。一般说来，根类中的淀粉粒常较小，层纹一般也不明显；而根茎类中的淀粉粒则较大，层纹大多明显，如山药、干姜等。淀粉类型分为单粒、复粒、半复粒及多脐点单粒，如贝母类等。

b. 菊糖：为菊科、桔梗科植物药所特有，如苍术、木香、桔梗等。含菊糖的药材一般不含有淀粉粒。

c. 结晶：大多为草酸钙结晶。观察时，应注意结晶的类型、大小、排列及含晶细胞的形态等。草酸钙结晶的形态常因植物基原不同而异：蓼科多为簇晶，如大黄、何首乌等；豆科多为方晶，如甘草、苦参等；苋科等多为砂晶，如牛膝、川牛膝等，天南星科多为针晶，如天南星、半夏等。

2）分泌组织：如有分泌细胞、分泌腔(室)、分泌管(道)及乳汁管等类型。观察时应注意分泌细胞的形状、分泌物的颜色、周围细胞的排列及形态等特征，如香附、细辛等；分泌腔与分泌道在粉末中大都破碎，应注意分泌物颜色及状态等，如防风、柴胡的油管；乳汁管多为有节联结乳汁管，注意其直径等特征，如桔梗、党参等。

3）厚壁组织：

a. 纤维：常分为韧皮纤维和木纤维两大类，其中木纤维又分为韧型纤维和纤维管胞。除短梭状外，大多碎断，成束或单个散在。观察时要注意纤维的类型、形状、长短粗细、端壁有无分叉、胞壁增厚的程度及性质、纹孔类型、孔沟形态、有无横隔(分隔纤维，如姜)、排列等特征。

同时还要注意纤维束的周围细胞是否含有结晶形成晶纤维。晶纤维的观察，除注意纤维的形态外，还要注意结晶的形态和含晶细胞的形状，壁增厚的程度和性质，如甘草等。

b. 石细胞：多成群或单个散在，有的与木栓细胞或薄壁细胞相连接。观察时，应注意石细胞的形状、大小、细胞壁增厚形态和程度、纹孔形状及大小、孔沟密度等特征。如麦冬石细胞的纹孔细密，孔沟细密而短等。

4）导管：导管多为梯纹、网纹或具缘纹孔，少为螺纹和环纹。要注意观察导管的类型、直径、细胞壁的性质、纹孔及穿孔板形态等特征。如大黄的网纹导管直径较大，非木化；川芎的网状螺纹导管较小等。

5）木栓组织：双子叶植物根和根茎中常见，单子叶植物根茎中少有存在。观察时，应注意木栓细胞表面观的形状、颜色、内含物、细胞壁的性质等特征。如川芎木栓细胞壁波状弯曲，前胡的木栓细胞多层重叠等。

6）表皮及下皮：表皮一般在单子叶植物药材中较普遍，双子叶植物药材仅见于较细长的须状根，如龙胆等。鳞茎类药材表皮可见气孔，如贝母；有的根茎类药材具鳞叶表皮的特征，如黄连。

7）内皮层细胞：多见于单子叶植物根、根茎类粉末中，如泽泻等。少数双子叶植物的根具有分隔的内皮层细胞，如龙胆等。

8）薄壁细胞：包括皮层、韧皮部、木质部、射线及髓部的薄壁细胞。薄壁细胞中的后含物或特殊物质是重要的鉴别特征，如熟地黄具黑棕色核状物的薄壁组织等。

（2）皮类药材鉴别特征：主要指木本植物形成层以外的部分，显微鉴别时，以观察厚壁细胞、木栓组织等为重点。

1）木栓组织：大多为棕色，极少数浅红色或紫红色，少数无色，常有不同颜色的后含物。木栓细胞表面观大多为多角形，细胞壁栓质化；也有的细胞壁呈不均匀木化增厚，并具纹孔，形似石细胞，如肉桂等。

2）纤维：普遍存在。应注意是单个散在或成束，颜色、形状、直径、长短、壁增厚的程度、纹孔及孔沟形状等特征。同时注意有无晶纤维，如黄柏等。

3）石细胞：较普遍存在。应注意形状、大小、颜色、细胞壁形态、有无分枝、有无内含物等特征。如厚朴和黄柏石细胞分枝状，前者淡褐色，后者亮黄色；肉桂石细胞有三面壁厚一面壁薄者等。

4）射线细胞：多碎断。应注意观察射线细胞的宽度和高度（有时破碎不易看清）、细胞内含物等特征。如肉桂射线细胞含草酸钙针晶等。

5）筛管：为皮类药材的标志，观察其分子端壁的筛板及筛域的分布状态，如厚朴等。裸子植物皮类药材无筛管，而有筛胞，如土荆皮等。

此外，还应注意分泌组织的有无、类型、形状、大小及分泌物的颜色，细胞后含物(晶体、淀粉粒等)的有无、形态、大小等特征。

（3）叶类药材鉴别特征：叶肉组织和气孔是叶类药材的主要标志。观察时应注意以下特征。

1）表皮细胞：表面观、断面观的形状、颜色、垂周壁的弯曲程度、胞壁增厚状况、角质层的形态以及有无纹孔等。

2）气孔：轴式及副卫细胞数目。如大青叶(菘蓝)气孔为不等式，副卫细胞3～4个桑叶气孔为环式，副卫细胞4～6个；薄荷叶气孔为直轴式，副卫细胞2个。

3）毛茸：

a. 腺毛：重点观察腺头的形状、大小、分泌物的颜色及腺柄的细胞数目、大小等特征；唇形科植物叶的腺毛形成腺鳞，头部由8个细胞组成，如薄荷叶。

b. 非腺毛：重点观察形状、大小、细胞数目、表面有无纹理、疣点等特征。如艾叶等菊科植物叶的非腺毛"T"形，多细胞；藿香非腺毛为1～4个细胞，壁厚，具疣状突起等。

4）晶体：注意观察其类型、大小及存在方式。有的叶类药材有2种以上晶体形态，桑叶既有钟乳体结晶又有草酸钙簇晶和方晶；穿心莲叶含大型螺状钟乳体。

此外，还要注意栅栏细胞的列数、长度和直径，导管的类型和直径，厚壁组织的有无等特征。

（4）花类药材鉴别特征：以花粉粒、毛茸、柱头表皮细胞为主要鉴别点。

1）花粉粒：是鉴别花类药材的主要特征。主要注意花粉粒的形状、大小、萌发孔形态、外壁构造及纹饰（理）等特征。

a. 形状：指立体状态或极面观、赤道面观的轮廓。一般呈圆球形如金银花等；三角形如丁香等。

b. 大小：除圆球形只测其直径外，一般需分别测量极轴或赤道轴的长度。较小的直径小至4 μm，如丁香；较大的可达90 μm，如金银花。

c. 花粉壁：花粉一般具有较厚的外壁和较薄的内壁。外壁上不同的雕纹是重要的鉴别依据，常见的纹理有：刺状如金银花；条纹状如洋金花；网状如蒲黄等。

d. 萌发孔：为花粉外壁较薄的区域，当花粉有萌发时，花粉内壁萌发向外伸出，形成花粉管。花粉粒的形状、数目及大小，因种而异。有的有副合沟如丁香，有的具圆形萌发孔如红花等。

2）毛茸：注意其类型、形状、大小、细胞数目、排列及表面特征等。有时腺毛和非腺毛是一些花类中药的重要鉴别依据，如金银花、洋金花等。

（5）果实类药材鉴别特征：果实类药材一般为完整果实或果实的某一部分。显微鉴别时，以外果皮、中果皮、内果皮为观察重点。

1）外果皮：注意观察细胞形状，垂周壁增厚状况、角质层纹理（如连翘）、非腺毛（如覆盆子）、分泌组织的有无等特征。

2）中果皮：注意观察草酸钙结晶如枳壳、橙皮苷结晶如陈皮及厚壁组织的有无等特征。

3）内果皮：注意观察石细胞、纤维（如连翘）等特征。对含有种子的果实类药材，还应注意种皮（如栀子）、胚乳组织（如槟榔）等特征。

（6）种子类药材鉴别特征：种子类药材一般为干燥成熟的种子，有的只用种子的某一部分。显微鉴别时，多以观察特化为厚壁细胞的种皮细胞为重点。

1）厚壁细胞：豆科及旋花科植物等大都有种皮栅状细胞，要注意种皮栅状细胞的列数、形状、有无光辉带及所处位置等。豆科种皮栅状细胞多1列，如决明子等；旋花科则2列或更多，如菟丝子等；决明子光辉带2条，分别位于细胞上部、下部1/3处，菟丝子则1条位于内列上部。

2）种皮细胞：常由石细胞构成，是重要的鉴别依据，如五味子种皮石细胞孔沟细密；杏仁种皮石细胞贝壳形，纹孔大而密等。

其次应注意种皮支持细胞、油细胞、色素细胞的有无和形态；有无毛茸、草酸钙结晶、淀粉粒、分泌组织碎片等。有时胚乳细胞也是鉴别依据，如砂仁等。

（7）全草类药材鉴别特征：大多为草本植物的地上部分，少数为带根的全株。全草类包括了草本植物药的各个部位，除草质茎外，其他前文均已论述。草质茎与木质茎药材粉末的主要区别在于：机械组织较少，导管直径较小；一般无木栓组织；绿色薄壁组织较多；毛茸多见。表皮角质层纹理、气孔较明显，如麻黄的哑铃状特异型气孔是该药的重要鉴别特征。

2. 矿物类药材鉴别特征

除龙骨等少数化石类药材外，一般无植（动）物性显微特征。主要应注意晶体的大小、直径或长径；晶形的棱角、锐角或钝角；色泽、透明度、表面纹理及方向、光洁度等，如朱砂、石膏、雄黄等。

3. 动物类药材鉴别特征

因药用部位不同，有动物体、分泌物、病理产物和角甲类之分。

动物全体应注意皮肤碎片细胞的形状与色素颗粒的颜色，如肌纤维的类型、形态、直径、横断面有无孔隙，如全蝎的横纹肌纤维；刚毛的形态、大小及颜色，如土鳖虫；体壁碎片颜色、形态、表面纹理及菌丝体，如僵蚕；骨碎片颜色、形状、骨陷窝形态与排列方式，骨小管形状、是否明显，如龙骨等。贝壳类药材应注意珍珠层的片层结构是否紧密，棱柱层断面观、顶面观的形状、表面特征，如珍珠母、牡蛎、石决明等。

角甲类药材应注意碎块的形状、颜色、横断面和纵断面观的形态特征及色素颗粒颜色，如水牛角等。

4.菌类、树脂类及其他类鉴别特征

菌类大多以子实体或菌核的形式入药，无淀粉粒和高等植物的显微特征。观察时应注意菌丝的形状、有无分枝、颜色、大小；团块、孢子的形态；结晶的有无及形态、大小与类型，如茯苓、猪苓等。

树脂类的鉴别主要采用性状鉴定法和理化鉴定法，由于其缺少具有鉴别意义的特征，因此极少采用显微鉴别法。

其他类中药一般采用性状鉴定法。少数中药可采用显微鉴别法，如海金沙、五倍子等。

第二部分　分论

二母冬花散

【**处方**】 知母 30 g，浙贝母 30 g，款冬花 30 g，桔梗 25 g，苦杏仁 20 g ，马兜铃 20 g，黄芩 25 g，桑白皮 25 g，白药子 25 g，金银花 30 g，郁金 20 g。

【**制法**】 以上 11 味，粉碎、过筛、混匀即得。

【**性状**】 本品为淡棕黄色粉末；气香，味微苦。

【**功能**】 清热润肺，止咳化痰。

【**主治**】 肺热咳嗽。

【**显微鉴别**】

知母：草酸钙针晶成束或散在，长 26 ～ 110 μm。

浙贝母：淀粉粒呈卵圆形，直径 35 ～ 48 μm，脐点为点状、"人"字状或马蹄状，位于较小端，层纹细密。

款冬花：花粉粒球形，直径约至 32 μm，外壁有刺，较尖。

桔梗：联结乳管直径 14 ～ 25 μm，含淡黄色颗粒状物。

苦杏仁：石细胞为橙黄色，呈贝壳形，壁较厚，较宽一边纹孔明显。

黄芩：纤维为淡黄色，梭形，壁厚，孔沟细。

桑白皮：纤维无色，直径 13 ～ 26 μm，壁厚，孔沟不明显。

金银花：花粉粒为类圆形，直径约至 76 μm，外壁有刺状雕纹，具 3 个萌发孔。

【**备注**】 桔梗用水合氯醛溶液不加热装片，置显微镜下可见扇状或圆形菊糖结晶；水合氯醛透化片，置显微镜下可见乳管为有节乳管，侧面有短的细胞链与另一乳管联结成网状，管内含有淡黄色细小油滴及颗粒状物，桔梗的乳管显微特征难以辨别，在实际工作中需多辨别。款冬花粉末为棕色，花粉粒为淡黄色，呈类圆球形，直径 28 ～ 40 μm，具 3 个孔沟，外壁较厚，表面有长至 6 μm 的刺。

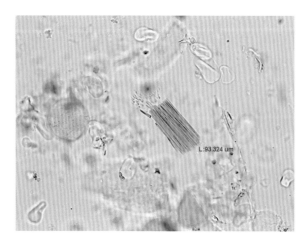

知母显微鉴别图

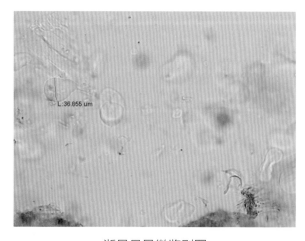

浙贝母显微鉴别图

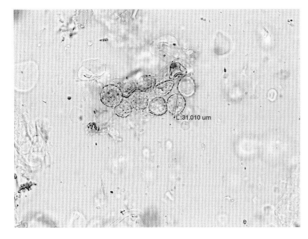

款冬花显微鉴别图

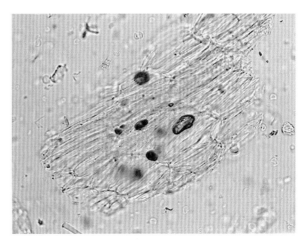

桔梗显微鉴别图

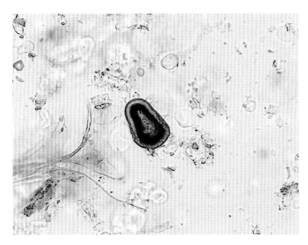

苦杏仁显微鉴别图

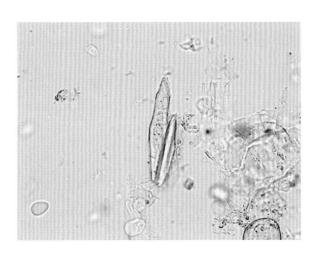

黄芩显微鉴别图

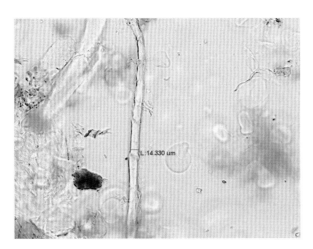

桑白皮显微鉴别图

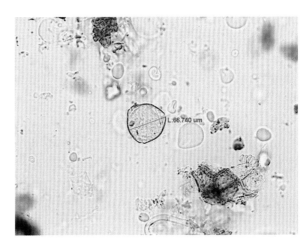

金银花显微鉴别图

二陈散

【**处方**】 茯苓 30 g，姜半夏 45 g，陈皮 50 g，甘草 15 g。

【**制法**】 以上 4 味，粉碎、过筛、混匀即得。

【**性状**】 本品为淡棕黄色粉末；气微香，味甘、微辛。

【**功能**】 燥湿化痰，理气和胃。

【**主治**】 湿痰咳嗽，呕吐，腹胀。

【**显微鉴别**】

茯苓：呈不规则分枝状团块，无色，菌丝为无色或淡棕色，直径 4~6 μm（滴加稀甘油，不加热观察）。

半夏：所含草酸钙针晶成束，长 32~144 μm，存在于黏液细胞中或散在。

陈皮：草酸钙方晶成片存在于薄壁组织中。

甘草：纤维束周围薄壁细胞含草酸钙方晶，形成晶纤维。

【**备注**】 半夏粉末为类白色，草酸钙针晶随处散在，或成束存在于椭圆形黏液细胞中。茯苓用水合氯醛溶液加热装片，菌丝会融化，没有菌丝体；如果滴加稀甘油或用水装片，有菌丝体。

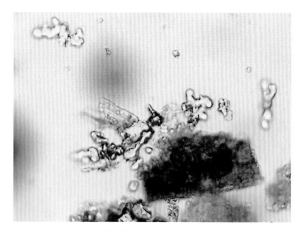

茯苓显微鉴别图

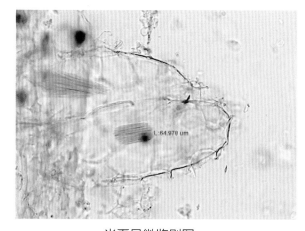

半夏显微鉴别图

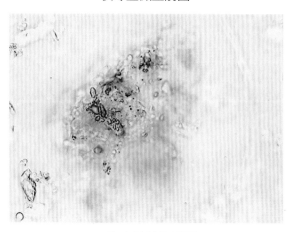

陈皮显微鉴别图

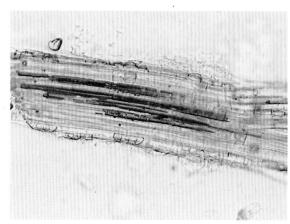

甘草显微鉴别图

七补散

【处方】 党参30 g，白术（炒）30 g，茯苓30 g，甘草25 g，炙黄芪30 g，山药25 g，炒酸枣仁25 g，当归30 g，秦艽30 g，陈皮20 g，川楝子25 g，醋香附25 g，麦芽30 g。

【制法】 以上13味，粉碎、过筛、混匀即得。

【性状】 本品为淡灰褐色粉末；气清香，味辛、甘。

【功能】 培补脾胃，益气养血。

【主治】 劳伤，虚损，体弱。

【显微鉴别】

党参：联结乳管直径12~15 μm，含细小颗粒状物。

白术：草酸钙针晶细小，长10~32 μm，不规则地充塞于薄壁细胞中。

茯苓：呈不规则分枝状团块，无色，遇水合氯醛溶液融化；菌丝为无色或淡棕色，直径4~6 μm。

甘草：纤维束周围薄壁细胞含草酸钙方晶，形成晶纤维。

黄芪：纤维成束或散离，壁厚，表面有纵裂纹，两端断裂成帚状或较平截。

山药：草酸钙针晶成束存在于黏液细胞中，长80~240 μm，直径2~8 μm。

当归：薄壁细胞纺锤形，壁略厚，有极微细的斜向交错纹理。

陈皮：草酸钙方晶成片存在于薄壁组织中。

香附：分泌细胞呈类圆形，含淡黄棕色至红棕色分泌物，其周围细胞呈放射状排列。

麦芽：果皮细胞纵列，常有1个长细胞与2个短细胞相间排列，长细胞壁厚，呈波状弯曲，木化。

【备注】 党参的乳管显微特征难以观察到，在实际工作中常以石细胞和木栓细胞为主要特征。

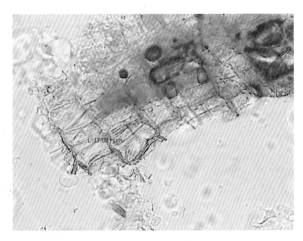

党参木栓细胞显微鉴别图

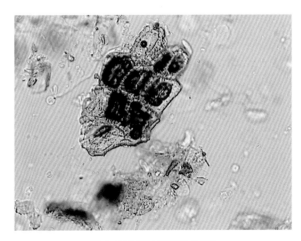

党参石细胞显微鉴别图

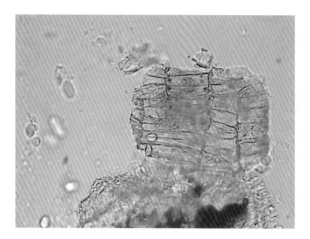

党参联结乳管显微鉴别图

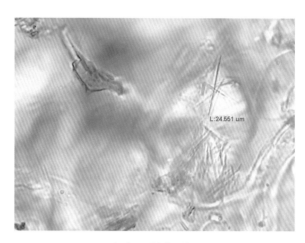

白术显微鉴别图

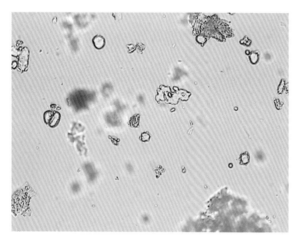

茯苓显微鉴别图

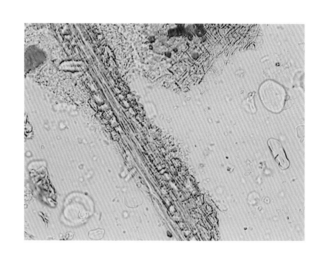

甘草显微鉴别图

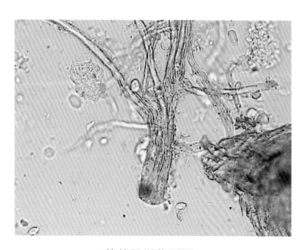

黄芪显微鉴别图

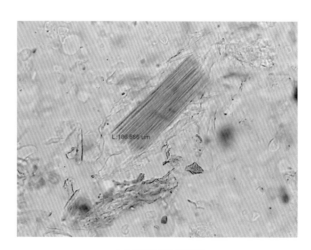

山药显微鉴别图

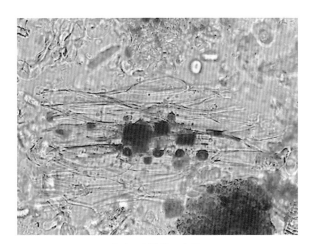

当归显微鉴别图

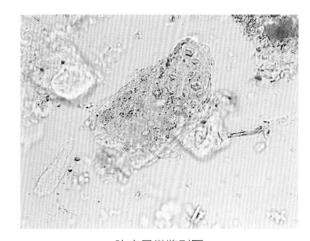

陈皮显微鉴别图

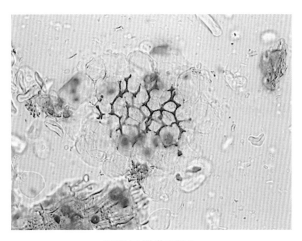

香附显微鉴别图

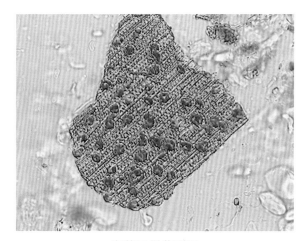

麦芽显微鉴别图

八正散

【处方】 木通 30 g，瞿麦 30 g，萹蓄 30 g，车前子 30 g，滑石 60 g，甘草 25 g，炒栀子 30 g，酒大黄 30 g，灯心草 15 g。

【制法】 以上 9 味，粉碎、过筛、混匀即得。

【性状】 本品为淡灰黄色粉末；气微香，味淡、微苦。

【功能】 清热泻火，利尿通淋。

【主治】 湿热下注，热淋，血淋，石淋，尿血。

【显微鉴别】

木通：纤维管胞大多成束，有明显的具缘纹孔，纹孔口呈斜裂纹状或"十"字状。

瞿麦：纤维束周围薄壁细胞含草酸钙簇晶，形成晶纤维，含晶细胞纵向成行。

车前子：种皮下皮细胞表面观狭长，壁稍波状，以数个细胞为一组略呈镶嵌状排列。

滑石：为不规则块片，无色，有层层剥落痕迹。

甘草：纤维束周围薄壁细胞含草酸钙方晶，形成晶纤维。

栀子：种皮石细胞为黄色或淡棕色，多破碎，完整者呈长多角形、长方形或不规则形状，壁厚，有大的圆形纹孔，胞腔棕红色。

大黄：草酸钙簇晶较大，直径60～140 μm。

灯心草：星状薄壁细胞彼此以星芒相接，形成大的三角形或四边形气腔。

【备注】 灯心草茎髓横切面全部由通气组织组成，细胞呈类方形或长方形，具数条分枝，分枝长 8 ～ 60 μm，直径 7 ～ 20 μm，壁厚约 1.7 μm，相邻细胞的分枝顶端相互衔接，形成网状结构，细胞间隙大多呈三角形，也有类四边形。大黄有 3 个品种，掌叶大黄草酸钙簇晶的棱角大多短钝，唐古特大黄草酸钙簇晶的棱角大多长宽而尖，药用大黄草酸钙簇晶的棱角大多短尖，鉴别时应根据品种不同具体分析。

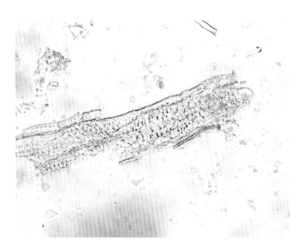

木通显微鉴别图

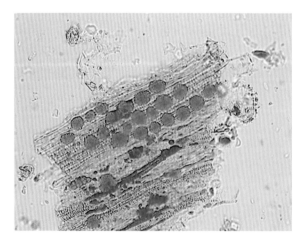

瞿麦显微鉴别图

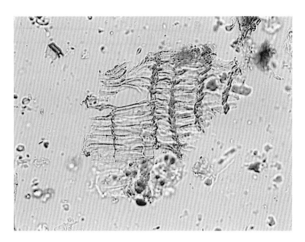

车前子显微鉴别图

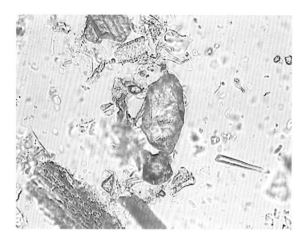

滑石显微鉴别图

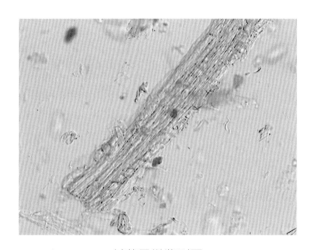

甘草显微鉴别图

栀子显微鉴别图

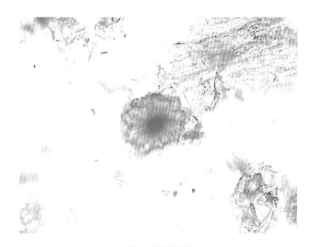

大黄显微鉴别图

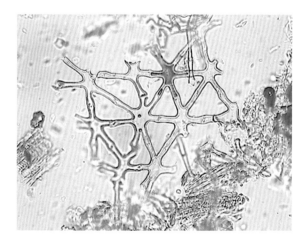

灯心草显微鉴别图

三子散

【处方】　诃子 200 g，川楝子 200 g，栀子 200 g。

【制法】　以上 3 味，粉碎、过筛、混匀即得。

【性状】　本品为姜黄色粉末；气微，味苦、涩、微酸。

【功能】　清热解毒。

【主治】　三焦热盛，疮黄肿毒，脏腑实热。

【显微鉴别】

诃子：果皮纤维层淡黄色，斜向交错排列，壁较薄，有纹孔。

川楝子：果皮纤维束旁的细胞中含草酸钙方晶或少数簇晶，形成晶纤维，含晶细胞壁厚薄不一，木化。

栀子：种皮石细胞为黄色或淡棕色，多破碎，完整者呈长多角形、长方形或形状不规则，壁厚，有大的圆形纹孔，胞腔棕红色。

【备注】　诃子的石细胞成群，为类方形、类多角形或呈纤维状，直径 14～40 μm，壁厚 8～20 μm，长至 130 μm，壁厚，孔沟细密而清晰，有的胞腔含灰黄色颗粒状物；纤维成束，有的纵横交错，直径 9～30 μm，壁厚薄不一，约至 9 μm，孔沟稀少或不明显。川楝子粉末为黄棕色，内果皮纤维及晶纤维成束，含晶细胞壁厚薄不一，木化，含方晶。

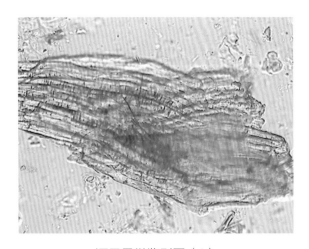

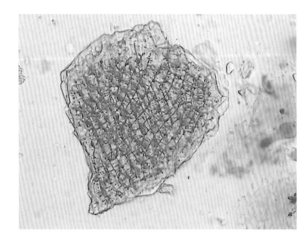

诃子显微鉴别图（1）　　　　　　　　　　　诃子显微鉴别图（2）

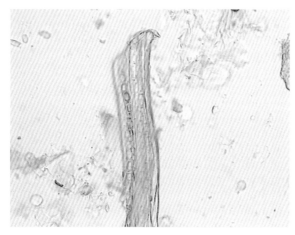

川楝子显微鉴别图（1）

川楝子显微鉴别图（2）

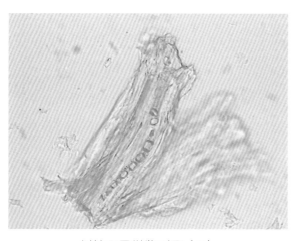

川楝子显微鉴别图（3）

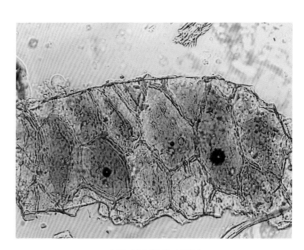

栀子显微鉴别图

三白散

【**处方**】　玄明粉 400 g，石膏 300 g，滑石 300 g。

【**制法**】　以上 3 味，粉碎、过筛、混匀即得。

【**性状**】　本品为白色粉末；气微，味咸。

【**功能**】　清胃泻火，通便。

【**主治**】　胃热食少，大便秘结，小便短赤。

【**显微鉴别**】

玄明粉：用乙醇装片观察，可见不规则形结晶近无色，边缘不整齐，表面有细长裂隙且现颗粒性。

石膏：为不规则片状结晶，无色，有平直纹理。

滑石：为不规则块片，无色，有层层剥落痕迹。

【**备注**】　玄明粉粉末为白色，无光泽，不透明，质疏松，无臭，味咸，有引湿性，主要成分为无水硫酸钠。石膏薄片无色透明，呈晶形柱状、长块状或不规则块状，通常呈纵向纤维状纹理，主要成分为二水合硫酸钙（$CaSO_4 \cdot 2H_2O$）。滑石为致密块状、鳞片状集合体，呈不规则块状或扁块状，白色、黄白色或淡灰色至淡蓝色，半透明或不透明，主要成分为水合硅酸镁。

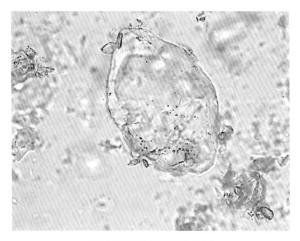

玄明粉显微鉴别图（1）

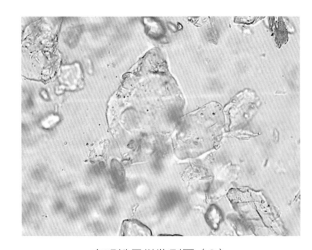

玄明粉显微鉴别图（2）

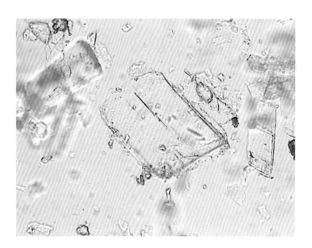

石膏显微鉴别图（1）

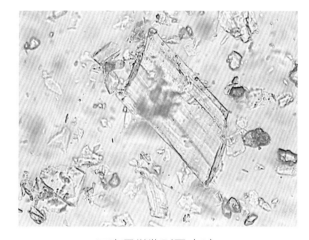

石膏显微鉴别图（2）

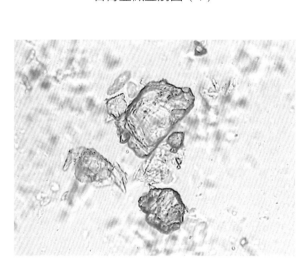

滑石显微鉴别图（1）

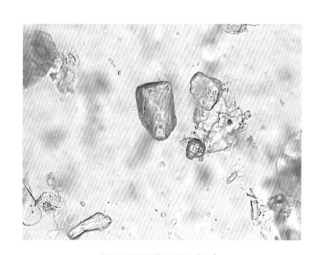

滑石显微鉴别图（2）

三香散

【处方】　丁香 25 g，木香 45 g，藿香 45 g，青皮 30 g，陈皮 45 g，槟榔 15 g，炒牵牛子 45 g。

【制法】　以上 7 味，粉碎、过筛、混匀即得。

【性状】　本品为黄褐色粉末；气香，味辛、微苦。

【功能】　破气消胀，宽肠通便。

【主治】　胃肠臌气。

【显微鉴别】

丁香：花粉粒呈三角形，直径约16 μm。

木香：菊糖团块形状不规则，有时可见微细放射状纹理，加热后融化。

藿香：非腺毛1~4个细胞，壁有疣状突起。

青皮、陈皮：草酸钙方晶成片存在于薄壁组织中。

槟榔：内胚乳碎片无色，壁较厚，有较多大的类圆形纹孔。

牵牛子：种皮呈栅状细胞，为淡棕色或棕色，长48~80 μm。

【备注】　丁香粉末为暗红棕色，花粉粒众多，极面观呈三角形，赤道表面观呈双凸镜形，具3副合沟。藿香非腺毛多为1~4个细胞，腺毛头部具1~2个细胞，柄单细胞。木香粉末为黄色或黄棕色，菊糖碎块极多，用冷水合氯醛装置，呈房形、不规则团块状，有的表面观呈放射状线纹，多用400倍显微镜观察。

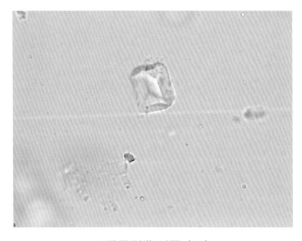

丁香显微鉴别图（1）

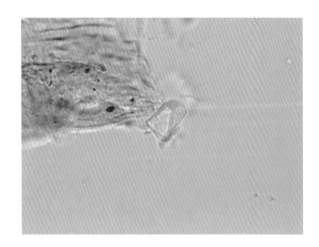

丁香显微鉴别图（2）

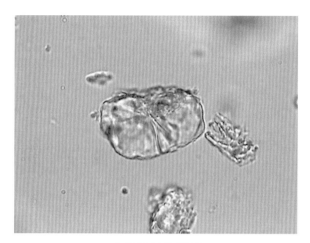

木香显微鉴别图

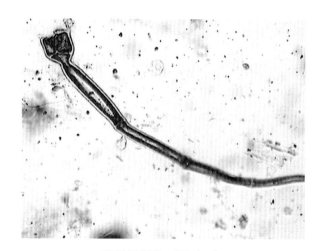

藿香显微鉴别图（1）

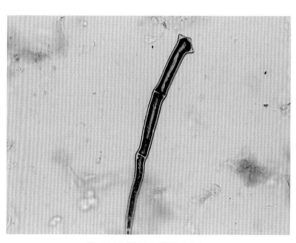

藿香显微鉴别图（2）

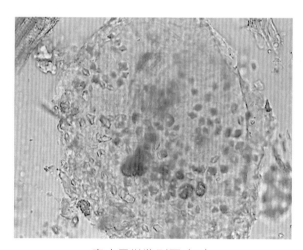

青皮显微鉴别图（1）

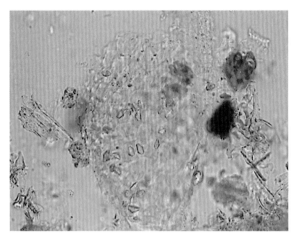

青皮显微鉴别图（2）

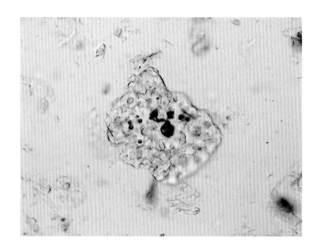

槟榔显微鉴别图

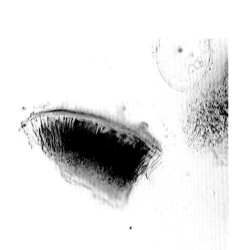

牵牛子显微鉴别图（1）

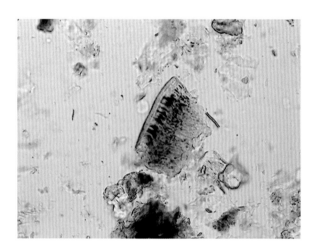

牵牛子显微鉴别图（2）

大承气散

【处方】 大黄 60 g，厚朴 30 g，枳实 30 g，玄明粉 180 g。

【制法】 以上 4 味，粉碎、过筛、混匀即得。

【性状】 本品为棕褐色粉末；气微辛香，味咸、微苦、涩。

【功能】 攻下热结，通肠。

【主治】 结症，便秘。

【显微鉴别】

大黄：草酸钙簇晶大，直径 60 ~ 140 μm。

厚朴：石细胞分枝状，壁厚，层纹明显。

枳实：草酸钙方晶成片存在于薄壁组织中。

玄明粉：用乙醇装片观察，不规则形结晶近无色，边缘不整齐，表面有细长裂隙且现颗粒性。

【备注】 厚朴粉末棕色，石细胞甚多，呈长圆形、类方形者直径 11 ~ 40 μm，呈不规则分枝状者长约 220 μm，有的分枝短而钝圆，有的分枝长而锐尖。

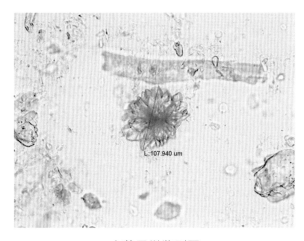

大黄显微鉴别图

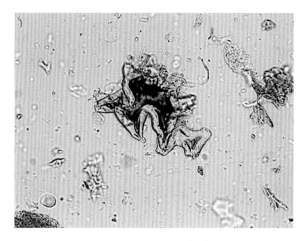

厚朴显微鉴别图（1）

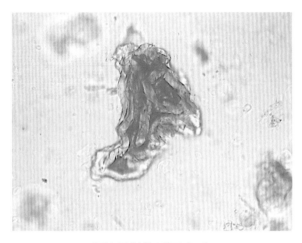

厚朴显微鉴别图（2）

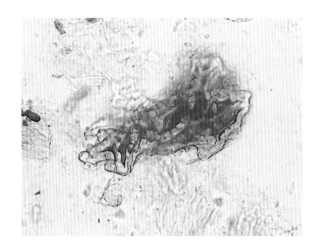

厚朴显微鉴别图（3）

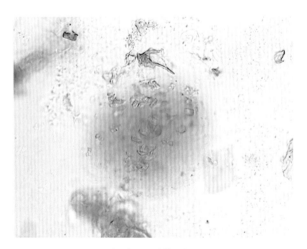

枳实显微鉴别图

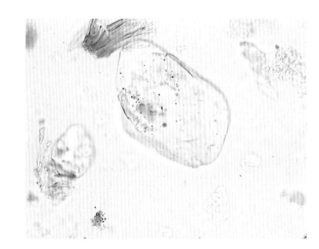

玄明粉显微鉴别图

大黄芩鱼散

【处方】 鱼腥草 135 g，大黄 540 g，黄芩 325 g。

【制法】 以上 3 味，粉碎、过筛、混匀即得。

【性状】 本品为黄棕色粉末；气微香，味苦、微涩。

【功能】 清热解毒。

【主治】 烂鳃。

【显微鉴别】

鱼腥草：叶表皮细胞多角形，有较密的波状纹理，叶表皮细胞有油细胞散在，油细胞类圆形，直径 70 ~ 80 μm，其周围有 6 ~ 7 个表皮细胞呈放射状排列。

大黄：草酸钙簇晶大，直径 60 ~ 140 μm。

黄芩：纤维淡黄色，梭形，壁厚，孔沟细。

【备注】 黄芩粉末深黄色，韧皮纤维微黄色，梭形，两端尖或钝圆，长 60 ~ 250 μm，直径 9 ~ 33 μm，壁甚厚，木化，孔沟明显；石细胞类方形、类圆形、椭圆形、类三角形、类多角形、纺锤形或不规则形，壁较厚或甚厚。鱼腥草叶的下表皮细胞呈多角形，气孔类型不定，油细胞类圆形，分布于表皮中，内含淡棕色挥发油。

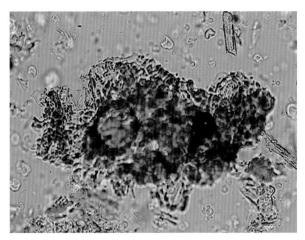

鱼腥草显微鉴别图（1）

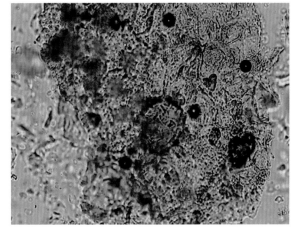

鱼腥草显微鉴别图（2）

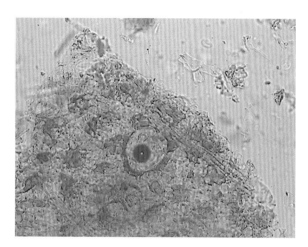

鱼腥草显微鉴别图（3）

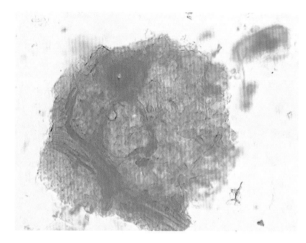

鱼腥草显微鉴别图（4）

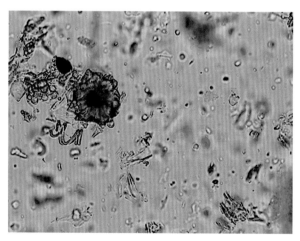

大黄显微鉴别图

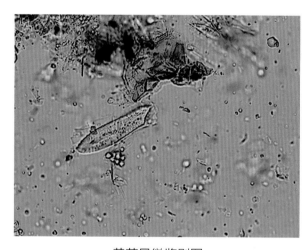

黄芩显微鉴别图

千金散

【**处方**】 蔓荆子 20 g，旋覆花 20 g，僵蚕 20 g，天麻 25 g，乌梢蛇 25 g，南沙参 25 g，桑螵蛸 20 g，何首乌 25 g，制天南星 25 g，防风 25 g，阿胶 20 g，川芎 15 g，羌活 25 g，蝉蜕 30 g，细辛 10 g，全蝎 20 g，升麻 25 g，藿香 20 g，独活 25 g。

【**制法**】 以上 19 味，粉碎、过筛、混匀即得。

【**性状**】 本品为淡棕色至浅灰褐色粉末；气香窜，味淡、辛、咸。

【**功能**】 息风解痉。

【**主治**】 破伤风。

【**显微鉴别**】

旋覆花：花粉粒类球形，直径 22 ~ 33 μm，外壁有刺，长约 3 μm，具 3 个萌发孔。

僵蚕：体壁碎片无色，表面有极细的菌丝体。

天麻：含糊化多糖类物的组织碎片遇碘液显棕色或淡棕紫色。

乌梢蛇：条状肌肉纤维淡黄色，现横波状纹理。

何首乌：草酸钙簇晶直径约至 80 μm。

天南星：草酸钙针晶成束或散在，长约至 90 μm。

阿胶：为不规则透明块片，微黄色，有圆孔纹及细小孔点，并有油滴渗出，放置久后融化。

蝉蜕：几丁质皮壳碎片淡黄棕色，半透明，密布乳头状或短刺状突起。

细辛：下皮细胞类长方形，壁细波状弯曲，夹有类方形或长圆形分泌细胞。

全蝎：体壁碎片淡黄色至黄色，有网状纹理及圆形毛窝；有时可见棕褐色刚毛。

升麻：木纤维成束，多碎断，淡黄绿色，末端狭尖或钝圆，有的有分叉，直径 14 ~ 41 μm，壁稍厚，具"十"字形纹孔，有的胞腔中含黄棕色物。

藿香：非腺毛 1 ~ 4 个细胞，壁有疣状突起。

【**备注**】 僵蚕粉末灰棕色或灰褐色，菌丝体近无色，细长卷曲缠结在体壁中。全蝎粉末黄棕色，体壁碎片棕黄色或黄绿色，有光泽，外表皮表面观呈多角形网格样纹理，排列整齐，有的不整齐，一边微有尖突，表面密布细小颗粒，可见毛窝、细小圆孔口及瘤状突起，毛窝突出于外表皮，圆形或类圆形，刚毛常于基部断离或脱落，刚毛黄棕色，多碎断。

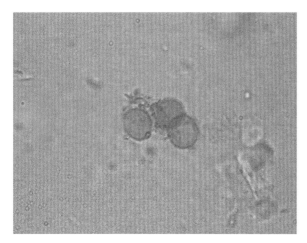

旋覆花显微鉴别图

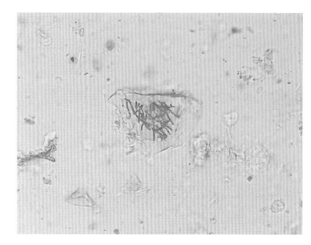

僵蚕显微鉴别图

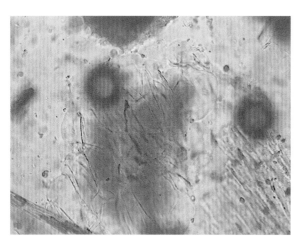

天麻显微鉴别图

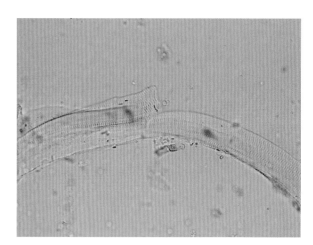

乌梢蛇显微鉴别图

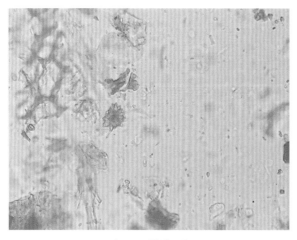

天南星显微鉴别图

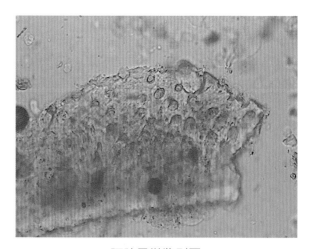

阿胶显微鉴别图

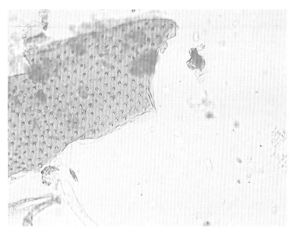

蝉蜕显微鉴别图

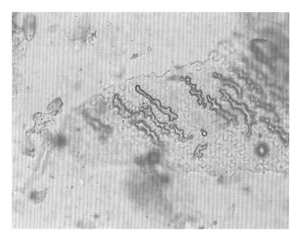

细辛显微鉴别图

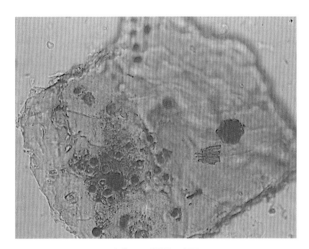

全蝎显微鉴别图

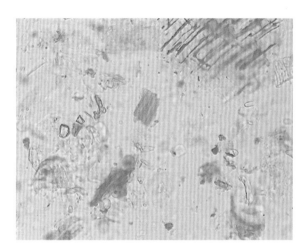

升麻显微鉴别图

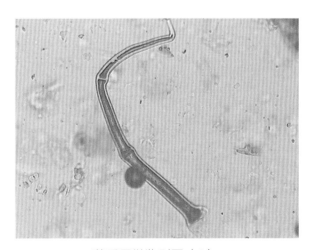

藿香显微鉴别图（1）

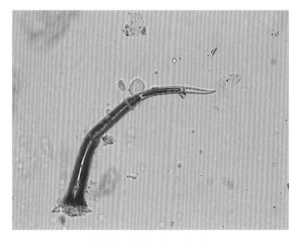

藿香显微鉴别图（2）

小柴胡散

【处方】 柴胡 45 g，黄芩 45 g，姜半夏 30 g，党参 45 g，甘草 15 g。

【制法】 以上 5 味，粉碎、过筛、混匀即得。

【性状】 本品为黄色粉末；气微香，味甘、微苦。

【功能】 和解少阳，解热。

【主治】 少阳证，寒热往来，不欲饮食，口津少，反胃呕吐。

【显微鉴别】

柴胡：油管含淡黄色或黄棕色条状分泌物，直径 8 ~ 25 μm。

黄芩：纤维淡黄色，梭形，壁厚，孔沟细。

姜半夏：草酸钙针晶成束，长 32 ~ 144 μm，存在于黏液细胞中或散在。

党参：联结乳管直径 12 ~ 15 μm，含细小颗粒状物。

甘草：纤维束周围薄壁细胞含草酸钙方晶，形成晶纤维。

【备注】 柴胡油管多碎断，管道中含黄棕色条状分泌物。党参粉末黄白色，石细胞较多，单个散在或数个成群，有的与木栓细胞相互嵌入；石细胞多角形、类方形、长方形或不规则形，直径 24 ~ 51 μm，纹孔稀疏；木栓细胞棕黄色，表面观长方形、斜方形或类多角形，垂周壁微波状弯曲，木化，有纵条纹。

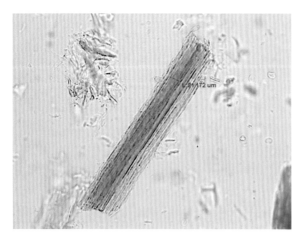

柴胡显微鉴别图

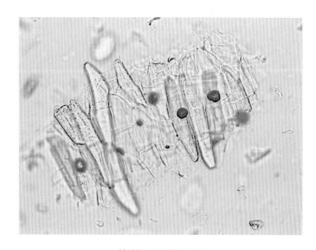

黄芩显微鉴别图

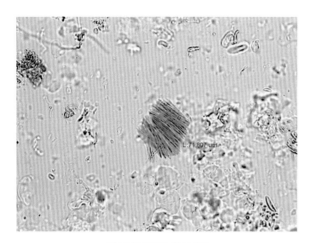

姜半夏显微鉴别图

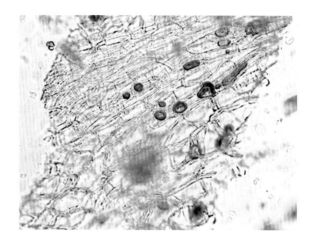

党参显微鉴别图

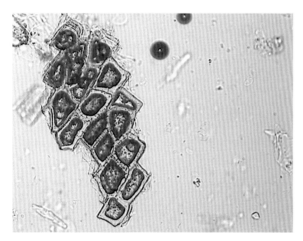

党参石细胞显微鉴别图

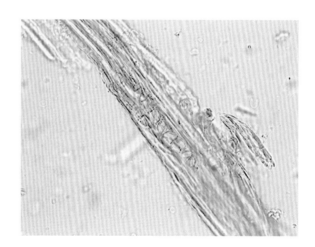

甘草显微鉴别图

天麻散

【处方】 天麻 30 g，党参 45 g，防风 25 g，荆芥 30 g，薄荷 30 g，制何首乌 30 g，茯苓 45 g，甘草 25 g，川芎 25 g，蝉蜕 30 g。

【制法】 以上 10 味，粉碎、过筛、混匀即得。

【性状】 本品为棕黄色粉末；气微香，味甘、微辛。

【功能】 疏散风邪，益气和血。

【主治】 脾虚湿邪，慢性脑水肿。

【显微鉴别】

天麻：草酸钙针晶成束或散在，长 25～48 μm。

党参：石细胞斜方形或多角形，一端稍尖，壁较厚，纹孔稀疏。

何首乌：草酸钙簇晶，直径约至 80 μm。

茯苓：呈不规则分枝状团块，无色，遇水合氯醛溶液融化；菌丝无色或淡棕色，直径 4～6 μm。

甘草：纤维束周围薄壁细胞含草酸钙方晶，形成晶纤维。

蝉蜕：几丁质皮壳碎片淡黄棕色，半透明，密布乳头状或短刺状突起。

【备注】 何首乌粉末棕色，草酸钙簇晶较多，直径约至 80 μm，偶见簇晶与较大的类方形结晶合生。天麻有的薄壁细胞含草酸钙针晶束，针晶长 25～90 μm。

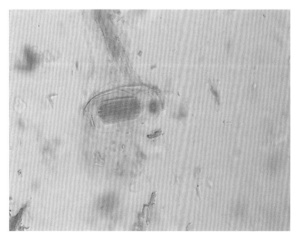

天麻显微鉴别图

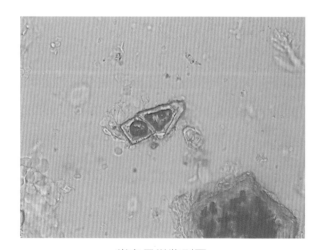

党参显微鉴别图

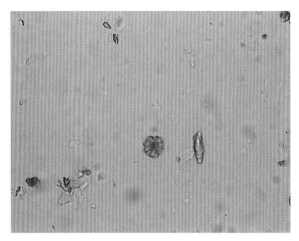

何首乌显微鉴别图

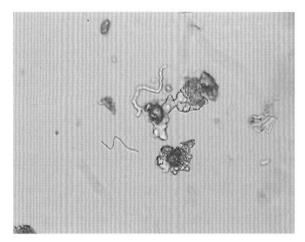

茯苓显微鉴别图

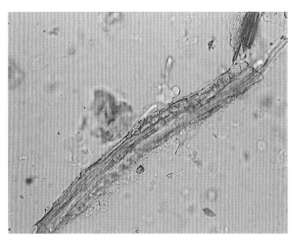

甘草显微鉴别图

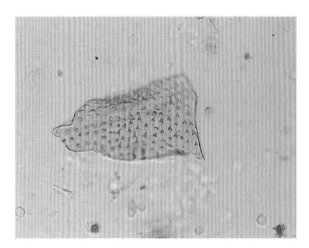

蝉蜕显微鉴别图

无失散

【**处方**】 槟榔 20 g，牵牛子 45 g，郁李仁 60 g，木香 25 g，木通 20 g，青皮 30 g，三棱 25 g，大黄 75 g，玄明粉 200 g。

【**制法**】 以上 9 味，粉碎、过筛、混匀即得。

【**性状**】 本品为棕黄色粉末；气微香，味咸。

【**功能**】 泻下通肠。

【**主治**】 结证，便秘。

【**显微鉴别**】

槟榔：内胚乳碎片无色，壁较厚，有较多大的类圆形纹孔。

牵牛子：种皮栅状细胞淡棕色或棕色，长 48～80 μm。

郁李仁：石细胞类圆形或贝壳形，壁较厚，较宽一边纹孔明显，胞腔含橙红色物。

木香：菊糖团块形状不规则，有时可见微细放射状纹理，加热后融化。

木通：纤维管胞大多成束，有明显的具缘纹孔，纹孔口斜裂纹状或"十"字状。

青皮：草酸钙方晶成片存在于薄壁组织中。

大黄：草酸钙簇晶大，直径 60～140 μm。

玄明粉：用乙醇装片观察，不规则结晶近无色，边缘不整齐，表面有细长裂隙且现颗粒性。

【**备注**】 木香粉末黄色或黄棕色，菊糖碎块极多，用冷水合氯醛装置在 400 倍显微镜下观察，呈房形或不规则团块状，有的表面现放射状线纹。

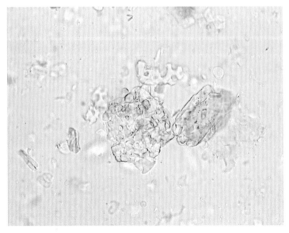

槟榔显微鉴别图

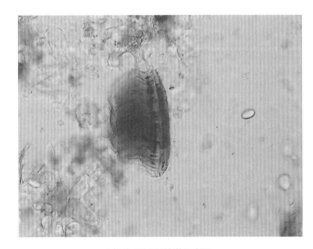

牵牛子显微鉴别图

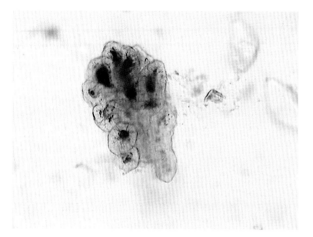

郁李仁显微鉴别图

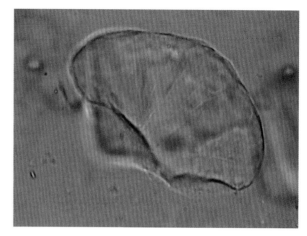

木香显微鉴别图

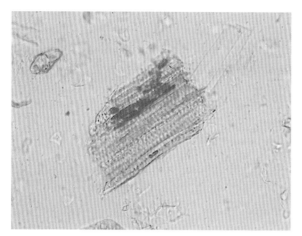

木通显微鉴别图

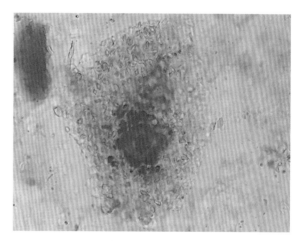

青皮显微鉴别图

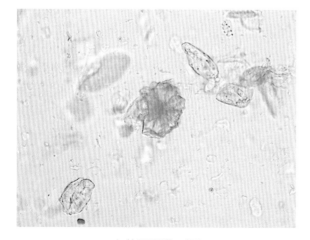

大黄显微鉴别图

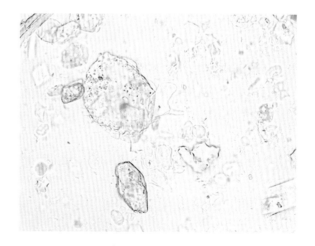

玄明粉显微鉴别图

木香槟榔散

【处方】　木香 15 g，槟榔 15 g，枳壳（炒）15 g，陈皮 15 g，醋青皮 50 g，醋香附 30 g，三棱 15 g，醋莪术 15 g，黄连 15 g，黄柏（酒炒）30 g，大黄 30 g，炒牵牛子 30 g，玄明粉 60 g。

【制法】　以上 13 味，粉碎、过筛、混匀即得。

【性状】　本品为灰棕色粉末；气香，味苦、微咸。

【功能】　行气导滞，泻热通便。

【主治】　痢疾腹痛，胃肠积滞，瘤胃臌气。

【显微鉴别】

木香：菊糖团块形状不规则，有时可见微细放射状纹理，加热后融化。

槟榔：内胚乳碎片无色，壁较厚，有较多大的类圆形纹孔。

枳壳：草酸钙方晶成片存在于薄壁组织中。

香附：分泌细胞类圆形，含淡黄棕色至红棕色分泌物，其周围细胞呈放射状排列。

黄连：纤维束鲜黄色，壁稍厚，纹孔明显。

黄柏：纤维束鲜黄色，周围细胞含草酸钙方晶，形成晶纤维，含晶细胞的壁木化增厚。

大黄：草酸钙簇晶大，直径 60～140 μm。

牵牛子：种皮栅状细胞淡棕色或棕色，长 48～80 μm。

玄明粉：用乙醇装片观察，不规则结晶近无色，边缘不整齐，表面有细长裂隙且现颗粒性。

【备注】　牵牛子别名黑丑、白丑、二丑，粉末淡黄棕色；种皮表皮细胞深棕色，形状不规则，壁微波状。

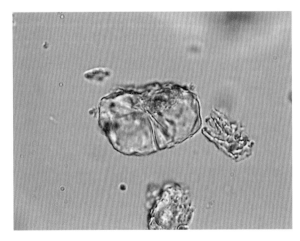

木香显微鉴别图

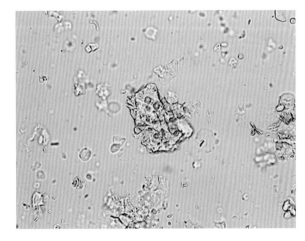

槟榔显微鉴别图

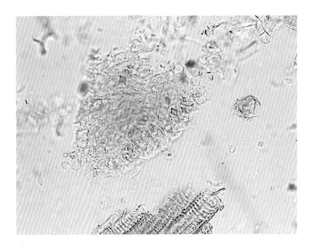

枳壳显微鉴别图

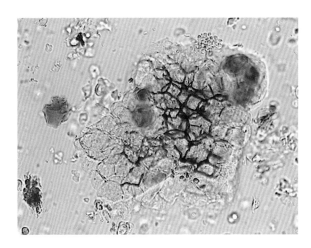

香附显微鉴别图

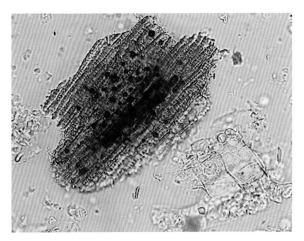

黄连显微鉴别图

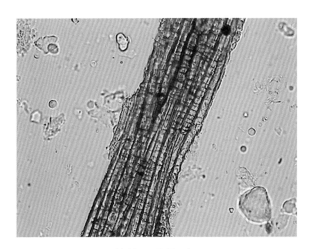

黄柏显微鉴别图

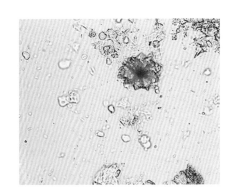

大黄显微鉴别图

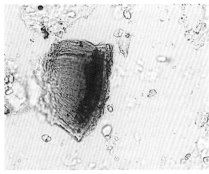

牵牛子显微鉴别图

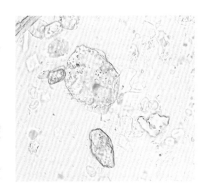

玄明粉显微鉴别图

木槟硝黄散

【处方】 槟榔 30 g，大黄 90 g，玄明粉 110 g，木香 30 g。

【制法】 以上 4 味，粉碎、过筛、混匀即得。

【性状】 本品为棕褐色粉末；气香，味微涩、苦、咸。

【功能】 泻热通便，理气止痛。

【主治】 实热便秘，胃肠积滞。

【显微鉴别】

槟榔：内胚乳碎片无色，壁较厚，有较多大的类圆形纹孔。

大黄：草酸钙簇晶大，直径60~140 μm。

玄明粉：用乙醇装片观察，不规则结晶近无色，边缘不整齐，表面有细长裂隙且现颗粒性。

木香：菊糖团块形状不规则，有时可见微细放射状纹理，加热后溶解。

【备注】 菊糖为菊科、桔梗科植物药所特有，如苍术、木香、桔梗等。木香粉末黄色或黄棕色，菊糖碎块极多，用冷水合氯醛装置，呈房形、不规则团块状，有的表面现放射状线纹；含菊糖的药材一般不含有淀粉粒。大黄粉末黄棕色，草酸钙簇晶直径 20 ~ 160 μm，有的至 190 μm。

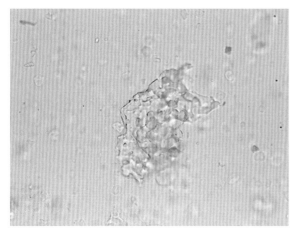

槟榔显微鉴别图

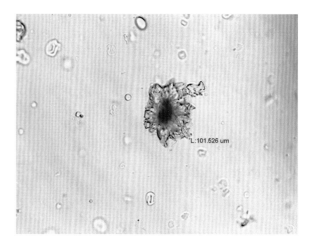

大黄显微鉴别图

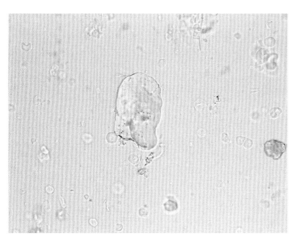

玄明粉显微鉴别图

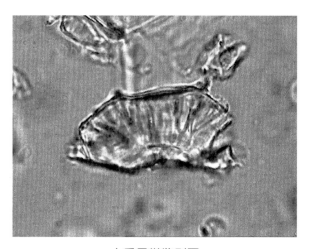

木香显微鉴别图

五皮散

【处方】 桑白皮 30 g，陈皮 30 g，大腹皮 30 g，姜皮 15 g，茯苓皮 30 g。

【制法】 以上 5 味，粉碎、过筛、混匀即得。

【性状】 本品为黄褐色粉末；气微香，味辛。

【功能】 行气，化湿，利水。

【主治】 水肿。

【显微鉴别】

桑白皮：纤维无色，直径13～26 μm，壁厚，孔沟不明显。

陈皮：草酸钙方晶成片存于薄壁组织中。

大腹皮：中果皮纤维成束，细长，直径8～15 μm，微木化，纹孔明显，周围细胞中含有圆簇状硅质块，直径约8 μm。

茯苓皮：为不规则分枝状团块，无色，遇水合氯醛溶液融化；菌丝无色或淡棕色，直径4～6 μm。

【备注】 桑白皮粉末淡灰黄色，纤维甚多，多碎断，壁厚，非木化至微木化，孔沟不明显；草酸钙方晶直径 11～32 μm；石细胞类圆形、类方形或形状不规则，直径 22～52 μm，壁较厚或极厚，纹孔及孔沟明显。陈皮粉末黄白色至黄棕色，草酸钙方晶成片存在于中果皮薄壁细胞中，呈多面形、菱形或双锥形，直径 3～34 μm，长 5～53 μm，有的一个细胞内含有由两个多面体构成的平行双晶或 3～5 个方晶。大腹皮粉末黄白色或黄棕色，中果皮纤维成束，周围细胞中含有圆簇状硅质块，直径约 8 μm。

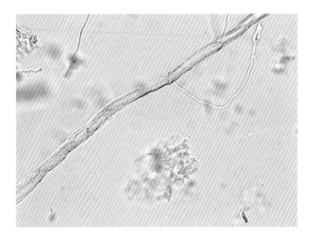

桑白皮显微鉴别图（1）

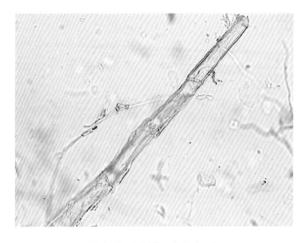

桑白皮显微鉴别图（2）

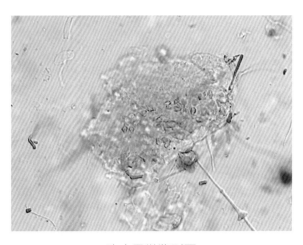

陈皮显微鉴别图

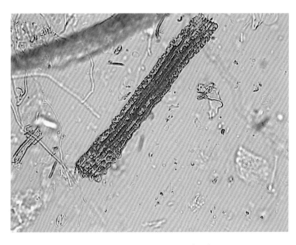

大腹皮显微鉴别图（1）

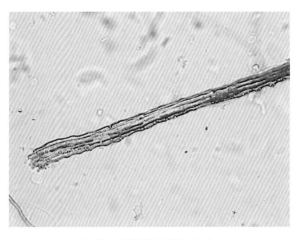

大腹皮显微鉴别图（2）

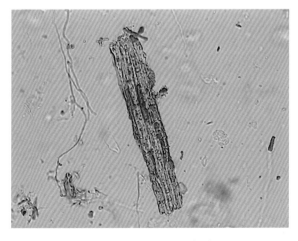

大腹皮显微鉴别图（3）

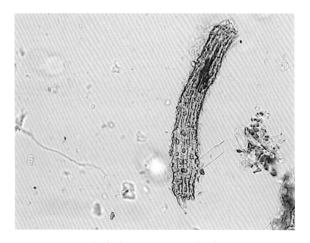

大腹皮显微鉴别图（4）

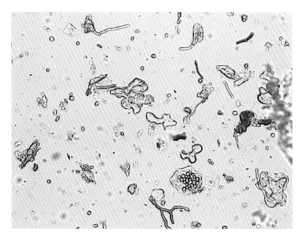

茯苓皮显微鉴别图（1）

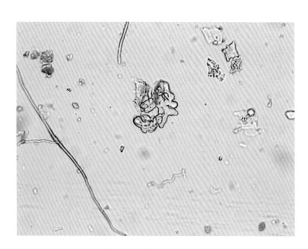

茯苓皮显微鉴别图（2）

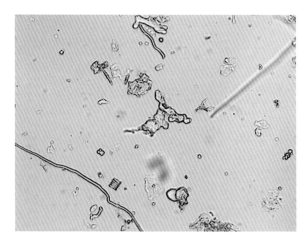

茯苓皮显微鉴别图（3）

五苓散

【处方】　茯苓 100 g，泽泻 200 g，猪苓 100 g，肉桂 50 g，白术（炒）100 g。

【制法】　以上 5 味，粉碎、过筛、混匀即得。

【性状】　本品为淡黄色粉末；气微香，味甘、淡。

【功能】　温阳化气，利湿行水。

【主治】　水湿内停，排尿不利，泄泻，水肿，宿水停脐。

【显微鉴别】

茯苓：为不规则分枝状团块，无色，遇水合氯醛溶液融化；菌丝无色或淡棕色，直径4～6 μm。

泽泻：薄壁细胞类圆形，有椭圆形纹孔，集成纹孔群。

猪苓：菌丝黏结成团，大多无色；草酸钙方晶为正八面体，直径32～60 μm。

肉桂：石细胞类方形或类圆形，壁一面极薄。

白术：草酸钙针晶细小，长10～32 μm，不规则地充塞于薄壁细胞中。

【备注】　肉桂粉末红棕色，石细胞类方形或类圆形，直径 32 ～ 882 μm，壁厚，有的一面极薄。猪苓菌丝细长，弯曲，有分枝，粗细不一，或有结节状膨大部分，直径 1.5 ～ 6 μm，大多无色，少数黄棕色或暗棕色，草酸钙方晶极多，大多为正八面体或规则的双锥八面体，也有为不规则多面体，直径 3 ～ 60 μm，长至 68 μm。有时可见数个集结。

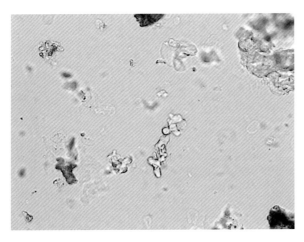

茯苓显微鉴别图（1）

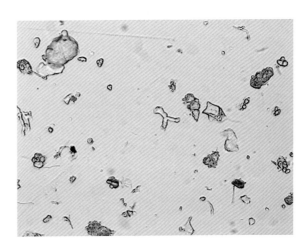

茯苓显微鉴别图（2）

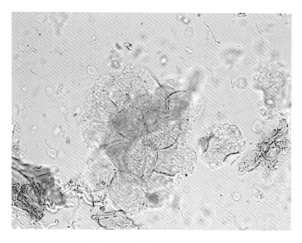

泽泻显微鉴别图（1）

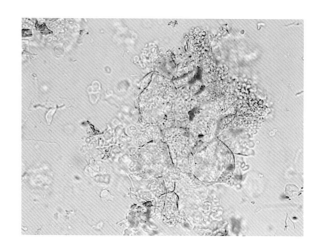

泽泻显微鉴别图（2）

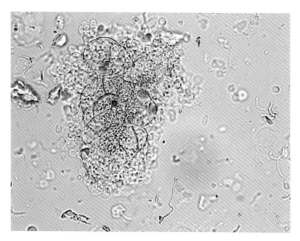

泽泻显微鉴别图（3）

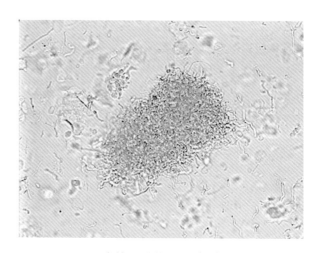

猪苓显微鉴别图（1）

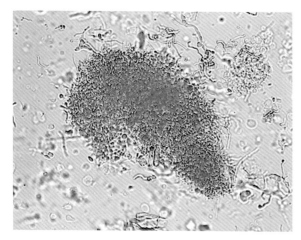

猪苓显微鉴别图（2）

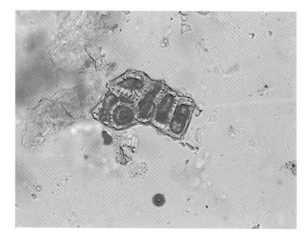

肉桂显微鉴别图（1）

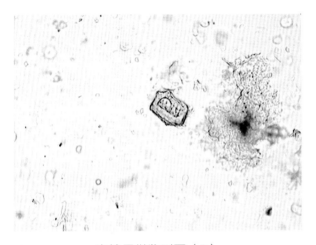

肉桂显微鉴别图（2）

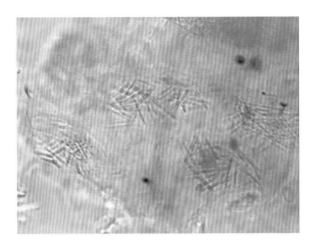

白术显微鉴别图（1）

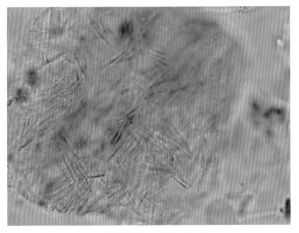

白术显微鉴别图（2）

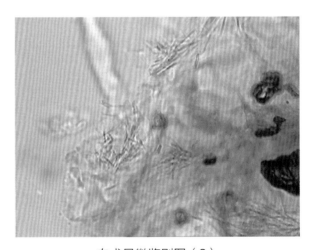

白术显微鉴别图（3）

五味石榴皮散

【**处方**】　石榴皮 30 g，红花 25 g，益智仁 35 g，肉桂 30 g，荜茇 25 g。

【**制法**】　以上 5 味，粉碎、过筛、混匀即得。

【**性状**】　本品为棕褐色粉末；气香，味辛、微酸。

【**功能**】　温脾暖胃。

【**主治**】　胃寒，冷痛。

【**显微鉴别**】

石榴皮：石细胞无色，椭圆形或类圆形，壁厚，孔沟细密。

红花：花粉粒球形或椭圆形，直径43～66 μm，外壁具短刺和点状雕纹，有3个萌发孔。

肉桂：石细胞类方形或类圆形，壁一面极薄。

荜茇：种皮细胞红棕色或黄棕色，长多角形，壁略做波状或连珠状增厚。

【**备注**】　荜茇粉末灰褐色，石细胞类圆形、长卵形或多角形，长至170 μm，壁较厚，有的层纹明显；油细胞类圆形，直径 25～60 μm；内果皮细胞长多角形，垂周壁不规则疣状增厚，有的似连珠状；种皮碎片深棕色，表面现长条形或类方形。石榴皮粉末红棕色，石细胞类圆形、长方形或不规则形，少数分枝状，直径27～102 μm，壁较厚，胞腔大，有的含棕色物；表皮细胞类方形或类长方形，壁略厚；草酸钙簇晶直径10～25 μm，稀有方晶。

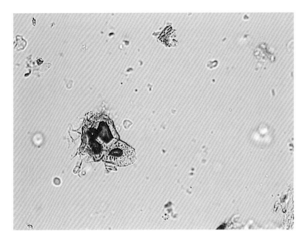

石榴皮显微鉴别图

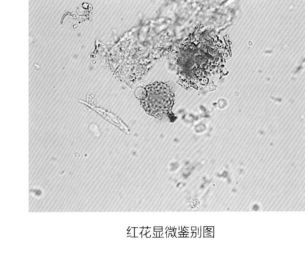

红花显微鉴别图

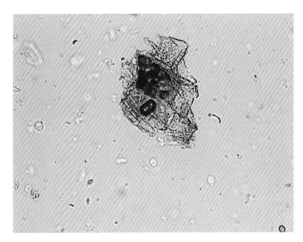

肉桂显微鉴别图

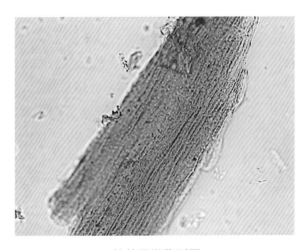

荜茇显微鉴别图

止咳散

【处方】 知母 25 g，枳壳 20 g，麻黄 15 g，桔梗 30 g，苦杏仁 25 g，葶苈子 25 g，桑白皮 25 g，陈皮 25 g，石膏 30 g，前胡 25 g，射干 25 g，枇杷叶 20 g，甘草 15 g。

【制法】 以上 13 味，粉碎、过筛、混匀即得。

【性状】 本品为棕褐色粉末；气清香，味甘、微苦。

【功能】 肺热化痰，止咳平喘。

【主治】 肺热咳喘。

【显微鉴别】

知母：草酸钙针晶成束或散在，长 26～110 μm。

枳壳、陈皮：草酸钙方晶成片存在于薄壁组织中。

麻黄：气孔特异，保卫细胞侧面观呈哑铃状。

桔梗：菊糖团块不规则形，有时可见放射状纹理，加热后溶解。

苦杏仁：石细胞橙黄色，贝壳形，壁较厚，较宽一边纹孔明显。

葶苈子：种皮下皮细胞黄色，多角形或长多角形，壁稍厚。

石膏：不规则片状结晶无色，有平直纹理。

射干：草酸钙柱晶直径约至 34 μm。

枇杷叶：非腺毛大型，单细胞，多弯曲，完整者长约至 1 260 μm。

甘草：纤维束周围薄壁细胞含草酸钙方晶，形成晶纤维。

【备注】 枇杷叶下表皮有多数单细胞非腺毛，常弯曲，近主脉处多弯成"人"字形。射干粉末橙黄色，草酸钙柱晶较多，棱柱形，多已破碎，完整者长 49～315 μm，直径约至 49 μm。桔梗观察菊糖团块时制片需要不加热透化。

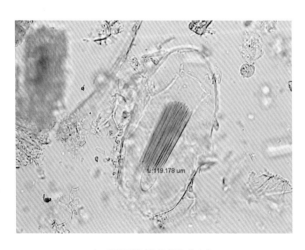

知母显微鉴别图（1）

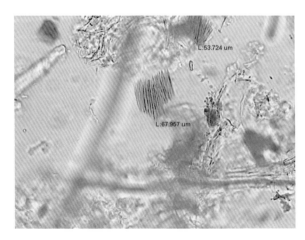

知母显微鉴别图（2）

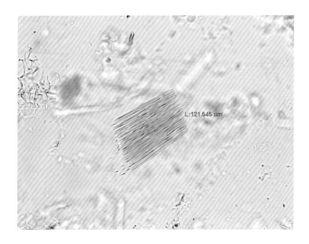

知母显微鉴别图（3）

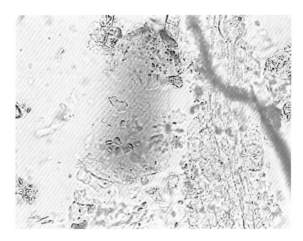

枳壳显微鉴别图

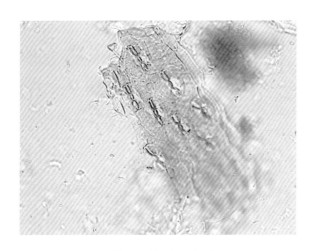

麻黄显微鉴别图（1）

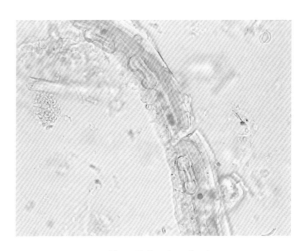

麻黄显微鉴别图（2）

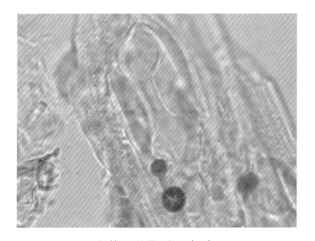

麻黄显微鉴别图（3）

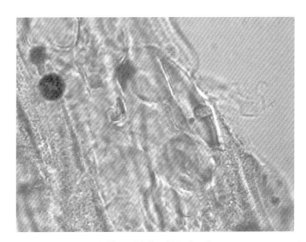

麻黄显微鉴别图（4）

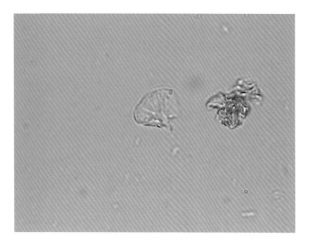

桔梗显微鉴别图（1）

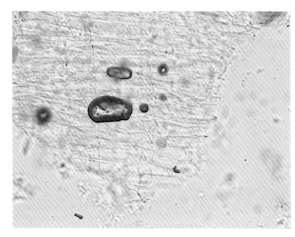

桔梗显微鉴别图（2）

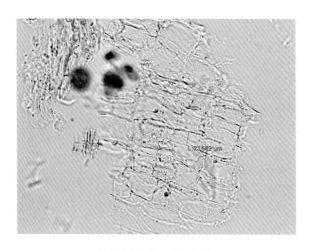

桔梗显微鉴别图（3）

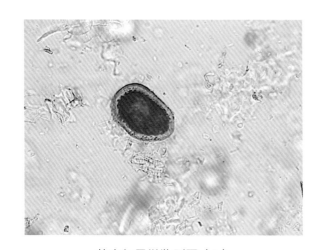

苦杏仁显微鉴别图（1）

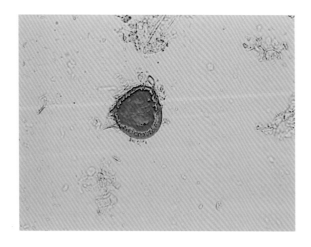

苦杏仁显微鉴别图（2）

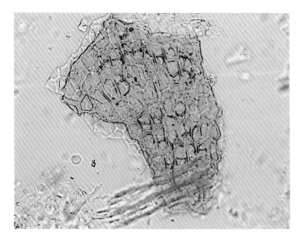

葶苈子显微鉴别图（1）

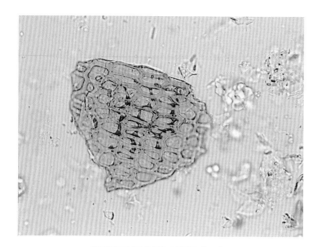

葶苈子显微鉴别图（2）

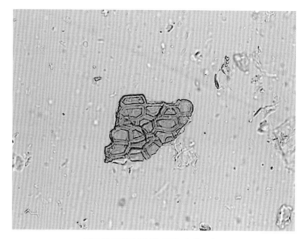

葶苈子显微鉴别图（3）

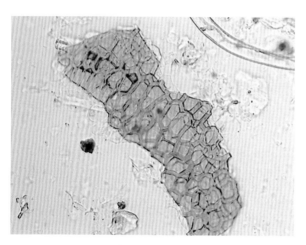

葶苈子显微鉴别图（4）

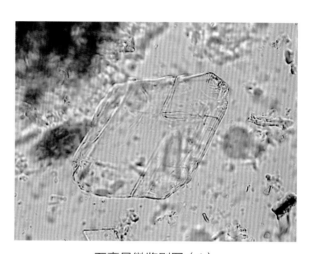

石膏显微鉴别图（1）

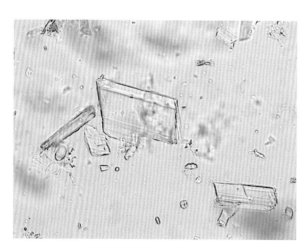

石膏显微鉴别图（2）

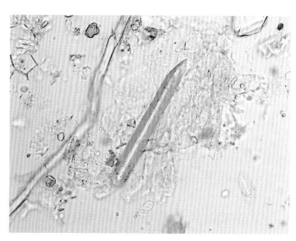

射干显微鉴别图（1）

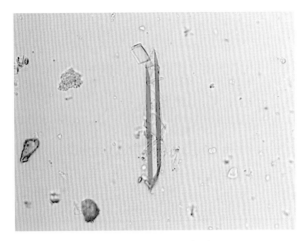

射干显微鉴别图（2）

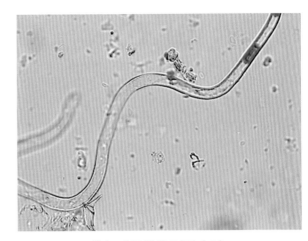

枇杷叶显微鉴别图（1）

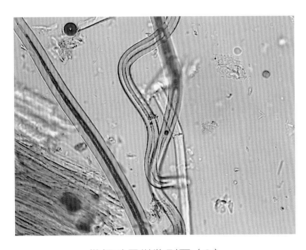

枇杷叶显微鉴别图（2）

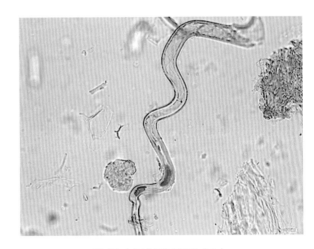

枇杷叶显微鉴别图（3）

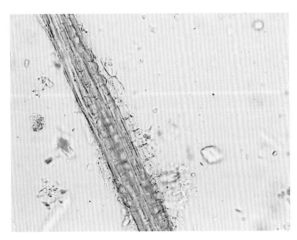

甘草显微鉴别图（1）

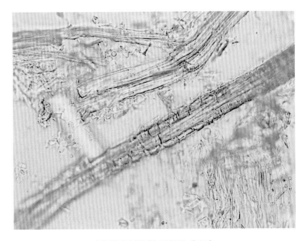

甘草显微鉴别图（2）

止痢散

【**处方**】 雄黄 40 g，藿香 110 g，滑石 150 g。

【**制法**】 以上 3 味，粉碎、过筛、混匀即得。

【**性状**】 本品为浅棕红色粉末；气香，味辛、微苦。

【**功能**】 清热解毒，化湿止痢。

【**主治**】 仔猪白痢。

【**显微鉴别**】

雄黄：不规则碎块金黄色或橙黄色，有光泽。

藿香：非腺毛 1 ~ 4 个细胞，壁有疣状突起。

滑石：不规则块片无色，有层层剥落痕迹。

【**备注**】 藿香非腺毛多为 1 ~ 4 个细胞。

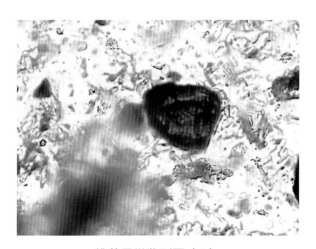

雄黄显微鉴别图（1）

雄黄显微鉴别图（2）

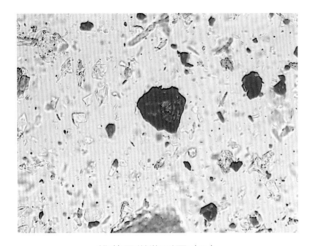

雄黄显微鉴别图（3）

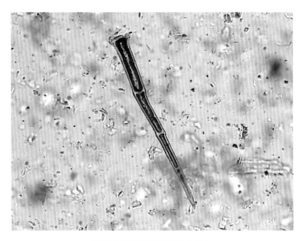

藿香显微鉴别图（1）

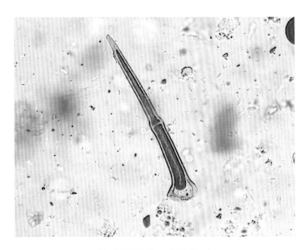

藿香显微鉴别图（2）

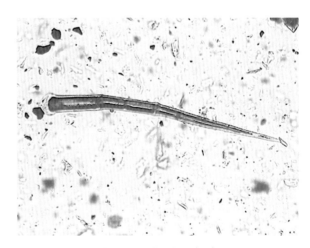

藿香显微鉴别图（3）

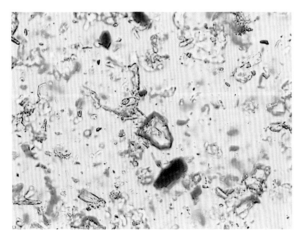

滑石显微鉴别图（1）

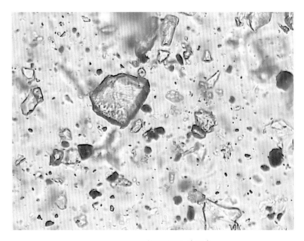

滑石显微鉴别图（2）

公英散

【处方】　蒲公英 60 g，金银花 60 g，连翘 60 g，丝瓜络 30 g，通草 25 g，芙蓉叶 25 g，浙贝母 30 g。

【制法】　以上 7 味，粉碎、过筛、混匀即得。

【性状】　本品为黄棕色粉末；味微甘、苦。

【功能】　清热解毒，消肿散痈。

【主治】　乳痈初起，红肿热痛。

【显微鉴别】

金银花：花粉粒类圆形，直径约至76 μm，外壁有刺状雕纹，具3个萌发孔。

连翘：内果皮纤维上下层纵横交错，纤维短梭形。

浙贝母：淀粉粒卵圆形，直径35～48 μm，脐点点状、"人"字状或马蹄状，位于较小端，层纹细密。

【备注】　浙贝母粉末淡黄白色，淀粉粒甚多，单粒卵形、广卵形或椭圆形，脐点点状、裂缝状、"人"字状或马蹄状，位于较小端，层纹大多明显，偶见半复粒及复粒，复粒由 2 个分粒组成。连翘粉末淡黄棕色，内果皮纤维较多，多成束，有时上下层纵横交错；短梭形或不规则形，边缘不平整或有凹凸，有的中部狭细，长 80～224 μm，直径 24～32 μm，壁厚 8～18 μm，木化，纹孔较少，孔沟细。

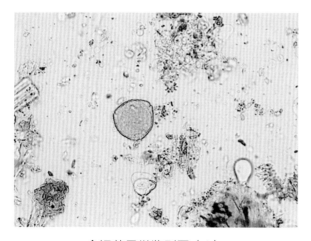

金银花显微鉴别图（1）

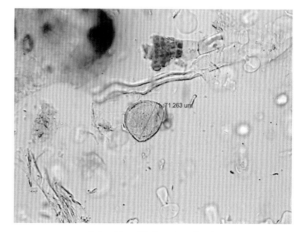

金银花显微鉴别图（2）

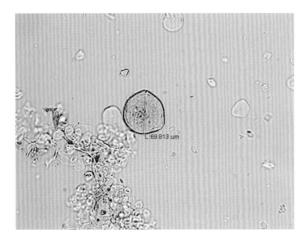

金银花显微鉴别图（3）

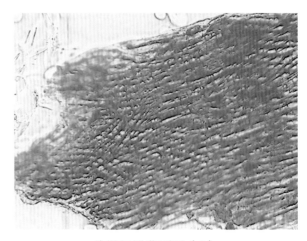

连翘显微鉴别图（1）

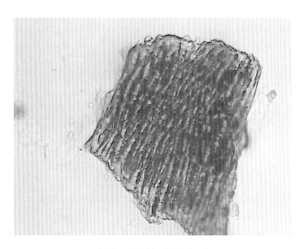

连翘显微鉴别图（2）

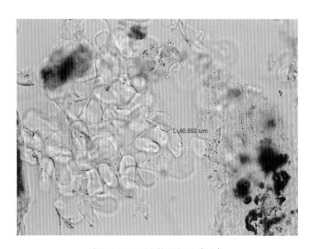

浙贝母显微鉴别图（1）

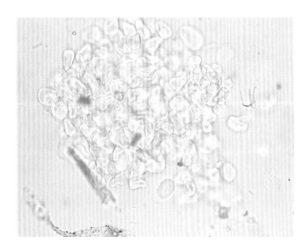

浙贝母显微鉴别图（2）

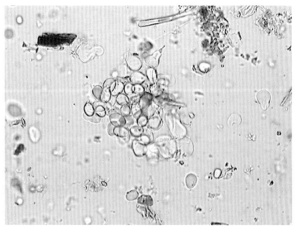

浙贝母显微鉴别图（3）

乌梅散

【处方】 乌梅 15 g，柿饼 24 g，黄连 6 g，姜黄 6 g，诃子 9 g。

【制法】 以上 5 味，粉碎、过筛、混匀即得。

【性状】 本品为棕黄色粉末；气微香，味苦。

【功能】 清热解毒，涩肠止泻。

【主治】 幼畜奶泻。

【显微鉴别】

乌梅：果皮表皮细胞淡黄棕色，细胞表面观类多角形，壁稍厚，表皮布有单细胞非腺毛或毛茸脱落后的痕迹。

黄连：纤维束鲜黄色，壁稍厚，纹孔明显。

姜黄：糊化淀粉粒团块黄色。

诃子：果皮纤维层淡黄色，斜向交错排列，壁较薄，有纹孔。

【备注】 乌梅粉末红棕色，内果皮石细胞极多，单个散在或数个成群，几无色或淡绿黄色，类多角形、类圆形或长圆形，直径 10 ~ 72 μm，壁厚，孔沟细密，常内含红棕色物；非腺毛大多为单细胞，少数 2 ~ 5 个细胞，平直或弯曲呈镰刀状，浅黄棕色，壁厚，非木化或微木化，表面有时可见螺纹交错的纹理，基部稍圆或平直，胞腔常含棕色物；种皮石细胞黄色或棕红色，侧面观呈贝壳形、盔帽形或类长方形。黄连纤维淡黄色，成束，纵横交错排列或与石细胞、木化厚壁细胞相联结；石细胞类方形、类多角形或呈纤维状，直径 14 ~ 40 μm，长至 130 μm，壁厚，孔沟细密。

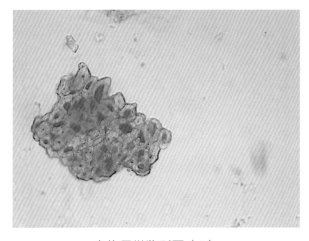

乌梅显微鉴别图（1）

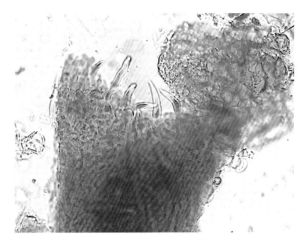

乌梅显微鉴别图（2）

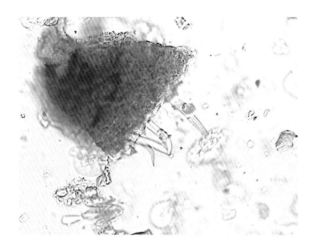

乌梅显微鉴别图（3）

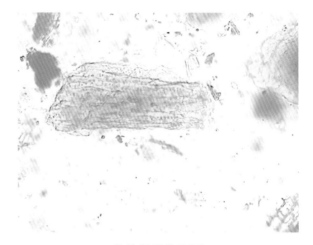

黄连显微鉴别图

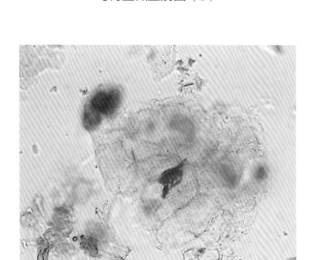

姜黄显微鉴别图

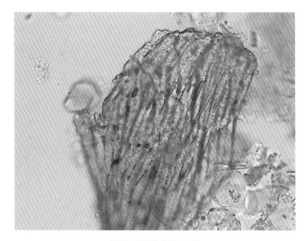

诃子显微鉴别图

六味地黄散

【处方】 熟地黄 80 g，酒萸肉 40 g，山药 40 g，牡丹皮 30 g，茯苓 30 g，泽泻 30 g。

【制法】 以上 6 味，粉碎、过筛、混匀即得。

【性状】 本品为灰棕色粉末；味甜、酸。

【功能】 滋补肝肾。

【主治】 肝肾阴虚，腰胯无力，盗汗，滑精，阴虚发热。

【显微鉴别】

熟地黄：薄壁组织灰棕色至黑棕色，细胞多皱缩，内含棕色核状物。

山茱萸：果皮表皮细胞橙黄色，表面观类多角形，垂周壁略连珠状增厚。

山药：淀粉粒三角状卵形或矩圆形，直径24～40 μm，脐点短缝状或"人"字状。

牡丹皮：草酸钙簇晶存在于薄壁细胞中，有时数个排列成行。

茯苓：不规则分枝状团块无色，遇水合氯醛溶液溶化；菌丝无色或淡棕色，直径4～6 μm。

泽泻：薄壁细胞类圆形，有椭圆形纹孔，集成纹孔群。

【备注】 山茱萸粉末红褐色，果皮表皮细胞表面观多角形或类长方形，直径 16～30 μm，垂周壁连珠状增厚，外平周壁颗粒状角质增厚（400 倍显微镜下观察明显），胞腔含淡橙黄色物。山药可以补充观察草酸钙针晶束，山药草酸钙针晶束存在于黏液细胞中，长 80～240 μm，针晶束直径 2～8 μm。

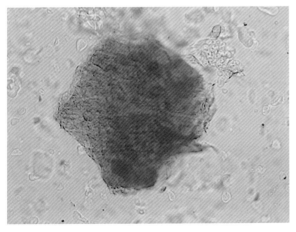

熟地黄显微鉴别图（1）

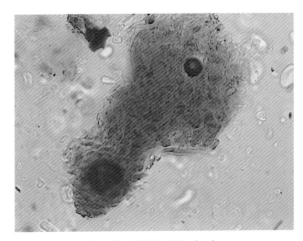

熟地黄显微鉴别图（2）

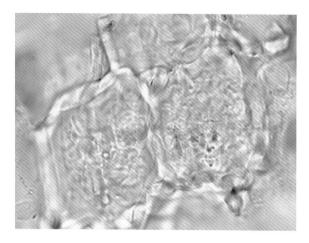

酒萸肉显微鉴别图

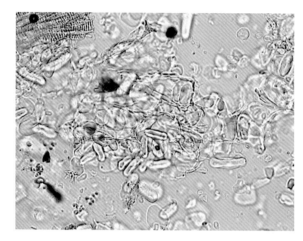

山药显微鉴别图（1）

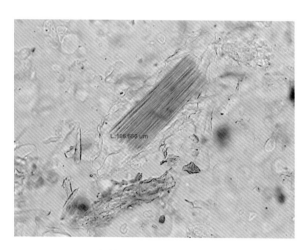

山药显微鉴别图（2）

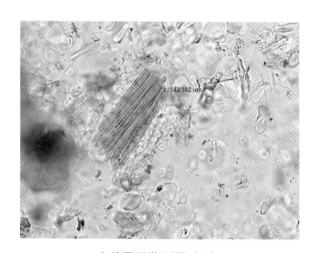

山药显微鉴别图（3）

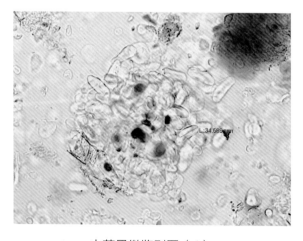

山药显微鉴别图（4）

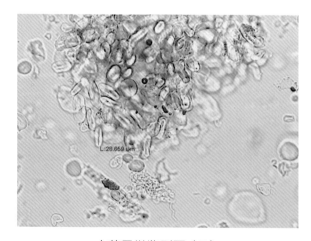

山药显微鉴别图（5）

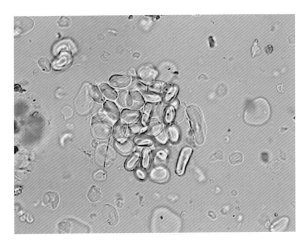

山药显微鉴别图（6）

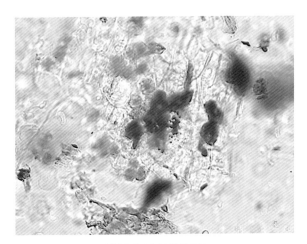

牡丹皮显微鉴别图

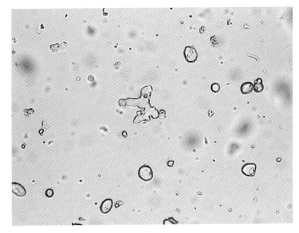

茯苓显微鉴别图

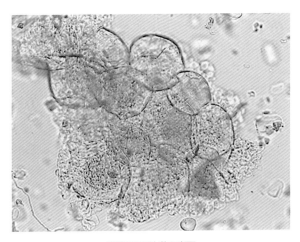

泽泻显微鉴别图

龙胆泻肝散

【处方】 龙胆 45 g，车前子 30 g，柴胡 30 g，当归 30 g，栀子 30 g，生地黄 45 g，甘草 15 g，黄芩 30 g，泽泻 45 g，木通 20 g。

【制法】 以上 10 味，粉碎、过筛、混匀即得。

【性状】 本品为淡黄褐色粉末；气清香，味苦、微甘。

【功能】 泻肝胆实火，清三焦湿热。

【主治】 目赤肿痛，淋浊，带下。

【显微鉴别】

龙胆：外皮层细胞表面观纺锤形，每个细胞由横壁分隔成数个小细胞。

车前子：种皮下皮细胞表面观狭长，壁稍呈波状，以数个细胞为一组，做镶嵌状排列。

柴胡：油管含淡黄色或黄棕色条状分泌物，直径8～25 μm。

当归：薄壁细胞纺锤形，壁略厚，有极微细的斜向交错纹理。

栀子：种皮石细胞黄色或淡棕色，多破碎，完整者长多角形、长方形或形状不规则，壁厚，有大的圆形纹孔，胞腔棕红色。

生地黄：薄壁组织灰棕色至黑棕色，细胞多皱缩，内含棕色核状物。

甘草：纤维束周围薄壁细胞含草酸钙方晶，形成晶纤维。

黄芩：纤维淡黄色，梭形，壁厚，孔沟细。

泽泻：薄壁细胞类圆形，有椭圆形纹孔，集成纹孔群。

【备注】 龙胆外皮层细胞表面观类纺锤形，每个细胞由横隔分隔成数个扁方形的小细胞；内皮层细胞表面观类长方形，每个细胞由纵壁分隔成数个栅状小细胞。车前子粉末深黄棕色，种皮内表皮细胞表面观类长方形，直径5～19 μm，长约至83 μm，壁薄，微波状，常做镶嵌状排列。

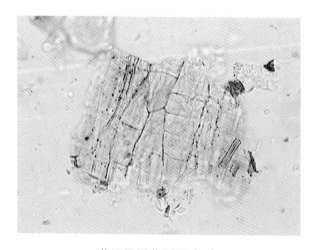

龙胆显微鉴别图（1）

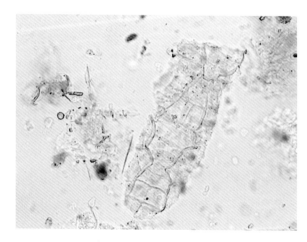

龙胆显微鉴别图（2）

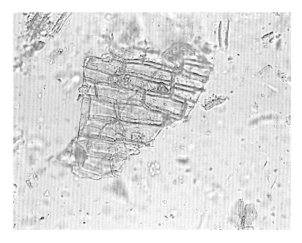

龙胆显微鉴别图（3）

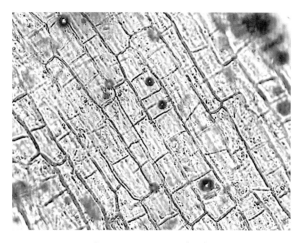

龙胆显微鉴别图（4）

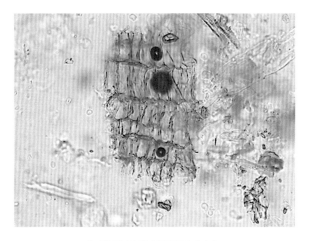

车前子显微鉴别图（1）

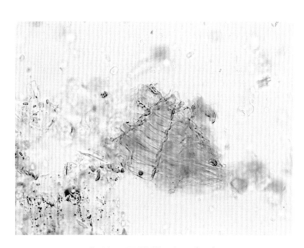

车前子显微鉴别图（2）

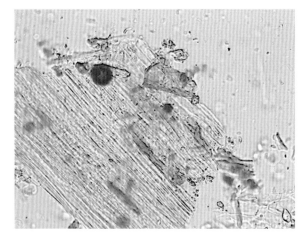

柴胡显微鉴别图

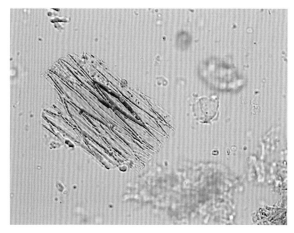

当归显微鉴别图（1）

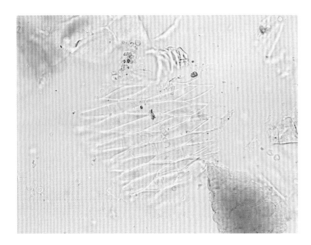

当归显微鉴别图（2）

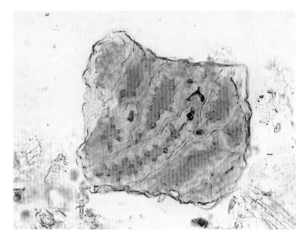

栀子显微鉴别图

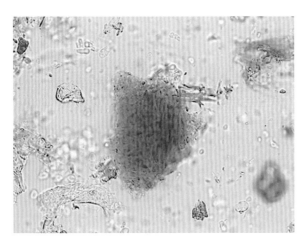

生地黄显微鉴别图

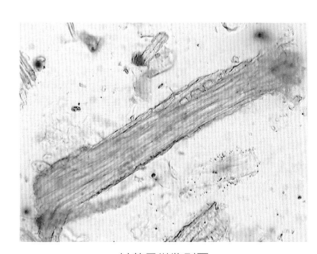

甘草显微鉴别图

黄芩显微鉴别图

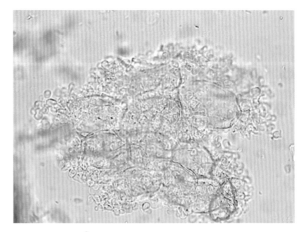

泽泻显微鉴别图

平胃散

【处方】　苍术 80 g，厚朴 50 g，陈皮 50 g，甘草 30 g。

【制法】　以上 4 味，粉碎、过筛、混匀即得。

【性状】　本品为棕黄色粉末；气香，味苦、微甜。

【功能】　燥湿健脾，理气和胃。

【主治】　湿困脾土，食少，粪稀软。

【显微鉴别】

苍术：草酸钙针晶细小，长5 ~ 32 μm，不规则地充塞于薄壁细胞中。

厚朴：石细胞分枝状，壁厚，层纹明显。

陈皮：草酸钙方晶成片存在于薄壁组织中。

甘草：纤维束周围薄壁细胞含有草酸钙方晶，形成晶纤维。

【备注】　苍术草酸钙针晶较小，厚朴粉末棕色，纤维甚多，直径 15 ~ 32 μm，壁甚厚，有的呈波浪形或一边呈锯齿状，木化，孔沟不明显；石细胞甚多，呈长圆形、类方形者直径 11 ~ 40 μm，呈不规则分枝状者长约至 220 μm，有的分枝短而钝圆，有的分枝长而锐尖。

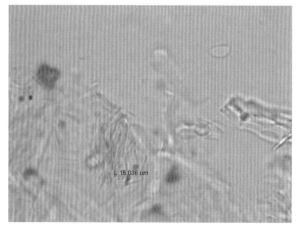

苍术显微鉴别图（1）

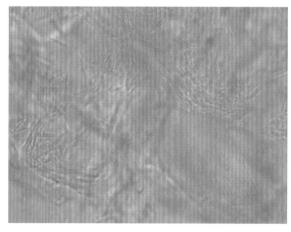

苍术显微鉴别图（2）

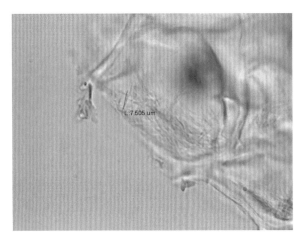

苍术显微鉴别图（3）

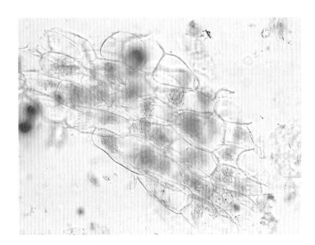

苍术显微鉴别图（4）

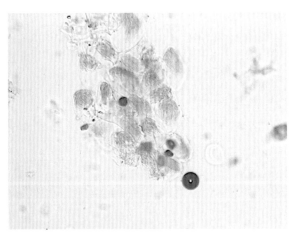

苍术显微鉴别图（5）

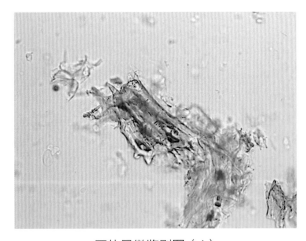

厚朴显微鉴别图（1）

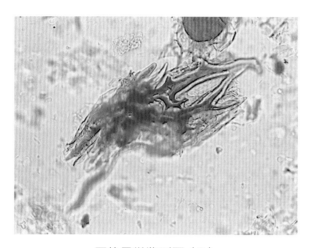

厚朴显微鉴别图（2）

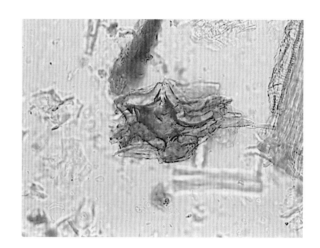

厚朴显微鉴别图（3）

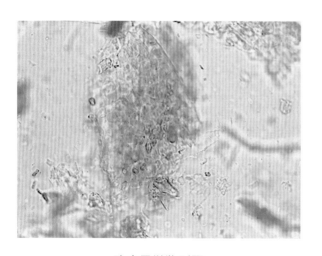

陈皮显微鉴别图

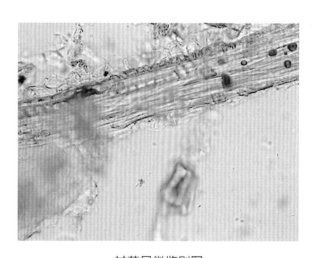

甘草显微鉴别图

四君子散

【处方】 党参 60 g，白术（炒）60 g，茯苓 60 g，甘草（炙）30 g。

【制法】 以上 4 味，粉碎、过筛、混匀即得。

【性状】 本品为灰黄色粉末；气微香，味甘。

【功能】 益气健脾。

【主治】 脾胃气虚，食少，体瘦。

【显微鉴别】

党参：联结乳管直径12～15 μm，含细小颗粒状物。

白术（炒）：草酸钙针晶细小，长10～32 μm，不规则地充塞于薄壁细胞中。

茯苓：不规则分枝状团块无色，遇水合氯醛溶液溶化；菌丝无色或淡棕色，直径4～6 μm。

甘草（炙）：纤维束周围薄壁细胞中含草酸钙方晶，形成晶纤维。

【备注】 白术草酸钙针晶较小，为了便于观察，列了 1 张 100 倍和 1 张 400 倍的显微特征图以供参考。党参联结乳管不易观察，列了多张石细胞、木栓细胞显微图谱以供参考。

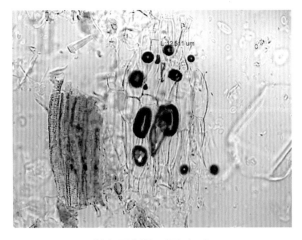

党参显微鉴别图（1）

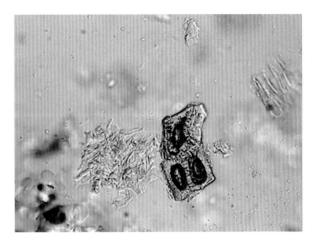

党参显微鉴别图（2）

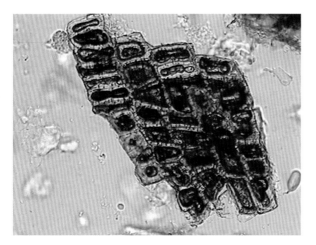

党参显微鉴别图（3）

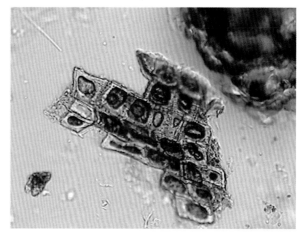

党参显微鉴别图（4）

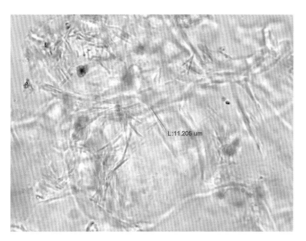

白术显微鉴别图（1）

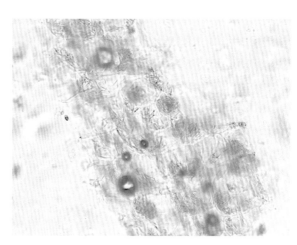

白术显微鉴别图（2）

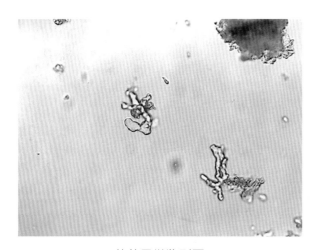

茯苓显微鉴别图

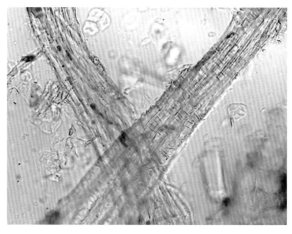

甘草显微鉴别图

四味穿心莲散

【处方】 穿心莲 450 g，辣蓼 150 g，大青叶 200 g，葫芦茶 200 g。

【制法】 以上 4 味，粉碎、过筛、混匀即得。

【性状】 本品为灰绿色粉末；气微，味苦。

【功能】 清热解毒，除湿化滞。

【主治】 泻痢，积滞。

【显微鉴别】

穿心莲：叶表皮组织中含钟乳体晶细胞。

辣蓼：厚角细胞内含黄棕色物，草酸钙簇晶散在。

大青叶：靛蓝结晶为蓝色，存在于叶肉组织和表皮细胞中，呈细小颗粒状或片状，常聚集成堆。

【备注】 穿心莲以色绿、叶多者为佳，上表皮细胞类方形或长方形，下表皮细胞较小，上下表皮均有含圆形、长椭圆形或棒状钟乳体的晶细胞；《中国兽药典》（2015 版）规定，穿心莲叶不得少于 30%。大青叶粉末深灰棕色，靛蓝结晶为蓝色，呈细小颗粒状或片状，常聚集成堆，存在于叶肉细胞中，有的表皮细胞亦含靛蓝结晶。

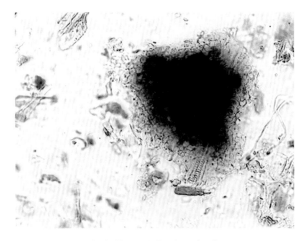

穿心莲显微鉴别图（1）

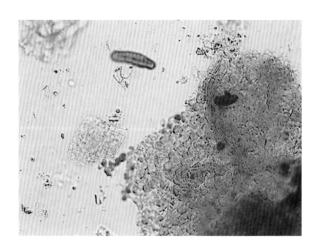

穿心莲显微鉴别图（2）

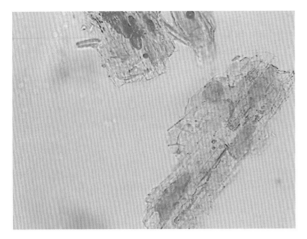

穿心莲显微鉴别图（3）

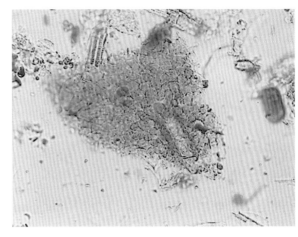

穿心莲显微鉴别图（4）

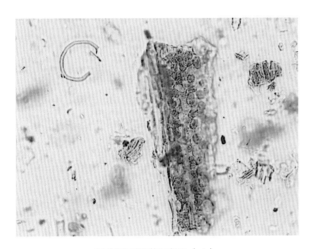

辣蓼显微鉴别图（1）

辣蓼显微鉴别图（2）

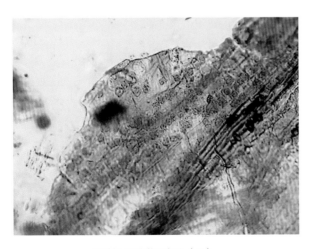

辣蓼显微鉴别图（3）

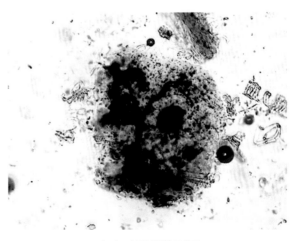

大青叶显微鉴别图

生肌散

【**处方**】 血竭 30 g，赤石脂 30 g，醋乳香 30 g，龙骨（煅）30 g，冰片 10 g，醋没药 30 g，儿茶 30 g。

【**制法**】 以上 7 味，除冰片外，其余 6 味粉碎成细粉，加冰片研细、过筛、混匀即得。

【**性状**】 本品为淡灰红色粉末；气香，味苦、涩。

【**功能**】 生肌敛疮。

【**主治**】 疮疡。

【**显微鉴别**】

血竭：不规则块片血红色，周围液体显姜黄色，渐变红色。

没药：不规则碎块淡黄色，半透明，渗出油滴，加热后油滴熔化，现正方形草酸钙结晶。

【**备注**】 血竭为棕榈科植物麒麟竭果实渗出的树脂经加工制成，略呈类圆四方形或方砖形，表面暗红，有光泽，附有因摩擦而成的红粉，质硬而脆，破碎面红色，研粉为砖红色，气微，味淡。没药为橄榄科植物地丁树和哈地丁树的干燥树脂，分为天然没药和胶质没药。

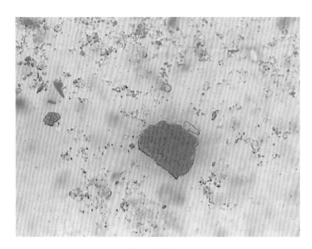

血竭显微鉴别图

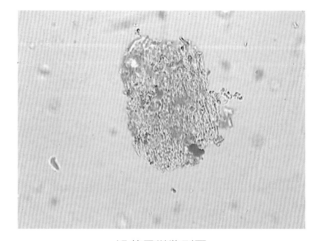

没药显微鉴别图

生乳散

【处方】　黄芪 30 g，党参 30 g，当归 45 g，通草 15 g，川芎 15 g，白术 30 g，续断 25 g，木通 15 g，甘草 15 g，王不留行 30 g，路路通 25 g。

【制法】　以上 11 味，粉碎、过筛、混匀即得。

【性状】　本品为淡棕褐色粉末；气香，味甘、苦。

【功能】　补气养血，调经下乳。

【主治】　气血不足的缺乳和乳少症。

【显微鉴别】

黄芪：纤维成束或散离，壁厚，表面有纵裂纹，两端断裂成帚状或较平截。

白术：草酸钙针晶细小，长 10 ~ 32 μm，不规则地充塞于薄壁细胞中。

甘草：纤维束周围薄壁细胞含草酸钙方晶，形成晶纤维。

王不留行：种皮表皮细胞红棕色或黄棕色，表面观多角形或长多角形，直径 50 ~ 120 μm，垂周壁增厚，星角状或深波状弯曲。

【备注】　王不留行种皮由数列细胞组成，细胞壁呈连珠状增厚，有些细胞内含棕色物；种皮表皮细胞红棕色或黄棕色；种皮内表皮细胞淡黄棕色，表面观类方形、类长方形或多角形，垂周壁呈紧密的连珠状增厚，表面可见网状增厚纹理。

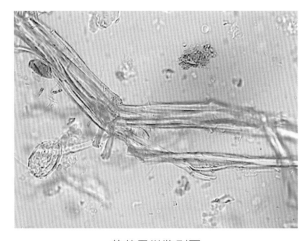

黄芪显微鉴别图

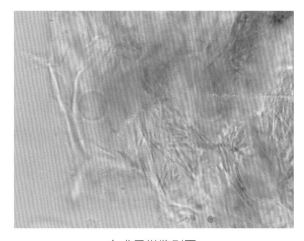

白术显微鉴别图

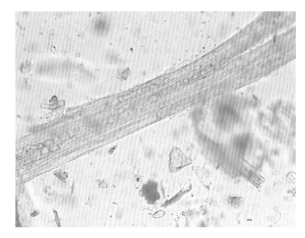

甘草显微鉴别图

王不留行显微鉴别图（1）

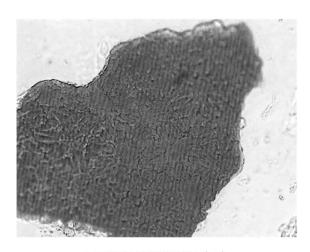

王不留行显微鉴别图（2）

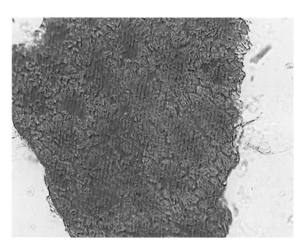

王不留行显微鉴别图（3）

王不留行显微鉴别图（4）

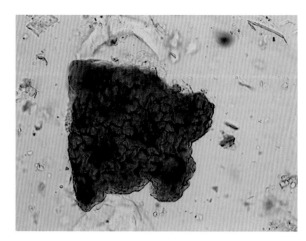

王不留行显微鉴别图（5）

白术散

【处方】　白术 30 g，当归 25 g，川芎 15 g，党参 30 g，甘草 15 g，砂仁 20 g，熟地黄 30 g，陈皮 25 g，紫苏梗 25 g，黄芩 25 g，白芍 20 g，阿胶（炒）30 g。

【制法】　以上 12 味，粉碎、过筛、混匀即得。

【性状】　本品为棕褐色粉末；气微香，味甘、微苦。

【功能】　补气，养血，安胎。

【主治】　胎动不安。

【显微鉴别】

白术：草酸钙针晶细小，长 10～32 μm，不规则地充塞于薄壁细胞中。

当归：薄壁细胞纺锤形，壁略厚，有极微细的斜向交错纹理。

党参：石细胞斜方形或多角形，一端稍尖，壁较厚，纹孔稀疏。

甘草：纤维束周围薄壁细胞含草酸钙方晶，形成晶纤维。

砂仁：内种皮石细胞黄棕色或棕红色，表面观类多角形，壁厚，胞腔含硅质块。

陈皮：草酸钙方晶成片存在于薄壁组织中。

黄芩：纤维淡黄色，梭形，壁厚，孔沟细。

白芍：草酸钙簇晶直径 18～32 μm，存在于薄壁细胞中，常排列成行或一个细胞中含有数个簇晶。

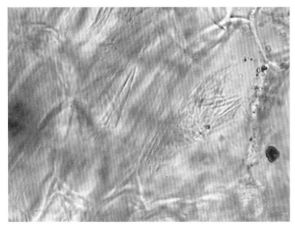

白术显微鉴别图

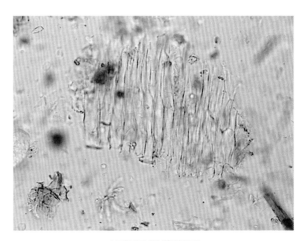

当归显微鉴别图

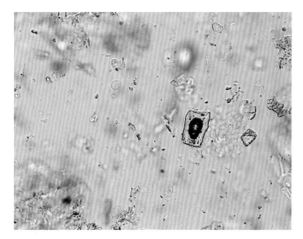

党参显微鉴别图

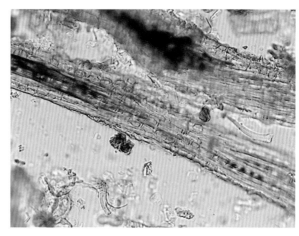

甘草显微鉴别图

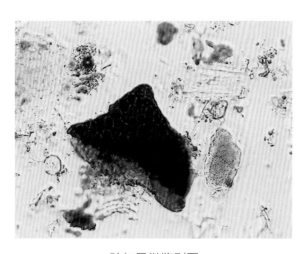

砂仁显微鉴别图

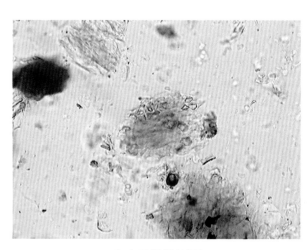

陈皮显微鉴别图

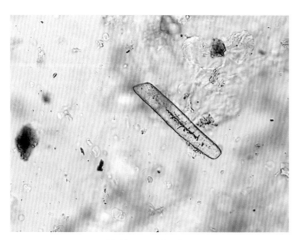

黄芩显微鉴别图

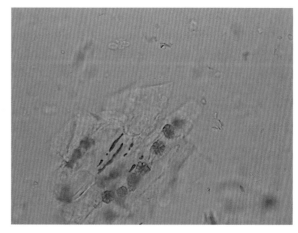

白芍显微鉴别图

白龙散

【**处方**】 白头翁 600 g，龙胆 300 g，黄连 100 g。

【**制法**】 以上 3 味，粉碎、过筛、混匀即得。

【**性状**】 本品为浅棕黄色粉末；气微，味苦。

【**功能**】 清热燥湿，凉血止痢。

【**主治**】 湿热泻痢，热毒血痢。

【**显微鉴别**】

白头翁：非腺毛单细胞，直径13～33 μm，基部稍膨大，壁大多木化，有的可见螺状或双螺状纹理。

龙胆：外皮层细胞表面观纺锤形，每个细胞由横壁分隔成数个小细胞。

黄连：纤维束鲜黄色，壁稍厚，纹孔明显。

【**备注**】 龙胆粉末淡黄棕色，内皮层细胞表面观类长方形，甚大，平周壁显纤细的横向纹理，每个细胞由纵壁分隔成数个栅状小细胞，纵壁大多呈连珠状增厚。

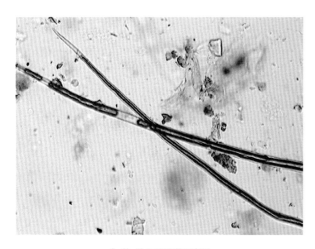

白头翁显微鉴别图

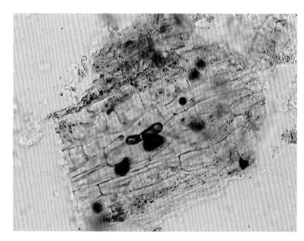

龙胆显微鉴别图

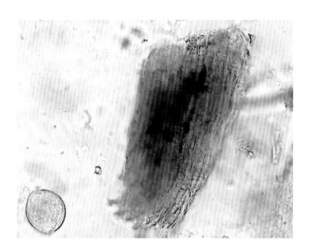

黄连显微鉴别图（1）

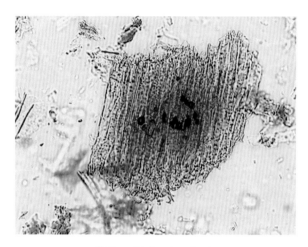

黄连显微鉴别图（2）

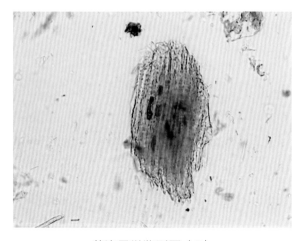

黄连显微鉴别图（3）

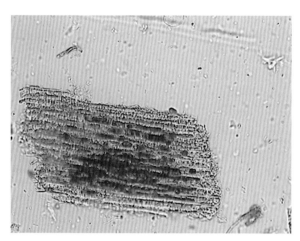

黄连显微鉴别图（4）

白头翁散

【处方】 白头翁 60 g，黄连 30 g，黄柏 45 g，秦皮 60 g。

【制法】 以上 4 味，粉碎、过筛、混匀即得。

【性状】 本品为浅灰黄色粉末；气香，味苦。

【功能】 清热解毒，凉血止痢。

【主治】 湿热泄泻，下痢脓血。

【显微鉴别】

白头翁：非腺毛单细胞，直径13～33 μm，基部稍膨大，壁大多木化，有的可见螺状或双螺状纹理。

黄连：纤维束鲜黄色，壁稍厚，纹孔明显。

黄柏：纤维束鲜黄色，周围细胞含草酸钙方晶，形成晶纤维，含晶细胞的壁木化增厚。

秦皮：薄壁细胞含草酸钙砂晶。

【备注】 黄柏为芸香科植物黄皮树的干燥树皮，习称川黄柏；粉末金黄色，纤维及晶纤维较多，呈鲜黄色，成束或单个散在，多碎断，纤维边缘微波状，直径 18～32 μm，壁极厚，有的较薄，纤维束周围的薄壁细胞中含有草酸钙方晶，形成晶纤维。

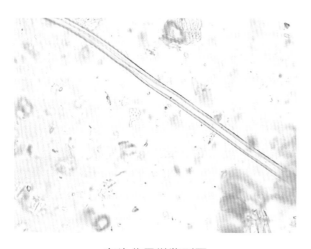

白头翁显微鉴别图

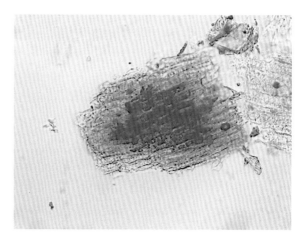

黄连显微鉴别图

黄柏显微鉴别图（1）

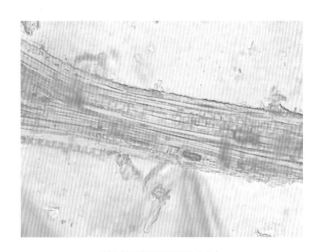

黄柏显微鉴别图（2）

黄柏显微鉴别图（3）

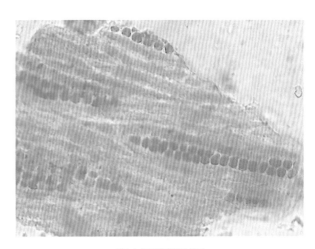

秦皮显微鉴别图

白矾散

【**处方**】 白矾 60 g，浙贝母 30 g，黄连 20 g，白芷 20 g，郁金 25 g，黄芩 45 g，大黄 25 g，葶苈子 30 g，甘草 20 g。

【**制法**】 以上 9 味，粉碎、过筛、混匀即得。

【**性状**】 本品为黄棕色粉末；气香，味甘、涩、微苦。

【**功能**】 清热化痰，下气平喘。

【**主治**】 肺热咳喘。

【**显微鉴别**】

浙贝母：淀粉粒卵圆形，直径35～48 μm，脐点点状、"人"字状或马蹄状，位于较小端，层纹细密。

黄连：纤维束鲜黄色，壁稍厚，纹孔明显。

黄芩：纤维淡黄色，梭形，壁厚，孔沟细。

大黄：草酸钙簇晶大，直径60～140 μm。

葶苈子：种皮下皮细胞黄色，多角形或长多角形，壁稍厚。

甘草：纤维束周围薄壁细胞含草酸钙方晶，形成晶纤维。

【**备注**】 南葶苈子粉末黄棕色，种皮内表皮细胞黄色，表面观呈长多角形，直径 15～42 μm，壁厚 5～8 μm；北葶苈子种皮内表皮细胞表面观呈长多角形或类方形。

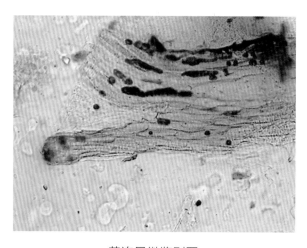

黄连显微鉴别图

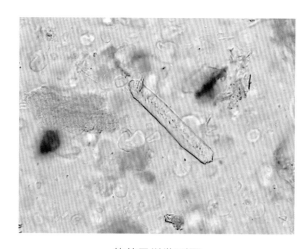

黄芩显微鉴别图

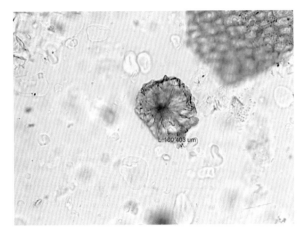

大黄显微鉴别图（1）

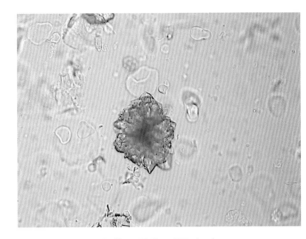

大黄显微鉴别图（2）

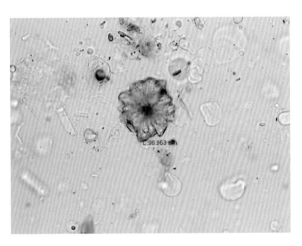

大黄显微鉴别图（3）

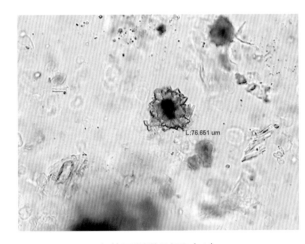

大黄显微鉴别图（4）

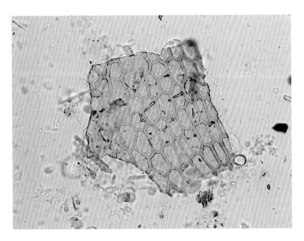

葶苈子显微鉴别图

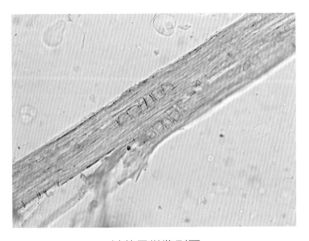

甘草显微鉴别图

半夏散

【处方】 姜半夏 30 g，升麻 45 g，防风 25 g，枯矾 45 g。

【制法】 以上 4 味，粉碎、过筛、混匀即得。

【性状】 本品为灰白色粉末；气清香，味辛、涩。

【功能】 温肺散寒，燥湿化痰。

【主治】 肺寒吐沫。

【显微鉴别】

半夏：所含草酸钙针晶成束，长 32～144 μm，存在于黏液细胞中或散在。

升麻：木纤维成束，多碎断，为淡黄绿色，末端稍尖或钝圆，有的有分叉，直径14～41 μm，壁稍厚，具十字形纹孔对，有的胞腔中含黄棕色物。

防风：油管含金黄色分泌物，直径17～60 μm。

【备注】 半夏草酸钙针晶束存在于椭圆形黏液细胞中，或随处散在。防风粉末为淡棕色，油管直径 17～60 μm，充满金黄色分泌物。升麻粉末为黄棕色，韧皮纤维多散在或成束，呈长梭形，孔沟明显。

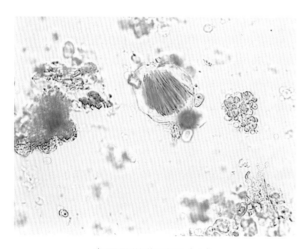
半夏显微鉴别图（1）

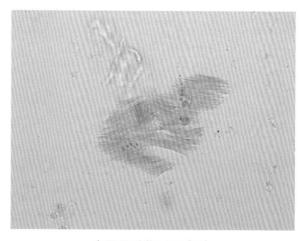
半夏显微鉴别图（2）

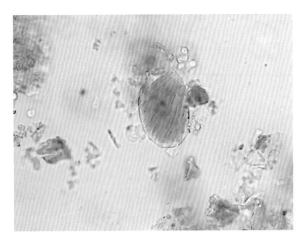

半夏显微鉴别图（3）

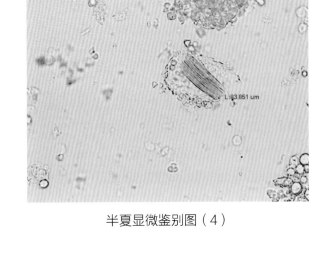

半夏显微鉴别图（4）

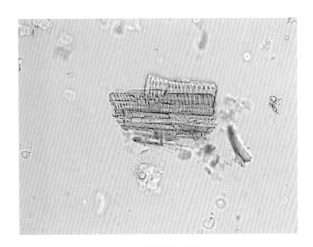

升麻显微鉴别图

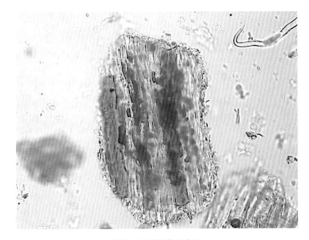

防风显微鉴别图

加味知柏散

【处方】 知母（酒炒）120 g，黄柏（酒炒）120 g，木香 20 g，醋乳香 25 g，醋没药 25 g，连翘 20 g，桔梗 20 g，金银花 30 g，荆芥 15 g，防风 15 g，甘草 15 g。

【制法】 以上 11 味，粉碎、过筛、混匀即得。

【性状】 本品为黄色粉末；气香，味微苦。

【功能】 滋阴降火，解毒散瘀，化痰止涕。

【主治】 脑颡鼻脓，额窦炎。

【显微鉴别】

知母（酒炒）：草酸钙针晶成束或散在，长 26 ~ 110 μm。

黄柏（酒炒）：纤维束为鲜黄色，周围细胞含草酸钙方晶，形成晶纤维，含晶细胞的壁木化增厚。

木香：木纤维长梭形，直径 16 ~ 24 μm，壁稍厚，纹孔口横裂缝状、"十"字状或"人"字状。

桔梗：联结乳管直径 14 ~ 25 μm，含淡黄色颗粒状物。

金银花：花粉呈类圆形，直径约至 76 μm，外壁有刺状雕纹，具 3 个萌发孔。

防风：油管含金黄色分泌物，直径 17 ~ 60 μm。

甘草：纤维束周围薄壁细胞含草酸钙方晶，形成晶纤维。

【备注】 木香粉末为黄色或黄棕色；木纤维多成束，黄色，长梭形，末端倾斜或细尖，直径 16 ~ 24 μm，壁厚 4 ~ 5 μm，非木化或微木化；纹孔为横裂缝状或"人"字形、"十"字形。知母黏液细胞较多，含草酸钙晶束；完整的黏液细胞呈类圆形、椭圆形、长圆形或梭形，直径 56 ~ 160 μm，长约至 340 μm；草酸钙针晶成束散在，针晶长 26 ~ 110 μm。

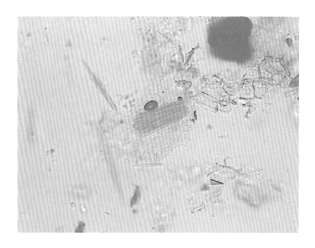

知母显微鉴别图（1）

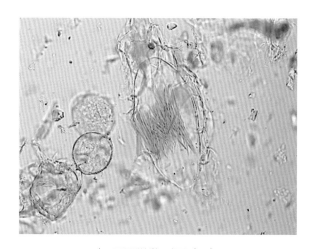

知母显微鉴别图（2）

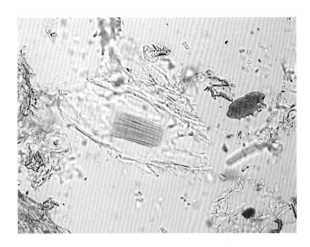

知母显微鉴别图（3）

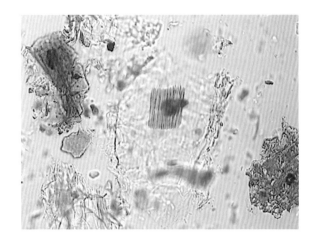

知母显微鉴别图（4）

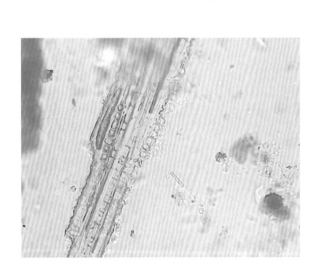

黄柏显微鉴别图

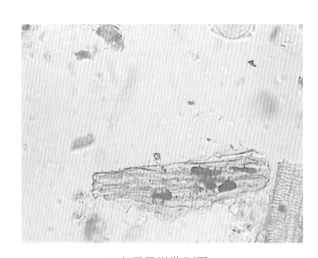

木香显微鉴别图

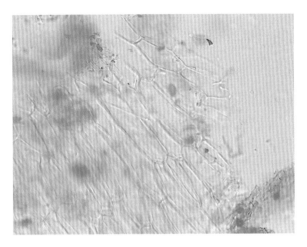

桔梗显微鉴别图

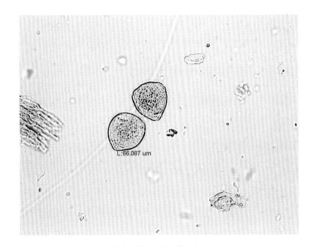

金银花显微鉴别图

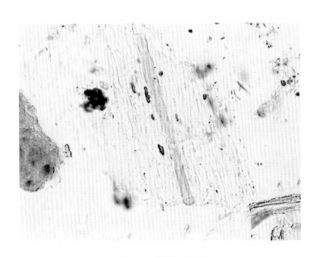

防风显微鉴别图

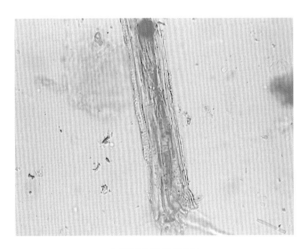

甘草显微鉴别图

加减消黄散

【处方】 大黄 30 g，玄明粉 40 g，知母 25 g，浙贝母 30 g，黄药子 30 g，栀子 30 g，连翘 45 g，白药子 30 g，郁金 45 g，甘草 15 g。

【制法】 以上 10 味，粉碎、过筛、混匀即得。

【性状】 本品为淡黄色粉末；气微香，味苦、咸。

【功能】 清热泻火，消肿解毒。

【主治】 脏腑壅热，疮黄肿毒。

【显微鉴别】

大黄：草酸钙簇晶较大，直径60 ~ 140 μm。

知母：木化厚壁细胞呈类长方形、长多角形或延长为短纤维状，稍弯曲，略交错排列，直径16 ~ 48 μm。

浙贝母：淀粉粒为卵圆形，直径35 ~ 48 μm，脐点为点状、"人"字状或马蹄状，位于较小端，层纹细密。

栀子：种皮石细胞为黄色或淡棕色，多破碎，完整者呈长多角形、长方形或不规则形状，壁厚，有大的圆形纹孔，胞腔棕红色。

连翘：内果皮纤维上下层纵横交错，纤维短梭形。

甘草：纤维束周围薄壁细胞含草酸钙方晶，形成晶纤维。

【备注】 浙贝母淀粉粒多为单粒，稀有复粒或半复粒。单粒多呈圆形或卵圆形，直径 35 ~ 48 μm，脐点大多呈点状或裂缝状，也有呈飞鸟状、马蹄状的，较大的淀粉粒可见有偏心形的层纹。

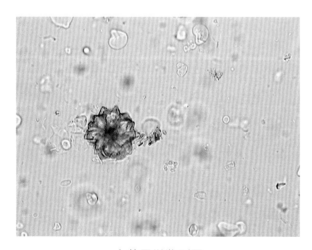

大黄显微鉴别图

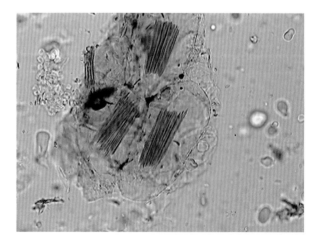

知母显微鉴别图

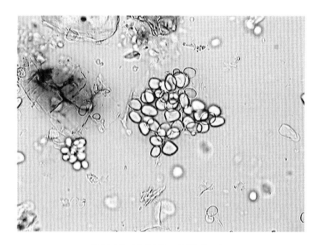

浙贝母显微鉴别图（1）

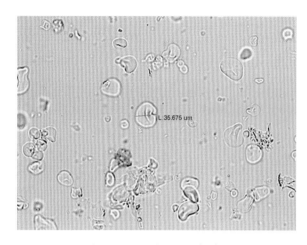

浙贝母显微鉴别图（2）

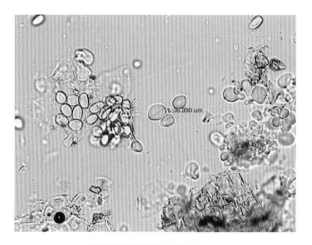

浙贝母显微鉴别图（3）

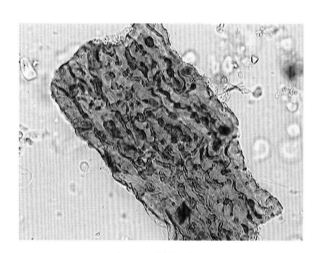

栀子显微鉴别图

连翘显微鉴别图

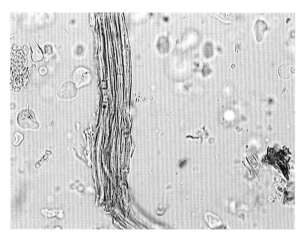

甘草显微鉴别图

百合固金散

【处方】 百合45 g，白芍25 g，当归25 g，甘草20 g，玄参30 g，川贝母30 g，生地黄30 g，熟地黄30 g，桔梗25 g，麦冬30 g。

【制法】 以上10味，粉碎、过筛、混匀即得。

【性状】 本品为黑褐色粉末；味微甘。

【功能】 养阴清热，润肺化痰。

【主治】 肺虚咳喘，阴虚火旺，咽喉肿痛。

【显微鉴别】

白芍：草酸钙簇晶直径18～32 μm，存在于薄壁细胞中，常排列成行或一个细胞中含有数个簇晶。

甘草：纤维束周围薄壁细胞含草酸钙方晶，形成晶纤维。

玄参：石细胞为黄棕色或无色，呈类长方形、类圆形或不规则形状，直径约至94 μm。

川贝母：淀粉粒呈广卵形或贝壳形，直径40～64 μm，脐点呈短缝状、"人"字状或马蹄状，层纹可察见。

熟地黄：薄壁组织为灰棕色至黑棕色，细胞多皱缩，内含棕色核状物。

麦冬：草酸钙针晶成束或散在，长24～50 μm，直径约3 μm。

【备注】 玄参的石细胞较多，多单个散在或2～5个成群，为淡棕色、黄棕色或无色；形状不一，呈长方形、类方形、类圆形、三角形、梭形或不规则形状，较大，直径22～128 μm，壁厚4～28 μm，纹孔细小，孔沟多分叉，胞腔较大，层纹明显。

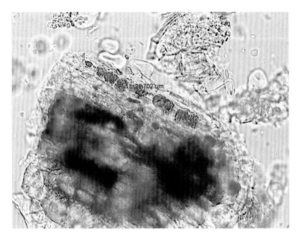

白芍显微鉴别图

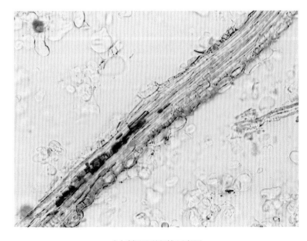

甘草显微鉴别图

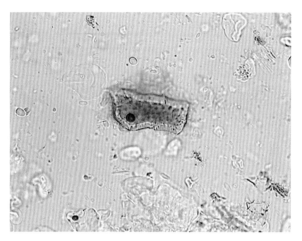

玄参显微鉴别图（1）

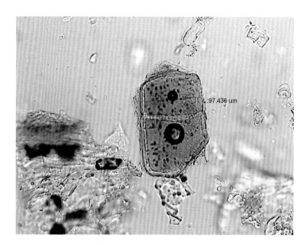

玄参显微鉴别图（2）

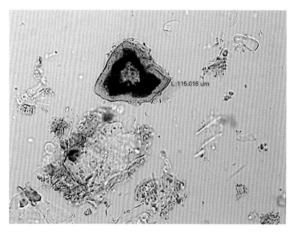

玄参显微鉴别图（3）

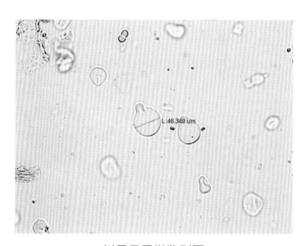

川贝母显微鉴别图

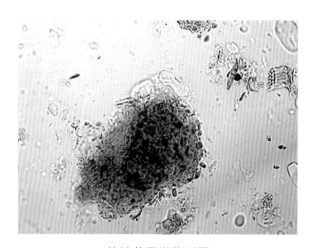

熟地黄显微鉴别图

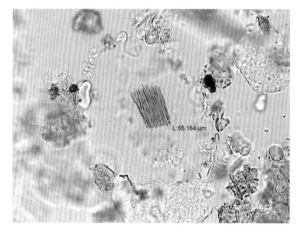

麦冬显微鉴别图

当归散

【处方】 当归 30 g，红花 25 g，牡丹皮 20 g，白芍 20 g，醋没药 25 g，大黄 30 g，天花粉 25 g，枇杷叶 20 g，黄药子 25 g，白药子 25 g，桔梗 25 g，甘草 15 g。

【制法】 以上 12 味，粉碎、过筛、混匀即得。

【性状】 本品为淡棕色粉末；气清香，味辛、苦。

【功能】 活血止痛，宽胸利气。

【主治】 胸膊痛，束步难行。

【显微鉴别】

当归： 薄壁细胞纺锤形，壁略厚，有极微细的斜向交错纹理。

红花： 花粉粒呈类圆形或椭圆形，直径43～66 μm，外壁具短刺和点状雕纹，有3个萌发孔。

牡丹皮： 木栓细胞为淡红色至微紫色，壁稍厚。

大黄： 草酸钙簇晶大，直径60～140 μm。

天花粉： 具缘纹孔导管大，多破碎，有的具缘纹孔呈六角形或斜方形，排列紧密。

枇杷叶： 非腺毛大型，单细胞，多弯曲，完整者长约至1 260 μm。

黄药子： 草酸钙针晶成束，长约至85 μm。

【备注】 牡丹皮的木柱细胞横断面观呈长方形，长 24～60 μm，浅棕红色；表面观呈类方形、长方形或多角形。黄药子黏液细胞呈类圆形，短径95～160 μm，长径150～300 μm，含草酸钙针晶束。

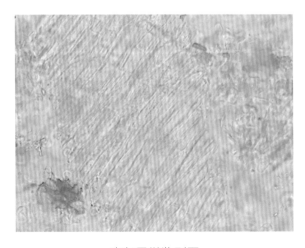

当归显微鉴别图

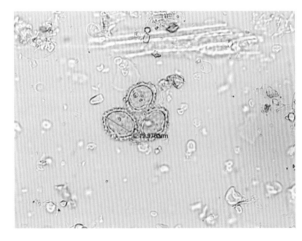

红花显微鉴别图

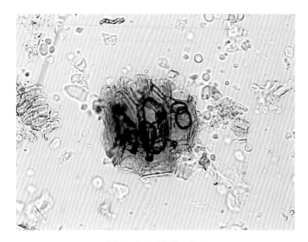

牡丹皮显微鉴别图

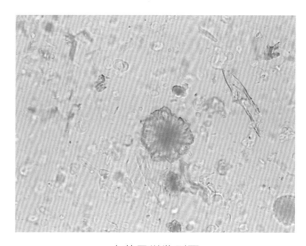

大黄显微鉴别图

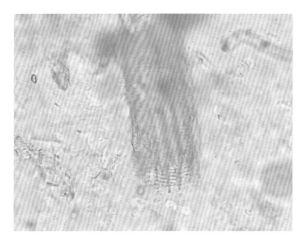

天花粉显微鉴别图

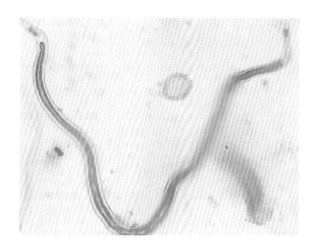

枇杷叶显微鉴别图

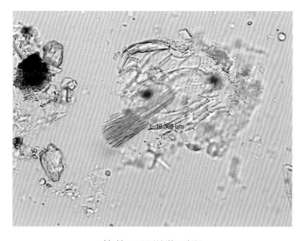

黄药子显微鉴别图

曲麦散

【**处方**】 六神曲 60 g，麦芽 30 g，山楂 30 g，厚朴 25 g，枳壳 25 g，陈皮 25 g，青皮 25 g，苍术 25 g，甘草 15 g。

【**制法**】 以上 9 味，粉碎、过筛、混匀即得。

【**性状**】 本品为黄褐色粉末；气微香，味甜、苦。

【**功能**】 消积破气，化谷宽肠。

【**主治**】 胃肠积滞，料伤五攒痛。

【**显微鉴别**】

麦芽：果皮细胞纵列，常有1个长细胞与2个短细胞相间排列，长细胞壁厚，波状弯曲，木化。

山楂：果皮石细胞为淡紫红色、红色或黄棕色，呈类圆形或多角形，直径约至125 μm。

厚朴：石细胞为分枝状，壁厚，层纹明显。

陈皮：草酸钙方晶成片存在于薄壁组织中。

苍术：草酸钙针晶细小，长5～32 μm，不规则地充塞于薄壁细胞中。

甘草：纤维束周围薄壁细胞含草酸钙方晶，形成晶纤维。

【**备注**】 山楂粉末暗红棕色至棕色，石细胞单个散在或成群，无色或淡黄色，类多角形、长圆形或不规则形，直径 19 ～ 125 μm，孔沟及层纹明显，有的胞腔含深棕色物；果皮表皮细胞表面观呈类圆形或类多角形，壁稍厚，胞腔内常含红棕色或黄棕色物。

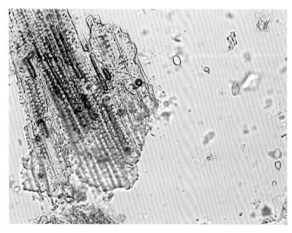

麦芽显微鉴别图

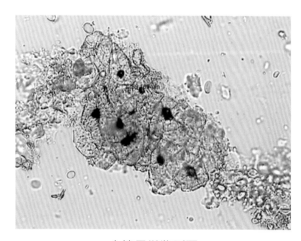

山楂显微鉴别图

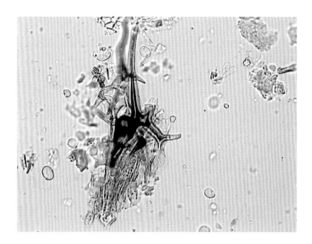

厚朴显微鉴别图

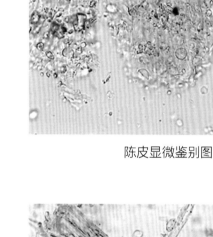

陈皮显微鉴别图

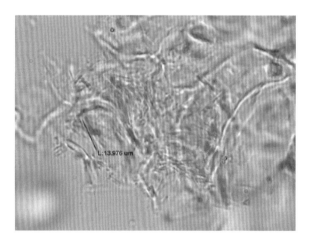

苍术显微鉴别图

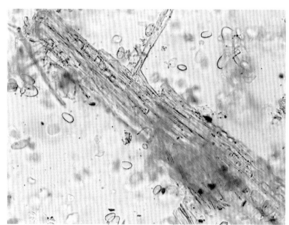

甘草显微鉴别图

朱砂散

【**处方**】 朱砂 5 g，党参 60 g，茯苓 45 g，黄连 60 g。

【**制法**】 以上 4 味，除朱砂另研成极细粉外，其余 3 味粉碎成粉末，过筛，再与朱砂极细粉配研，混匀即得。

【**性状**】 本品为淡棕黄色粉末；味辛、苦。

【**功能**】 消积破气，化谷宽肠。

【**主治**】 胃肠积滞，料伤五攒痛。

【**显微鉴别**】

朱砂：为不规则细小颗粒，暗棕红色，有光泽，边缘暗黑色。

党参：石细胞斜方形或多角形，一端稍尖，壁较厚，纹孔稀疏。

茯苓：不规则分枝状团块无色，遇水合氯醛溶液溶化；菌丝无色或淡棕色，直径 4~6 μm。

黄连：纤维束鲜黄色，壁稍厚，纹孔明显。

【**备注**】 党参的木栓细胞 5~8 列，径向壁具纵条纹；木栓石细胞单个散在或数个成群，位于木栓层外侧或嵌于木栓细胞间。

朱砂显微鉴别图

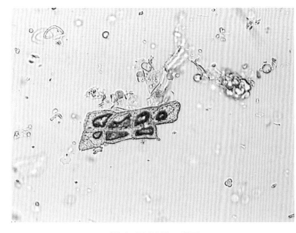

党参显微鉴别图

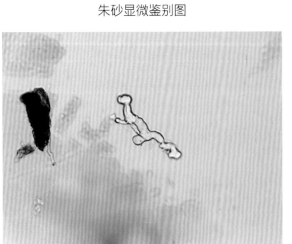

茯苓显微鉴别图

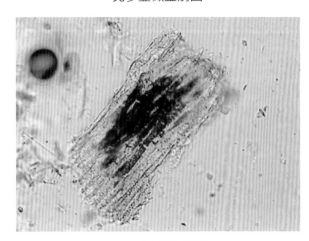

黄连显微鉴别图

多味健胃散

【处方】　木香 25 g，槟榔 20 g，白芍 25 g，厚朴 20 g，枳壳 30 g，黄柏 30 g，苍术 50 g，大黄 50 g，龙胆 30 g，
　　　　　焦山楂 40 g，香附 50 g，陈皮 50 g，大青盐（炒）40 g，苦参 40 g。

【制法】　以上 14 味，粉碎、过筛、混匀即得。

【性状】　本品为灰黄色至黄色粉末；气香，味苦、咸。

【功能】　健胃理气，宽中除胀。

【主治】　食欲减退，消化不良，肚腹胀满。

【显微鉴别】

槟榔：内胚乳碎片无色，壁较厚，有较多大的类圆形纹孔。

白芍：草酸钙簇晶直径18～32 μm，存在于薄壁细胞中，常排列成行或一个细胞中含有数个簇晶。

厚朴：石细胞分枝状，壁厚，层纹明显。

黄柏：纤维束鲜黄色，周围薄壁细胞含草酸钙方晶，形成晶纤维，含晶细胞的壁木化增厚。

苍术：草酸钙针晶细小，长5～32 μm，不规则地充塞于薄壁细胞中。

大黄：草酸钙簇晶大，直径60～140 μm。

香附：分泌细胞类圆形，含淡黄棕色至红棕色分泌物，其周围细胞做放射状排列。

陈皮、枳壳：草酸钙方晶成片存在于薄壁细胞中。

苦参：纤维束无色，周围薄壁细胞含草酸钙方晶，形成晶纤维。

【备注】　白芍粉末黄白色，糊化淀粉团块甚多，草酸钙簇晶存在于薄壁细胞中，常排列成行。苍术粉末棕色，
草酸钙针晶细小，为便于观察，下图中苍术为 100 倍图谱，其余是 400 倍图谱。苦参粉末淡黄色，纤维
众多成束，非木化，平直或稍弯曲，直径 11 ～ 27 μm，纤维周围的细胞中含草酸钙方晶，形成晶纤维。

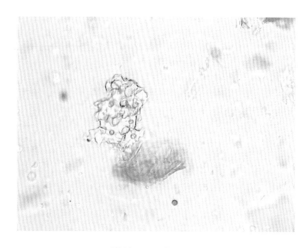

槟榔显微鉴别图

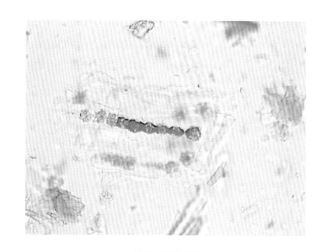

白芍显微鉴别图

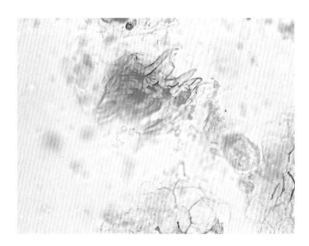

厚朴显微鉴别图

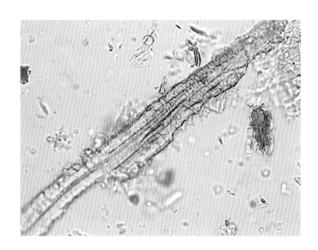

黄柏显微鉴别图

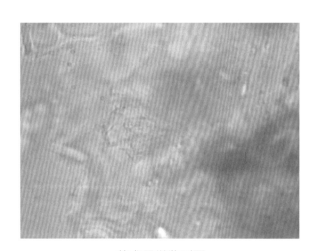

苍术显微鉴别图

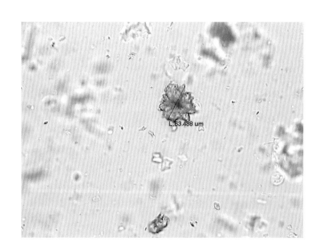

大黄显微鉴别图

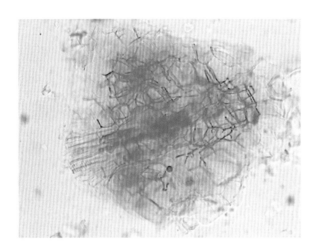

香附显微鉴别图

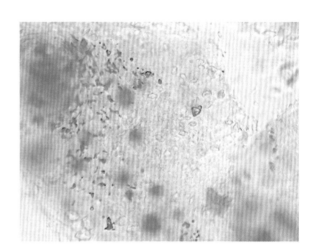

陈皮显微鉴别图

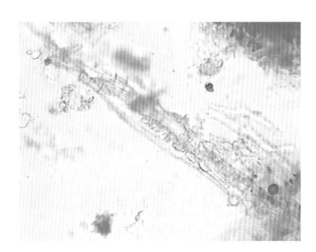

苦参显微鉴别图

壮阳散

【处方】 熟地黄 45 g，补骨脂 40 g，阳起石 20 g，淫羊藿 45 g，锁阳 45 g，菟丝子 40 g，五味子 30 g，肉苁蓉 40 g，山药 40 g，肉桂 25 g，车前子 25 g，续断 40 g，覆盆子 40 g。

【制法】 以上 13 味，粉碎、过筛、混匀即得。

【性状】 本品为淡灰色粉末；气香，味辛、甘、咸、微苦。

【功能】 温补肾阳。

【主治】 性欲减退，阳痿，滑精。

【显微鉴别】

熟地黄：薄壁组织灰棕色至黑棕色，细胞多皱缩，内含棕色核状物。

补骨脂：草酸钙结晶成片存在于灰绿色的中果皮碎片中，结晶长方形、长条形或呈骨状，长 9 ~ 22 μm，直径 2 ~ 4 μm。

淫羊藿：叶表皮细胞壁深波状弯曲。

菟丝子：种皮栅状细胞两列，内列较外列长，有光辉带。

五味子：种皮表皮石细胞淡黄棕色，表面观类多角形，壁较厚，孔沟细密，胸腔含暗棕色物。

山药：草酸钙针晶束存在于黏液细胞中，长 80 ~ 240 μm，直径 2 ~ 8 μm。

肉桂：石细胞类圆形或类长方形，壁一面薄。

车前子：种皮下皮细胞表面观狭长，壁稍波状，以数个细胞为一组，略做镶嵌状排列。

续断：草酸钙簇晶直径约至 45 μm，存在于淡黄棕色皱缩的薄壁细胞中，常数个排列成行。

覆盆子：非腺毛单细胞，壁厚，木化，脱落后残迹似石细胞状。

【备注】 覆盆子非腺毛单细胞，长 60 ~ 450 μm，直径 12 ~ 20 μm，壁甚厚，木化，大多数具双螺纹，有的体部易脱落，足部残留而埋于表皮层，表面观圆多角形或长圆形，直径约至 23 μm，胞腔分枝，似石细胞状。补骨脂粉末灰黄色，草酸钙小柱晶成片存在于中果皮碎片中。五味子粉末暗紫色，种皮表皮石细胞表面观呈多角形或长多角形，直径 18 ~ 50 μm，壁厚，孔沟极细密，胞腔内含深棕色物；种皮内层石细胞呈多角形、类圆形或不规则形，直径约至 83 μm，壁稍厚，纹孔较大。肉桂粉末红棕色，石细胞类方形或类圆形，直径 32 ~ 88 μm，壁厚，有的一面薄。车前子粉末深黄棕色，种皮内表皮细胞表面观类长方形，直径 5 ~ 19 μm，长约至 83 μm，壁薄，微波状，常做镶嵌状排列。

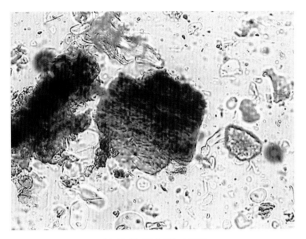

熟地黄显微鉴别图

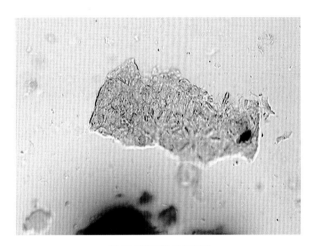

补骨脂显微鉴别图

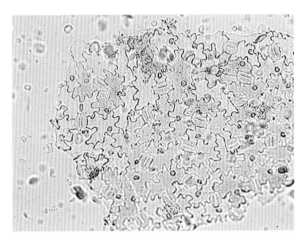

淫羊藿显微鉴别图

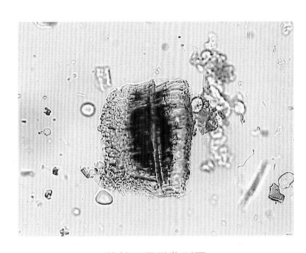

菟丝子显微鉴别图

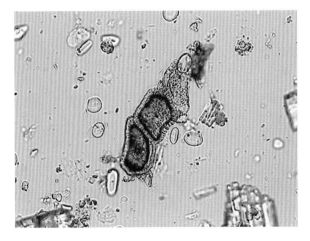

五味子显微鉴别图

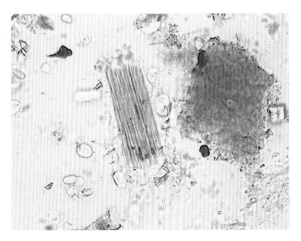

山药显微鉴别图

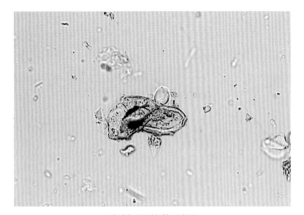

肉桂显微鉴别图

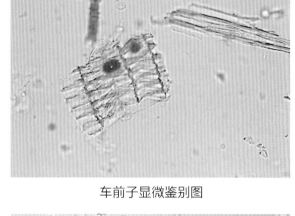

车前子显微鉴别图

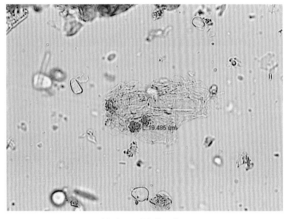

续断显微鉴别图

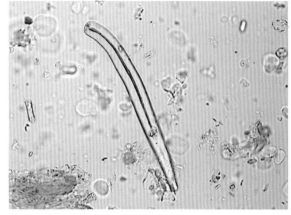

覆盆子显微鉴别图（1）

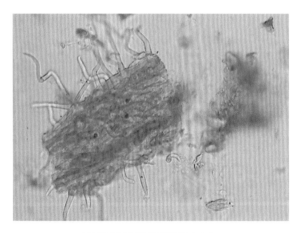

覆盆子显微鉴别图（2）

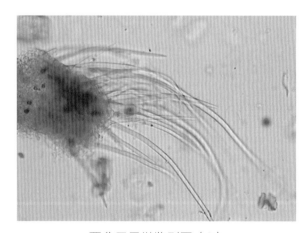

覆盆子显微鉴别图（3）

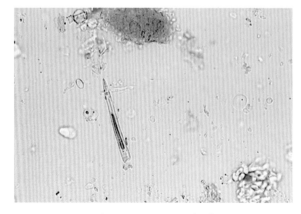

覆盆子显微鉴别图（4）

决明散

【处方】 煅石决明 30 g，决明子 30 g，栀子 20 g，大黄 25 g，黄芪 30 g，郁金 20 g，黄芩 30 g，马尾连 25 g，醋没药 20 g，白药子 20 g，黄药子 20 g。

【制法】 以上 11 味，粉碎、过筛、混匀即得。

【性状】 本品为棕黄色粉末；气香，味苦。

【功能】 清肝明目，消瘀退翳。

【主治】 肝经积热，云翳遮睛。

【显微鉴别】

石决明：不规则团块暗灰色，不透明，加酸产生气泡。

决明子：种皮栅状细胞单列，长 40～72 μm，其下数列细胞含草酸钙簇晶及方晶。

栀子：种皮石细胞黄色或淡棕色，多破碎，完整者为长多角形、长方形或不规则形状，壁厚，有大的圆形纹孔，胞腔棕红色。

大黄：草酸钙簇晶大，直径 60～140 μm。

黄芪：纤维成束或散离，壁厚，表面有纵裂纹，两端断裂成帚状或较平截。

黄芩：纤维淡黄色，梭形，壁厚，孔沟细。

黄药子：草酸钙针晶成束，长约至 85 μm。

【备注】 决明子粉末黄棕色，种皮薄壁细胞含草酸钙棱晶；胚乳细胞壁不均匀增厚，含糊粉粒及草酸钙簇晶；子叶细胞含草酸钙簇晶，直径 3～10 μm。黄药子黏液细胞类圆形，短径 95～160 μm，长径 150～300 μm，含草酸钙针晶束。

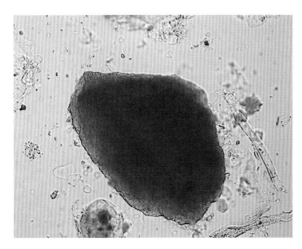

石决明显微鉴别图

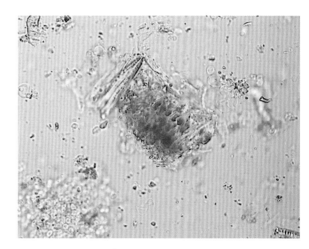

决明子显微鉴别图

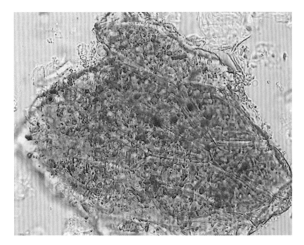

栀子显微鉴别图

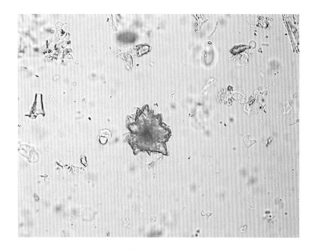

大黄显微鉴别图

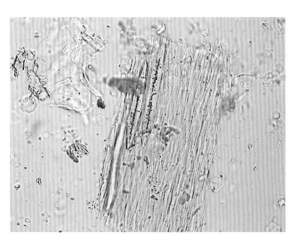

黄芪显微鉴别图

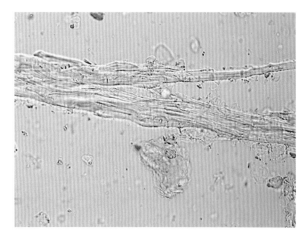

黄芩显微鉴别图

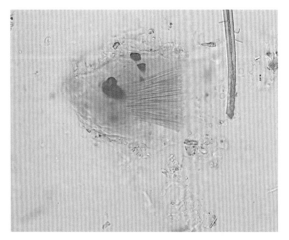

黄药子显微鉴别图（1）

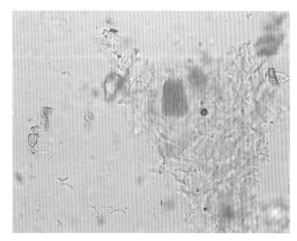

黄药子显微鉴别图（2）

阳和散

【处方】 熟地黄 90 g，鹿角胶 30 g，白芥子 20 g，肉桂 20 g，炮姜 20 g，麻黄 10 g，甘草 20 g。

【制法】 以上 7 味，粉碎、过筛、混匀即得。

【性状】 本品为灰色粉末；气香，味微苦。

【功能】 温阳散寒，和血通脉。

【主治】 阴症疮疽。

【显微鉴别】

地黄：薄壁组织灰棕色至黑棕色，细胞多皱缩，内含棕色核状物。

白芥子：种皮栅状细胞表面观细小多角形，壁厚，侧面观类长方形，侧壁及内壁增厚。

肉桂：石细胞类圆形或类长方形，壁一面薄。

炮姜：分隔纤维壁稍厚，非木化，斜纹孔明显。

麻黄：气孔特异，保卫细胞侧面观似哑铃状。

甘草： 纤维束周围薄壁细胞含草酸钙方晶，形成晶纤维。

【备注】 炮姜纤维成束或散离，先端钝尖，少数分叉，有的一边呈波状或锯齿状，直径 15 ~ 40 μm，壁稍厚，非木化，具斜细纹孔，常可见很薄的横隔。

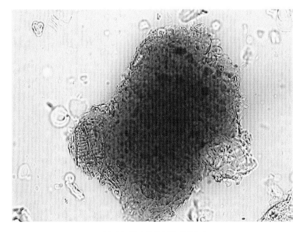

熟地黄显微鉴别图

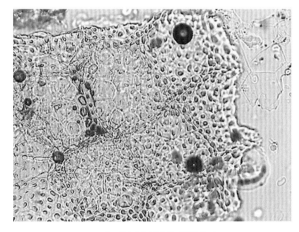

白芥子显微鉴别图

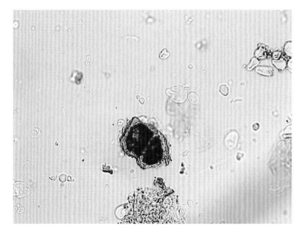

肉桂显微鉴别图（1）

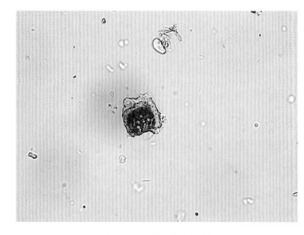

肉桂显微鉴别图（2）

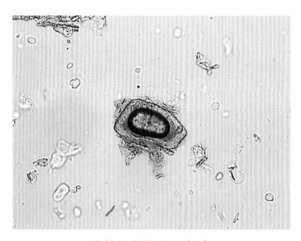

肉桂显微鉴别图（3）

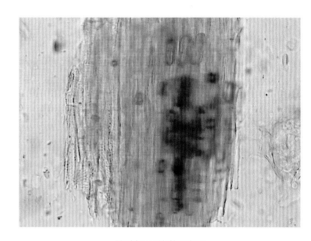

炮姜显微鉴别图

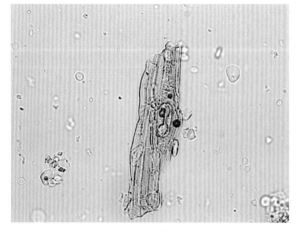

麻黄显微鉴别图

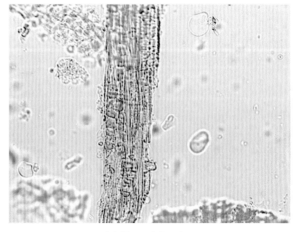

甘草显微鉴别图

防己散

【处方】 防己 25 g，黄芪 30 g，茯苓 25 g，肉桂 30 g，胡卢巴 20 g，厚朴 15 g，补骨脂 30 g，泽泻 45 g，猪苓 25 g，川楝子 25 g，巴戟天 25 g。

【制法】 以上 11 味，粉碎、过筛、混匀即得。

【性状】 本品为淡棕色粉末；气香，味微苦。

【功能】 补肾健脾，利尿除湿。

【主治】 肾虚浮肿。

【显微鉴别】

黄芪：纤维成束或散离，壁厚，表面有纵裂纹，两端断裂成帚状或较平截。

茯苓：不规则分枝状团块无色，遇水合氯醛溶液溶化；菌丝无色或淡棕色，直径4～6 μm。

肉桂：石细胞类圆形或类长方形，壁一面薄。

胡卢巴：种皮支持细胞底面观呈类圆形或六角形，有密集的放射状条纹增厚，似菊花纹状，胞腔明显。

厚朴：石细胞分枝状，壁厚，层纹明显。

补骨脂：种皮栅状细胞淡棕色或红棕色，表面观类多角形，壁稍厚，胞腔含红棕色物。

泽泻：薄壁细胞类圆形，有椭圆形纹孔，集成纹孔群。

猪苓：菌丝黏结成团，大多无色；草酸钙方晶为正八面体形，直径32～60 μm。

川楝子：果皮纤维束旁的细胞中含草酸钙方晶或少数簇晶，形成晶纤维，含晶细胞壁厚薄不一，木化。

巴戟天：草酸钙针晶多成束，存在于薄壁细胞中，针晶长至184 μm。

【备注】 补骨脂粉末灰黄色，种皮表皮栅状细胞侧面观有纵沟纹，光辉带 1 条；断面观径向 34～66 μm，切向约 714 μm，侧壁上部较厚，下部渐薄，内壁薄，光辉带位于上侧；顶面观多角形，胞腔极小，孔沟细而清晰；底面观类多角形或类圆形，壁薄，胞腔内含红棕色物。川楝子粉末黄棕色，内果皮纤维及晶纤维成束，常上下层交错排列或排列不整齐，纤维长短不一，稍弯曲，末端钝圆，直径 9～36 μm，壁极厚，有的不规则纵裂成须束状，孔沟不明显，有的胞腔含黄棕色颗粒状物；含晶细胞壁厚薄不一，木化，含方晶，少数含簇晶。

黄芪显微鉴别图

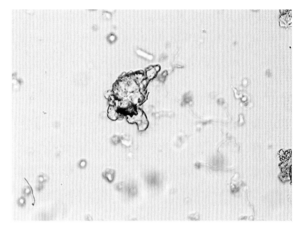

茯苓显微鉴别图

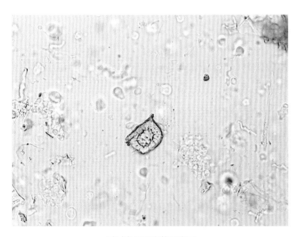

肉桂显微鉴别图

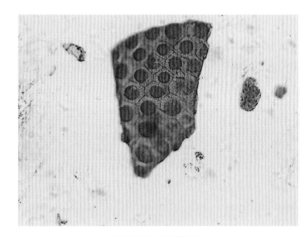

胡卢巴显微鉴别图

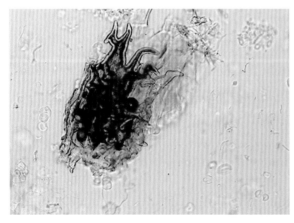

厚朴显微鉴别图

补骨脂显微鉴别图

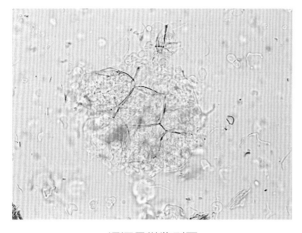

泽泻显微鉴别图

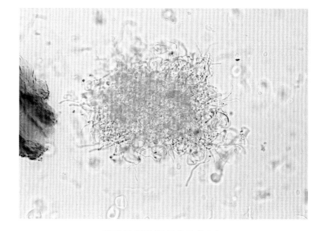

猪苓显微鉴别图（1）

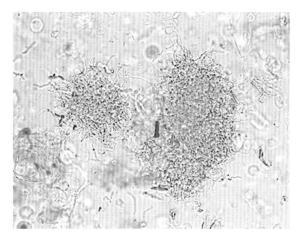

猪苓显微鉴别图（2）

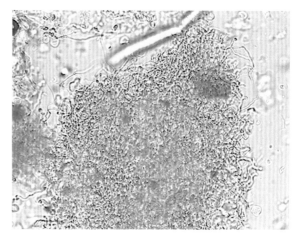

猪苓显微鉴别图（3）

川楝子显微鉴别图

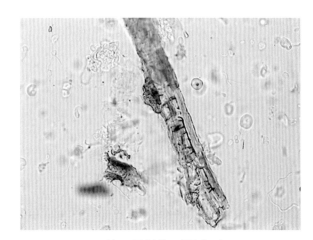

巴戟天显微鉴别图（1）

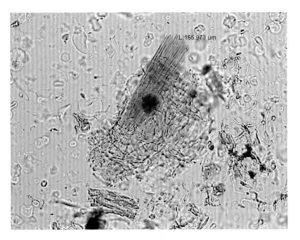

巴戟天显微鉴别图（2）

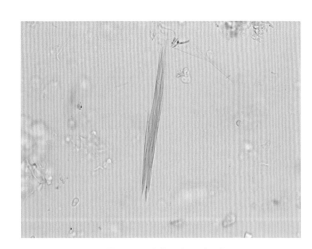

巴戟天显微鉴别图（3）

防腐生肌散

【**处方**】　枯矾 30 g，陈石灰 30 g，血竭 15 g，乳香 15 g，没药 25 g，煅石膏 25 g，铅丹 3 g，冰片 3 g，轻粉 3 g。

【**制法**】　以上 9 味，粉碎成细粉、过筛、混匀即得。

【**性状**】　本品为淡暗红色粉末；气香，味辛、涩、微苦。

【**功能**】　防腐生肌，收敛止血。

【**主治**】　痈疽溃烂，疮疡流脓，外伤出血。

【**显微鉴别**】

枯矾：不规则块片无色透明，可见棱柱晶体堆积。

血竭：不规则块片血红色，周围液体显鲜黄色，渐变红色。

乳香：不规则团块无色或淡黄色，表面及周围扩散出众多细小颗粒，久置熔化。

没药：不规则碎块淡黄色，半透明，渗出油滴，加热后油滴熔化，现正方形草酸钙结晶。

【**备注**】　血竭为棕榈科植物麒麟竭果实渗出的树脂经加工制成，略呈类圆四方形或方砖形，表面暗红色，有光泽，附有因摩擦而成的红粉；质硬而脆，破碎面红色，研粉为砖红色。

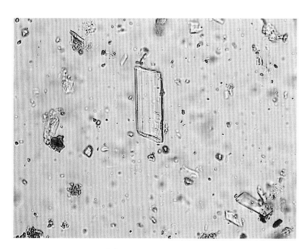

枯矾显微鉴别图

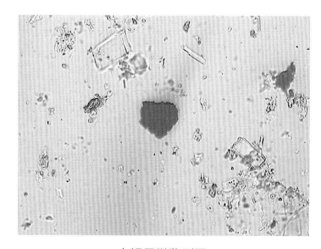

血竭显微鉴别图

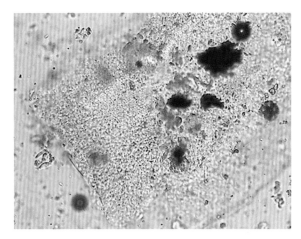

乳香显微鉴别图（1）

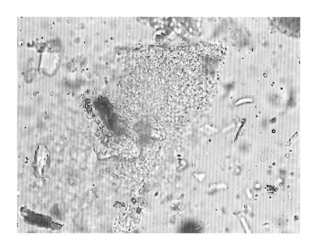

乳香显微鉴别图（2）

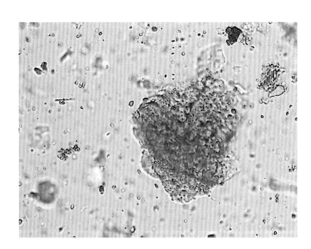

没药显微鉴别图（1）

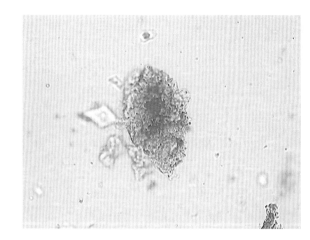

没药显微鉴别图（2）

如意金黄散

【处方】 天花粉 60 g，黄柏 30 g，大黄 30 g，姜黄 30 g，白芷 30 g，厚朴 12 g，苍术 12 g，甘草 12 g，陈皮 12 g，生天南星 12 g。

【制法】 以上 10 味，粉碎、过筛、混匀即得。

【性状】 本品为黄色粉末；气微香，味苦、微甘。

【功能】 清热除湿，消肿止痛。

【主治】 红肿热痛，痈疽黄肿，烫火伤。

【显微鉴别】

天花粉：具缘纹孔导管大，多破碎，有的具缘纹孔呈六角形或斜方形，排列紧密。

黄柏：纤维束鲜黄色，周围细胞含草酸钙方晶，形成晶纤维，含晶细胞壁木化增厚。

大黄：草酸钙簇晶大，直径 60～140 μm。

姜黄：糊化淀粉粒团块黄色。

白芷：油管碎片含黄棕色分泌物。

厚朴：石细胞分枝状，壁厚，层纹明显。

苍术：草酸钙针晶细小，长 5～32 μm，不规则地充塞于薄壁细胞中。

甘草：纤维束周围薄壁细胞含草酸钙方晶，形成晶纤维。

陈皮：草酸钙方晶成片存在于薄壁组织中。

生天南星：草酸钙针晶成束或散在，长约至 90 μm。

【备注】 生天南星粉末类白色，草酸钙针晶散在或成束存在于黏液细胞中，长 63～131 μm。苍术为 400 倍显微图谱。

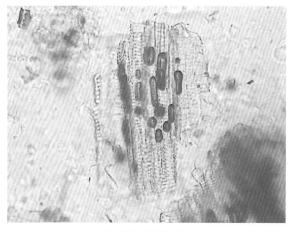

天花粉显微鉴别图

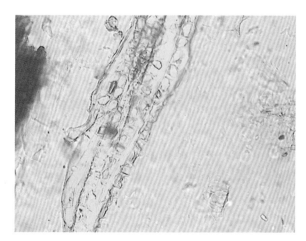

黄柏显微鉴别图

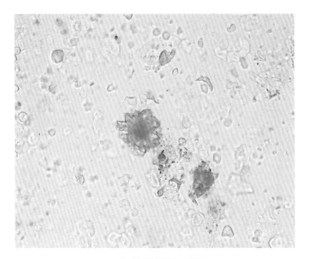

大黄显微鉴别图

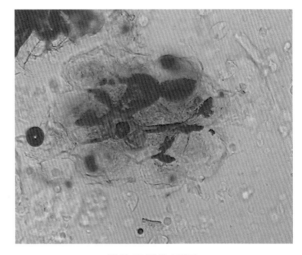

姜黄显微鉴别图

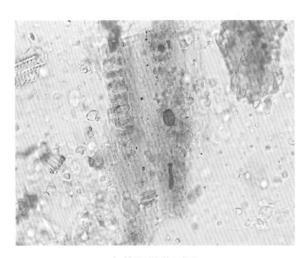

白芷显微鉴别图

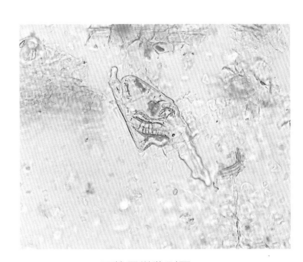

厚朴显微鉴别图

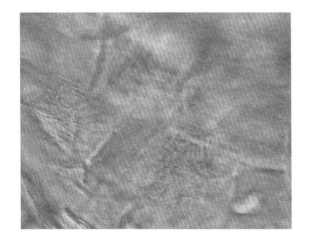

苍术显微鉴别图

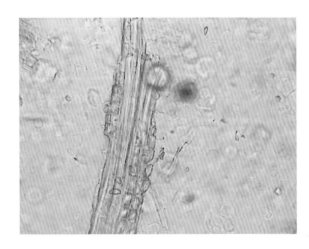

甘草显微鉴别图

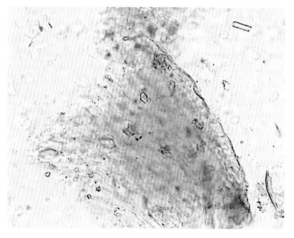

陈皮显微鉴别图（1）

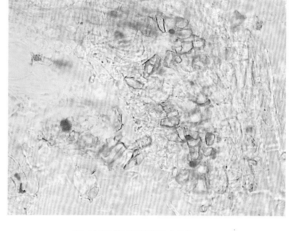

陈皮显微鉴别图（2）

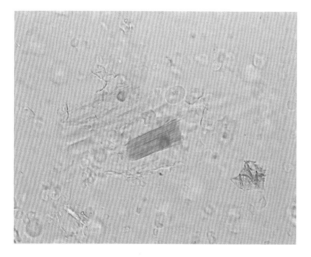

生天南星显微鉴别图（1）

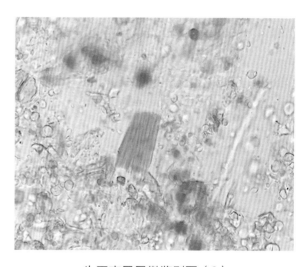

生天南星显微鉴别图（2）

红花散

【处方】 红花 20 g，醋没药 20 g，桔梗 20 g，六神曲 30 g，枳壳 30 g，当归 30 g，山楂 30 g，厚朴 20 g，陈皮 25 g，甘草 15 g，白药子 25 g，黄药子 25 g，麦芽 30 g。

【制法】 以上 13 味，粉碎、过筛、混匀即得。

【性状】 本品为灰褐色粉末；气微香，味甘、微苦。

【功能】 活血理气，消食化积。

【主治】 料伤五攒痛。

【显微鉴别】

红花：花粉粒类圆形或椭圆形，直径43～66 μm，外壁具短刺和点状雕纹，有3个萌发孔。

桔梗：联结乳管直径14～25 μm，含淡黄色颗粒状物。

枳壳：草酸钙方晶成片存在于薄壁组织中。

当归：薄壁细胞纺锤形，壁略厚，有极微细的斜向交错纹理。

山楂：果皮石细胞淡紫红色、红色或黄棕色，类圆形或多角形，直径约至125 μm。

厚朴：石细胞分枝状，壁厚，层纹明显。

甘草：纤维束周围薄壁细胞含草酸钙方晶，形成晶纤维。

黄药子：草酸钙针晶成束，长约至85 μm。

【备注】 红花花粉粒黄色或深黄色，类圆形、椭圆形或橄榄形，直径约至60 μm，具有 3 个萌发孔，外壁有齿状突起。黄药子黏液细胞类圆形，短径95 ～ 160 μm，长径150 ～ 300 μm，含草酸钙针晶束，长50 ～ 117 μm。

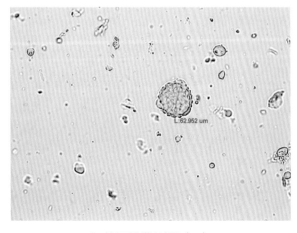

红花显微鉴别图（1）

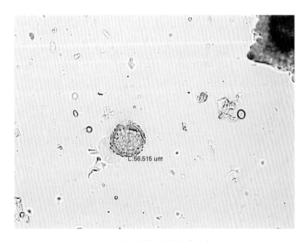

红花显微鉴别图（2）

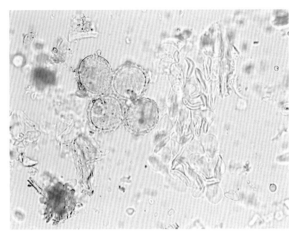

红花显微鉴别图（3）

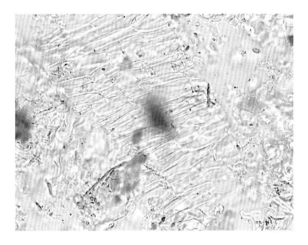

桔梗显微鉴别图

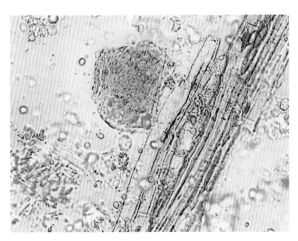

枳壳显微鉴别图

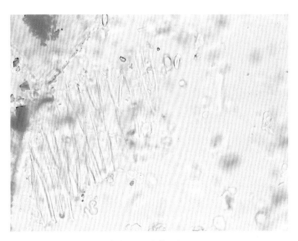

当归显微鉴别图

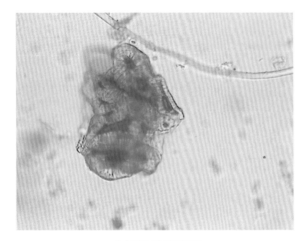

山楂显微鉴别图

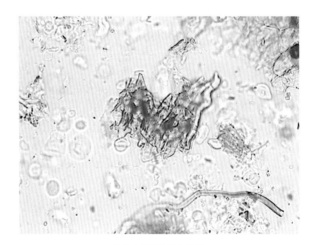

厚朴显微鉴别图

甘草显微鉴别图

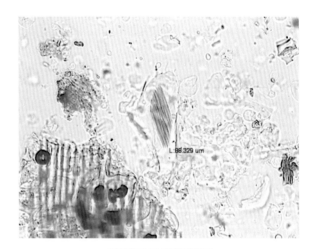

黄药子显微鉴别图

苍术香连散

【处方】 黄连 30 g，木香 20 g，苍术 60 g。

【制法】 以上 3 味，粉碎、过筛、混匀即得。

【性状】 本品为棕黄色粉末；气香，味苦。

【功能】 清热燥湿。

【主治】 下痢，湿热泻痢。

【显微鉴别】

黄连：纤维束鲜黄色，壁稍厚，纹孔明显。

木香：木纤维长梭形，直径16～24 μm，壁稍厚，纹孔口横裂缝状、"十"字状或"人"字状。

苍术：草酸钙针晶细小，长5～32 μm，不规则地充塞于薄壁细胞中。

【备注】 木香粉末黄色或黄棕色，菊糖碎块极多，用冷水合氯醛装置，呈房形、不规则团块状，有的表面现放射状线纹；木纤维多成束，黄色，长梭形，末端倾斜或细尖，直径 16 ～ 24 μm，壁厚 4 ～ 5 μm，非木化或微木化，纹孔横裂缝隙状或"人"字形、"十"字形；网纹导管多见，也有具缘纹孔导管，直径 30 ～ 90 μm。

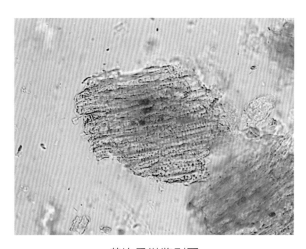

黄连显微鉴别图

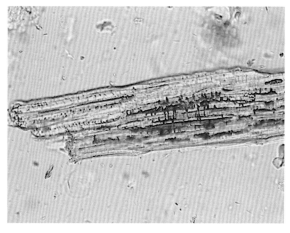

木香显微鉴别图（1）

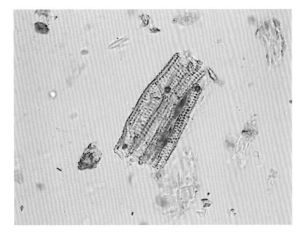

木香显微鉴别图（2）

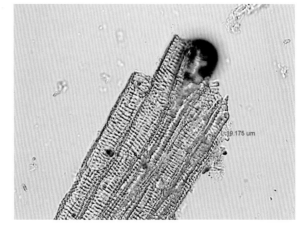

木香显微鉴别图（3）

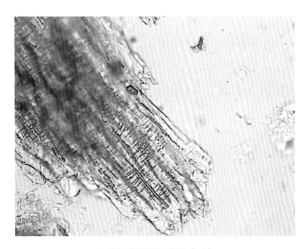

木香显微鉴别图（4）

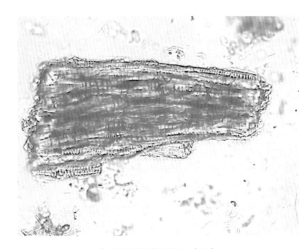

木香显微鉴别图（5）

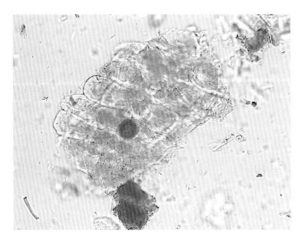

苍术显微鉴别图（1）

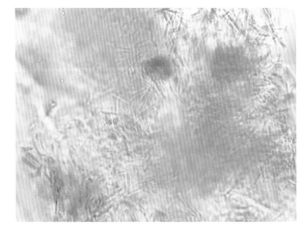

苍术显微鉴别图（2）

扶正解毒散

【处方】　板蓝根 60 g，黄芪 60 g，淫羊藿 30 g。

【制法】　以上 3 味，粉碎、过筛、混匀即得。

【性状】　本品为灰黄色的粉末；气微香。

【功能】　扶正祛邪，清热解毒。

【主治】　鸡法氏囊病。

【显微鉴别】

黄芪：纤维成束或散离，壁厚，表面有纵裂纹，两端断裂成帚状或较平截。

淫羊藿：非腺毛 3～10 个细胞，长 200～1 000 μm，顶端细胞长，有的含棕色或黄棕色物。

【备注】　淫羊藿以叶多、色黄绿、不碎者为佳，气孔、非腺毛仅存在于下表皮，气孔不定式；非腺毛 3～10 个细胞，平直或弯曲，基部细胞短，壁稍厚，身上细胞延长，壁薄，顶端细胞先端钝圆，多数或全部细胞含棕色物。

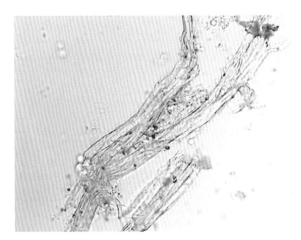

黄芪显微鉴别图

淫羊藿显微鉴别图（1）

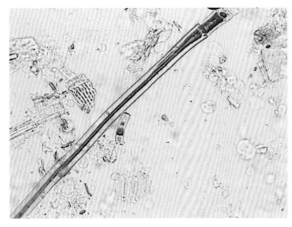

淫羊藿显微鉴别图（2）

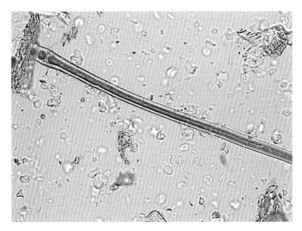

淫羊藿显微鉴别图（3）

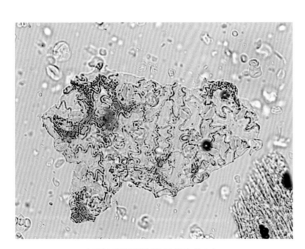

淫羊藿显微鉴别图（4）

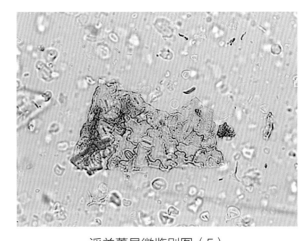

淫羊藿显微鉴别图（5）

牡蛎散

【处方】 煅牡蛎 60 g，黄芪 60 g，麻黄根 30 g，浮小麦 120 g。

【制法】 以上 4 味，粉碎、过筛、混匀即得。

【性状】 本品为浅黄白色粉末；气微，味甘、微涩。

【功能】 敛汗固表。

【主治】 体虚自汗。

【显微鉴别】

煅牡蛎：不规则块片无色或淡黄褐色，表面具细纹理。

黄芪：纤维成束或散离，壁厚，表面有纵裂纹，两端断裂成帚状或较平截。

麻黄根：木栓细胞呈长方形或六角形，棕色，含草酸钙砂晶。

浮小麦：淀粉粒单粒圆形或广卵形，略扁，直径12～40 μm。

【备注】 麻黄根粉末棕红色或棕黄色，木栓细胞长方形，棕色，含草酸钙砂晶；髓部薄壁细胞类方形、类长方形或类圆形，壁稍厚，具纹孔；薄壁细胞含草酸钙砂晶。

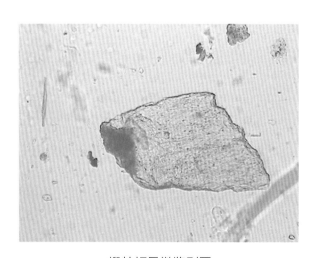

煅牡蛎显微鉴别图

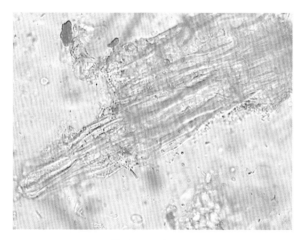

黄芪显微鉴别图

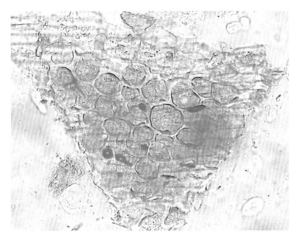

麻黄根显微鉴别图（1）

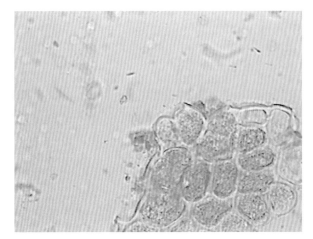

麻黄根显微鉴别图（2）

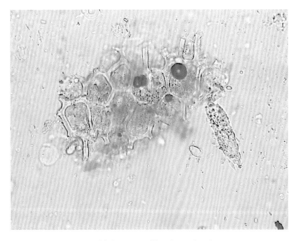

麻黄根显微鉴别图（3）

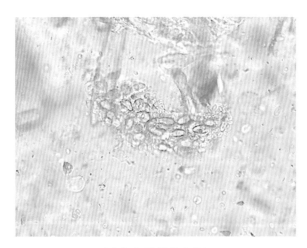

浮小麦显微鉴别图

肝蛭散

【处方】 绵马贯众 60 g, 槟榔 24 g, 苏木 25 g, 肉豆蔻 25 g, 茯苓 25 g, 龙胆 25 g, 木通 25 g, 甘草 25 g, 厚朴 25 g, 泽泻 25 g。

【制法】 以上 10 味, 粉碎、过筛、混匀即得。

【性状】 本品为黄棕色粉末；气香, 味苦、涩、微甘。

【功能】 杀虫, 利水。

【主治】 肝片吸虫病。

【显微鉴别】

绵马贯众：间隙腺毛类圆形或长卵形, 直径23~48 μm, 基部延长似柄状, 有的含黄色或黄棕色分泌物。

槟榔：内胚乳碎片无色, 壁较厚, 有较多大的类圆形纹孔。

苏木：纤维束橙黄色, 周围薄壁细胞含草酸钙方晶, 形成晶纤维。

肉豆蔻：脂肪油滴众多, 放置后析出针簇状结晶。

茯苓：不规则分枝状团块无色, 遇水合氯醛溶液溶化；菌丝无色或淡棕色, 直径4~6 μm。

龙胆：外皮层细胞表面观纺锤形, 每个细胞由横壁分隔成数个小细胞。

厚朴：石细胞分枝状, 壁厚, 层纹明显。

泽泻：薄壁细胞类圆形, 有椭圆形纹孔, 集成纹孔群。

【备注】 肉豆蔻的外胚乳分内、外两层, 外层细胞扁平, 切向延长, 内含黄棕色物质；内层细胞长方形, 含红棕色物质, 伸入内胚乳形成错入组织, 其中常有一个维管束, 并有多数油细胞散在, 油细胞直径 42~140 μm, 含挥发油滴；内胚乳细胞呈多角形, 含多量脂肪油、淀粉粒及糊粉粒, 糊粉粒中有拟晶体；内胚乳有含棕色物质的细胞散在。苏木粉末黄红色, 木纤维及晶纤维极多, 成束, 橙黄色或无色, 纤维细长, 直径 9~22 μm, 壁厚或稍厚, 斜纹孔稀疏, 胞腔线形或较宽大, 有的纤维束周围细胞中含草酸钙方晶, 形成晶纤维, 含晶细胞类方形, 壁不均匀增厚, 木化。绵马贯众常有细胞间隙腺毛, 腺头单细胞球形, 内含棕色分泌物, 具短柄；厚壁细胞数列, 多角形, 棕色。

绵马贯众显微鉴别图

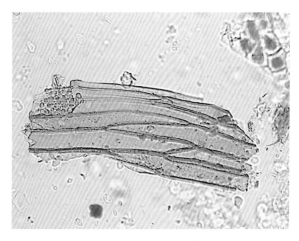

绵马贯众厚壁细胞显微鉴别图

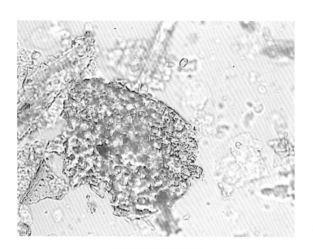

槟榔显微鉴别图

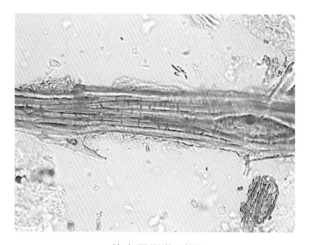

苏木显微鉴别图

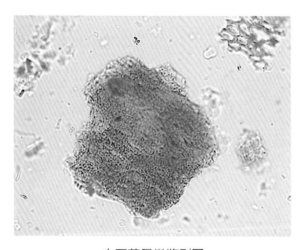

肉豆蔻显微鉴别图

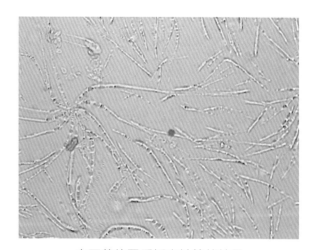

肉豆蔻放置后析出针簇状结晶

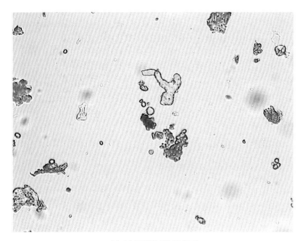

茯苓显微鉴别图

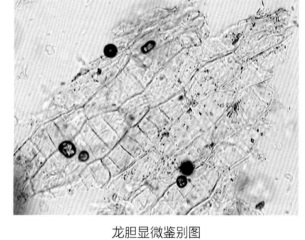

龙胆显微鉴别图

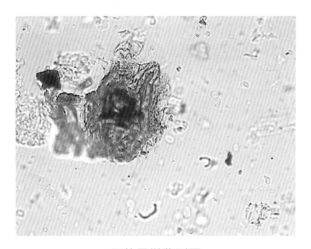

厚朴显微鉴别图

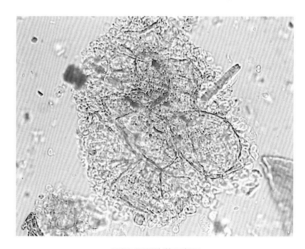

泽泻显微鉴别图

辛夷散

【处方】 辛夷 60 g，知母（酒制）30 g，黄柏（酒制）30 g，北沙参 30 g，木香 15 g，郁金 30 g，明矾 20 g。

【制法】 以上 7 味，粉碎、过筛、混匀即得。

【性状】 本品为黄色至淡棕黄色粉末；气香，味微辛、苦、涩。

【功能】 滋阴降火，疏风通窍。

【主治】 脑颡鼻脓。

【显微鉴别】

辛夷：非腺毛 1 ~ 4 个细胞，多碎断，先端锐尖，直径 10 ~ 33 μm。

知母：草酸钙针晶成束或散在，长 26 ~ 110 μm。

黄柏：纤维束鲜黄色，周围细胞含草酸钙方晶，形成晶纤维，含晶细胞的壁木化增厚。

北沙参：油管含棕黄色分泌物。

木香：菊糖团块形状不规则，有时可见微细放射状纹理，加热后熔化（不加热置显微镜下观察）。

郁金：含糊化淀粉粒的薄壁细胞无色透明或半透明。

【备注】 辛夷粉末灰绿色或淡黄绿色，非腺毛甚多，散在，多碎断；完整者 2 ~ 4 个细胞，亦有单细胞，单细胞毛基部表皮细胞圆形，多细胞毛基部细胞短、粗大，细胞壁极度增厚，似石细胞，类方形，其周围有时可见十多个表皮细胞集成球状。北沙参粉末黄白色，分泌道多碎断，分泌细胞含黄色分泌物，有的可见节条状金黄色分泌物，直径约至 69 μm。木香 400 倍显微镜下观察菊糖团块，菊糖多见，表面现放射状纹理。辛夷非腺毛有单细胞毛和多细胞毛两种，细胞壁均具明显螺旋纹或交叉双螺纹。

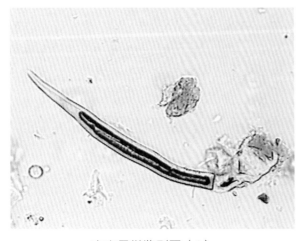

辛夷显微鉴别图（1）

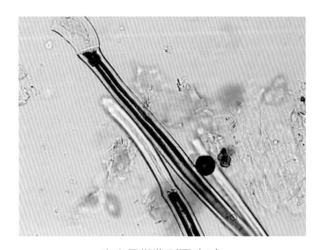

辛夷显微鉴别图（2）

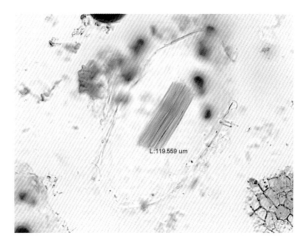

知母显微鉴别图

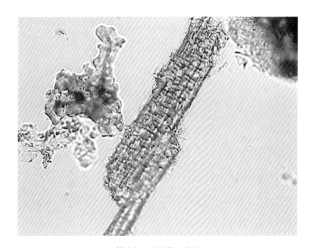

黄柏显微鉴别图

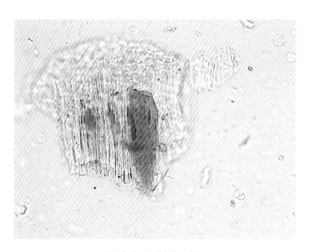

北沙参显微鉴别图

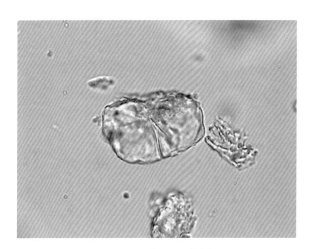

木香显微鉴别图（1）

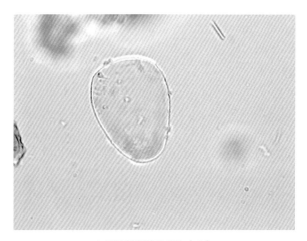

木香显微鉴别图（2）

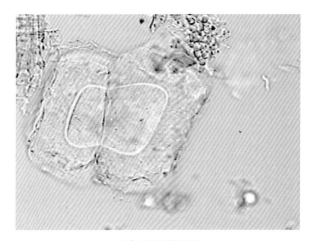

郁金显微鉴别图

补中益气散

【处方】 炙黄芪75 g，党参60 g，白术（炒）60 g，炙甘草30 g，当归30 g，陈皮20 g，升麻20 g，柴胡20 g。

【制法】 以上8味，粉碎、过筛、混匀即得。

【性状】 本品为淡黄棕色粉末；气香，味辛、甘、微苦。

【功能】 补中益气，升阳举陷。

【主治】 脾胃气虚，久泻，脱肛，子宫脱垂。

【显微鉴别】

黄芪：纤维成束或散离，壁厚，表面有纵裂纹，两端断裂成帚状或较平截。

党参：联结乳管直径12～15 μm，含细小颗粒状物。

白术：草酸钙针晶细小，长10～32 μm，不规则地充塞于薄壁细胞中。

甘草：纤维束周围薄壁细胞含草酸钙方晶，形成晶纤维。

当归：薄壁细胞纺锤形，壁略厚，有极微细的斜向交错纹理。

陈皮：草酸钙方晶成片存在于薄壁组织中。

升麻：木纤维成束，多碎断，淡黄绿色，末端狭尖或钝圆，有的有分叉，直径14～41 μm，壁稍厚，具"十"字形纹孔对，有的胞腔中含黄棕色物。

柴胡：油管含淡黄色或黄棕色条状分泌物，直径8～25 μm。

【备注】 升麻粉末黄棕色，木纤维梭形，有的一端粗大，一端细小，稍弯曲，末端渐尖、斜尖，有的圆钝具微凹或一侧尖突似短分叉状，直径13～55 μm，长110～250 μm，壁厚约4 μm，纹孔口斜裂缝状或相交成"人"字形或"十"字形。党参木栓细胞棕黄色，表面观长方形、斜方形或类多角形，垂周壁微波状弯曲；石细胞较多，单个散在或数个成群，石细胞多角形、类方形、长方形或形状不规则。白术分别为400倍、100倍显微镜下的草酸钙针晶。

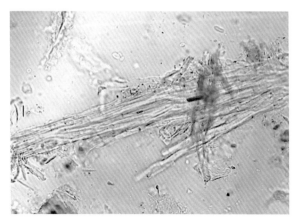

黄芪显微鉴别图

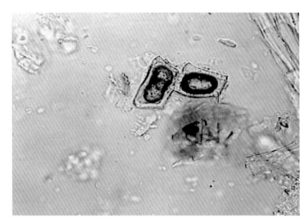

党参显微鉴别图（1）

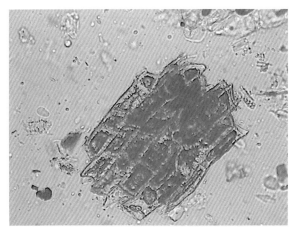

党参显微鉴别图（2）

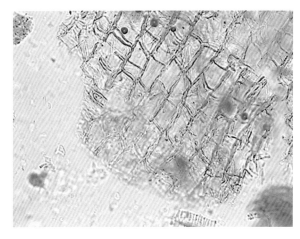

党参显微鉴别图（3）

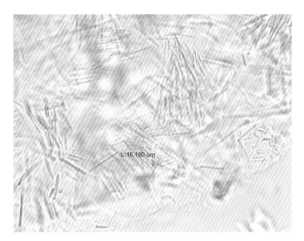

白术显微鉴别图（1）

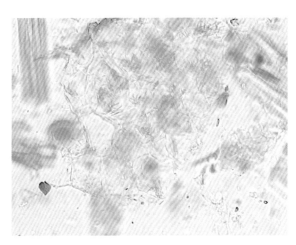

白术显微鉴别图（2）

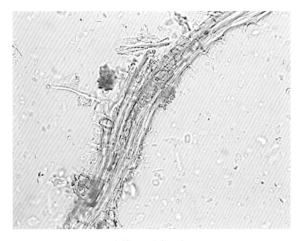

甘草显微鉴别图

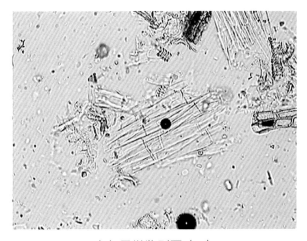

当归显微鉴别图（1）

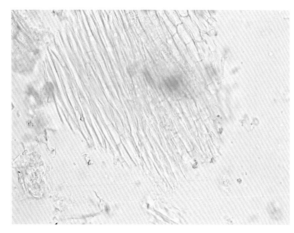

当归显微鉴别图（2）

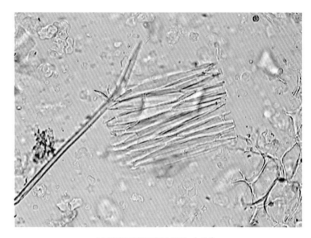

当归显微鉴别图（3）

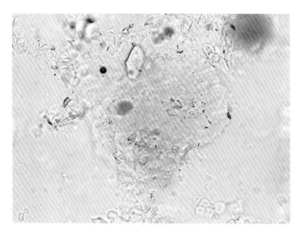

陈皮显微鉴别图

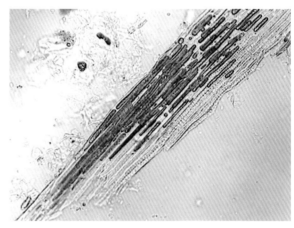

升麻显微鉴别图（1）

升麻显微鉴别图（2）

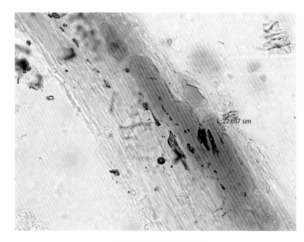

柴胡显微鉴别图

补肾壮阳散

【处方】 淫羊藿 35 g，熟地黄 30 g，胡卢巴 25 g，远志 35 g，丁香 20 g，巴戟天 30 g，锁阳 35 g，菟丝子 35 g，五味子 35 g，蛇床子 35 g，韭菜子 35 g，覆盆子 35 g，沙苑子 35 g，肉苁蓉 30 g，莲须 30 g，补骨脂 20 g。

【制法】 以上 16 味，粉碎、过筛、混匀即得。

【性状】 本品为棕色粉末；气清香，味微苦、涩、有麻舌感。

【功能】 温补肾阳。

【主治】 性欲减退，阳痿，滑精。

【显微鉴别】

淫羊藿：叶表皮细胞壁深波状弯曲。

熟地黄：薄壁组织灰棕色至黑棕色，细胞多皱缩，内含棕色核状物。

胡卢巴：种皮支持细胞底面观呈类圆形或六角形，有密集的放射状条纹增厚，似菊花纹状，胞腔明显。

菟丝子：种皮栅状细胞两列，内列较外列长，有光辉带。

五味子：种皮表皮石细胞淡黄棕色，表面观类多角形，壁较厚，孔沟细密，胞腔含暗棕色物。

覆盆子：非腺毛单细胞，壁厚、木化，脱落后的残迹似石细胞状。

莲须：花粉粒类球形或长圆形，直径45 ~ 86 μm，具3个孔沟，表面有颗粒网纹。

补骨脂：草酸钙结晶成片存在于灰绿色的中果皮碎片中，结晶长方形、长条形或呈骨状，长9 ~ 22 μm，直径2 ~ 4 μm。

【备注】 覆盆子粉末棕黄色，单细胞非腺毛，多平直，有的略弯曲或先端弯成钩状，完整者长 37 ~ 362 μm，直径 7 ~ 20 μm，壁厚，木化，胞腔线形或不明显，有的表面可见双螺状裂纹，有的体部易脱落，足部残留而埋于表皮层，表面观圆多角形或长圆形，直径约至 23 μm，胞腔分枝，似石细胞状。补骨脂粉末灰黄色，种皮表皮栅状细胞断面观径向 34 ~ 66 μm，侧壁上部较厚，下部渐薄，内壁薄，光辉带位于上侧；顶面观多角形，胞腔极小，孔沟细而清晰；底面观类多角形或类圆形，壁薄，胞腔内含红棕色物。莲须花粉粒类球形或长圆形，直径 45 ~ 86 μm，具 3 个孔沟，表面有颗粒网纹。胡卢巴横切面表皮栅状细胞一列，外壁及侧壁上部较厚，有细密纵沟纹，下部胞腔较大，光辉带位于细胞外侧 1/3 处，外被角质层。五味子粉末暗紫色，种皮表皮石细胞表面观呈多角形或长多角形，直径 18 ~ 50 μm，壁厚，孔沟极细密，胞腔内含深棕色物；种皮内层石细胞呈多角形、类圆形或不规则形，直径约至 83 μm，壁稍厚，纹孔较大。

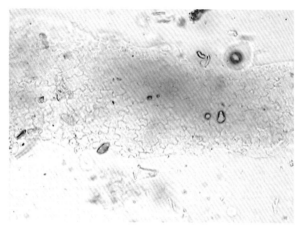

淫羊藿显微鉴别图

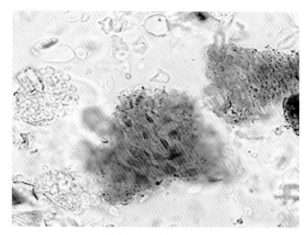

熟地黄显微鉴别图

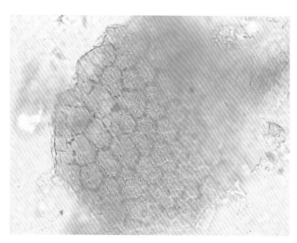

胡卢巴显微鉴别图

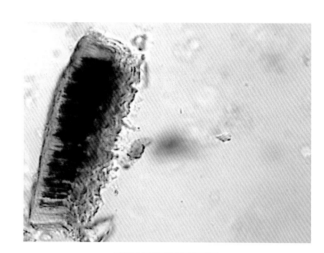

菟丝子显微鉴别图

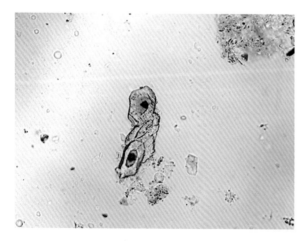

五味子显微鉴别图

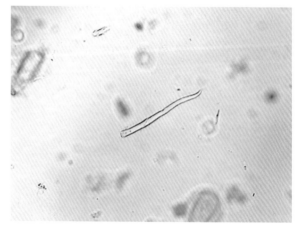

覆盆子显微鉴别图（1）

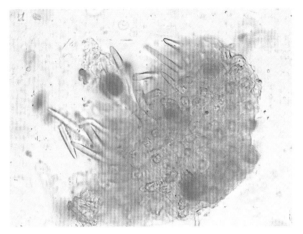

覆盆子显微鉴别图（2）

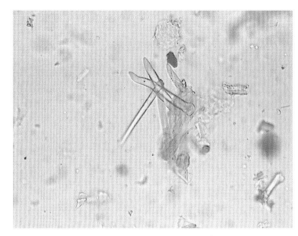

覆盆子显微鉴别图（3）

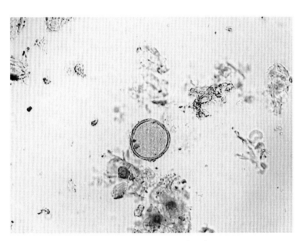

莲须显微鉴别图（1）

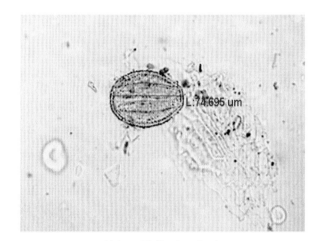

莲须显微鉴别图（2）

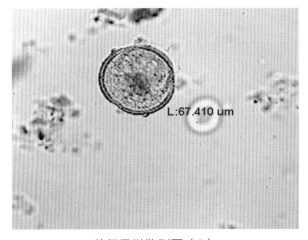

莲须显微鉴别图（3）

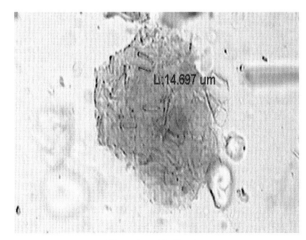

补骨脂显微鉴别图

鸡痢灵散

【处方】 雄黄 10 g，藿香 10 g，白头翁 15 g，滑石 10 g，马尾连 15 g，诃子 15 g，马齿苋 15 g，黄柏 10 g。

【制法】 以上 8 味，粉碎、过筛、混匀即得。

【性状】 本品为棕黄色粉末；气微，味苦。

【功能】 清热解毒，涩肠止痢。

【主治】 雏鸡白痢。

【显微鉴别】

雄黄：不规则碎块金黄色或橙黄色，有光泽。

藿香：非腺毛1～4个细胞，壁有疣状突起。

白头翁：非腺毛单细胞，直径13～33 µm，基部稍膨大，壁大多木化，有的可见螺状或双螺状纹理。

滑石：不规则块片无色，有层层剥落痕迹。

诃子：果皮纤维层淡黄色，斜向交错排列，壁较薄，有纹孔。

马齿苋：草酸钙簇晶直径7～37 µm，存在于叶肉组织中。

黄柏：纤维束鲜黄色，周围细胞含草酸钙方晶，形成晶纤维，含晶细胞的壁木化增厚。

【备注】 诃子粉末黄白色或黄褐色，纤维淡黄色，成束，纵横交错排列或与石细胞、木化厚壁细胞相联结；石细胞类方形、类多角形或呈纤维状，直径 14～40 µm，长约 130 µm，壁厚，孔沟细密；木化厚壁细胞淡黄色或无色，呈长方形、多角形或不规则形，有的一端膨大成靴状，细胞壁上纹孔密集。马齿苋粉末绿色，叶肉细胞中含草酸钙簇晶。

雄黄显微鉴别图（1）

雄黄显微鉴别图（2）

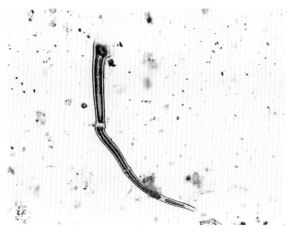

藿香显微鉴别图

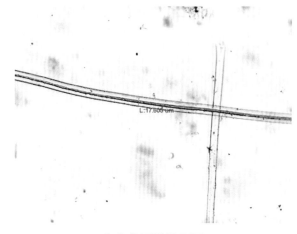

白头翁显微鉴别图

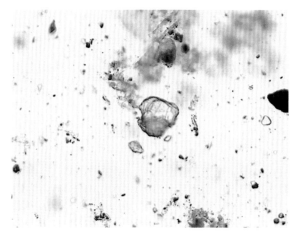

滑石显微鉴别图

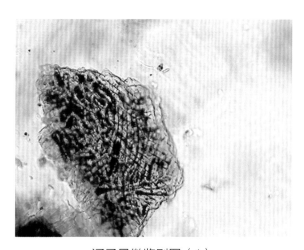

诃子显微鉴别图（1）

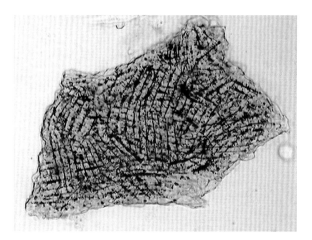

诃子显微鉴别图（2）

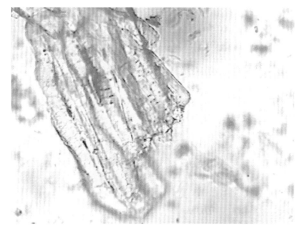

诃子显微鉴别图（3）

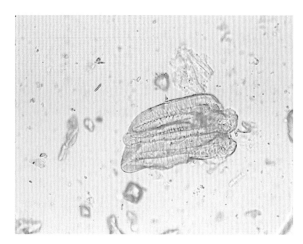

诃子显微鉴别图（4）

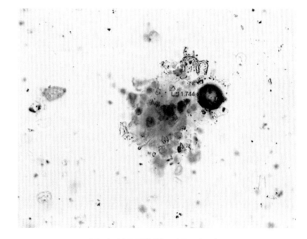

马齿苋显微鉴别图（1）

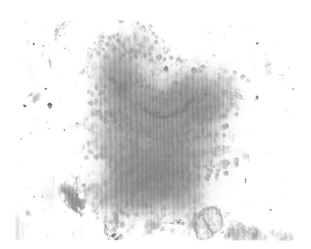

马齿苋显微鉴别图（2）

黄柏显微鉴别图

驱虫散

【处方】 鹤虱 30 g，使君子 30 g，槟榔 30 g，芜荑 30 g，雷丸 30 g，绵马贯众 60 g，干姜（炒）15 g，淡
　　　　 附片 15 g，乌梅 30 g，诃子 30 g，大黄 30 g，百部 30 g，木香 15 g，榧子 30 g。

【制法】 以上 14 味，粉碎、过筛、混匀即得。

【性状】 本品为褐色粉末；气香，味苦、涩。

【功能】 驱虫。

【主治】 胃肠道寄生虫病。

【显微鉴别】

使君子：种皮表皮细胞淡黄色，多角形，壁薄，下方叠合有网纹细胞。

槟榔：内胚乳碎片无色，壁较厚，有较多大的类圆形纹孔。

雷丸：不规则菌丝团块多无色，遇水合氯醛溶液黏化成胶冻状，加热后菌丝团块部分溶化，露出菌丝。

乌梅：果皮表皮细胞淡黄棕色，细胞表面观类多角形，壁稍厚，表皮布有单细胞非腺毛或毛茸脱落后的
痕迹。

诃子：果皮纤维层淡黄色，斜向交错排列，壁较薄，有纹孔。

大黄：草酸钙簇晶大，直径60～140 μm。

【备注】 使君子种皮表皮细胞由大型薄壁细胞组成，内含棕色物质，表皮以下为网纹细胞层，细胞切向
延长，有网状纹理，并常散有小型维管束。乌梅表皮细胞表面观类多角形，胞腔含黑棕色物，有时可见
毛茸脱落后的疤痕；石细胞少见，长方形、类圆形或类多角形，直径 20～36 μm，胞腔含红棕色物。雷
丸粉末淡灰色，菌丝黏结成大小不一的不规则团块，无色，少数黄棕色或棕红色。

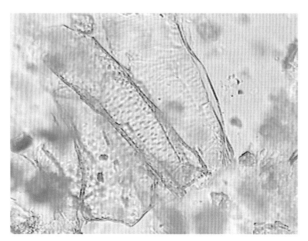
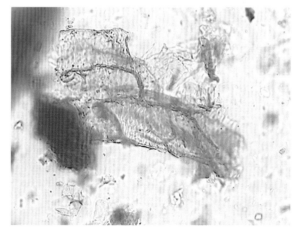

使君子显微鉴别图（1）　　　　　　　　　使君子显微鉴别图（2）

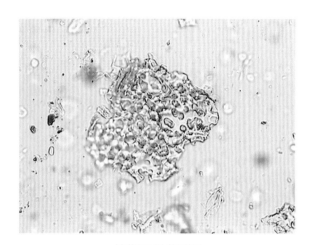

槟榔显微鉴别图

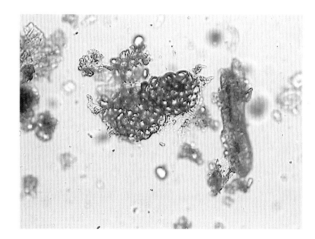

雷丸显微鉴别图（1）

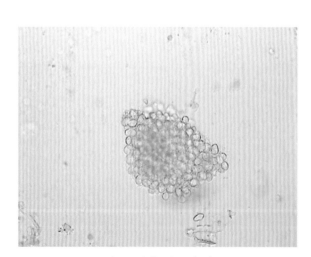

雷丸显微鉴别图（2）

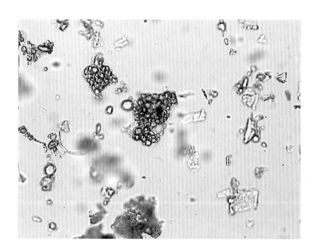

雷丸显微鉴别图（3）

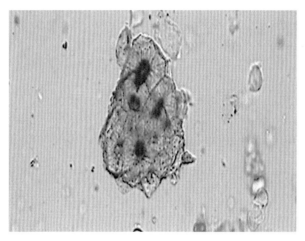

乌梅显微鉴别图

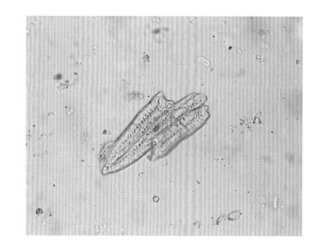

诃子显微鉴别图

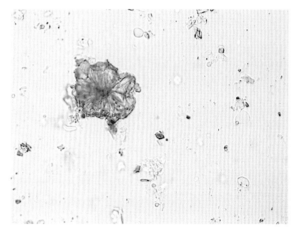

大黄显微鉴别图

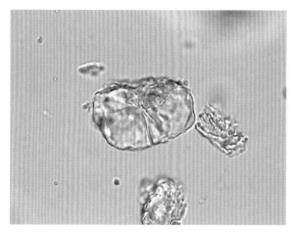

木香显微鉴别图

青黛散

【**处方**】 青黛200 g，黄连200 g，黄柏200 g，薄荷200 g，桔梗200 g，儿茶200 g。

【**制法**】 以上6味，粉碎、过筛、混匀即得。

【**性状**】 本品为灰绿色粉末；气清香，味苦、微涩。

【**功能**】 清热解毒，消肿止痛。

【**主治**】 口舌生疮，咽喉肿痛。

【**显微鉴别**】

青黛：为不规则块片或颗粒，蓝色。

黄连：纤维束鲜黄色，壁稍厚，纹孔明显。

黄柏：纤维束鲜黄色，周围细胞含草酸钙方晶，形成晶纤维，含晶细胞的壁木化增厚。

桔梗：联结乳管直径14～25 μm，含淡黄色颗粒状物。

【**备注**】 青黛为极细的粉末，灰蓝色或深蓝色，质轻，易飞扬；或呈不规则多孔性的团块、颗粒，用手搓捻即成粉末。伪品多为黑色细粉，质重，显微镜下观察为不规则黑色颗粒及团块，偶见分散的深蓝色颗粒。

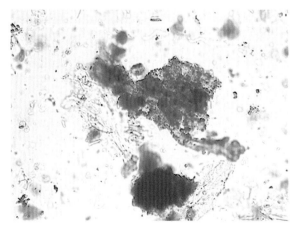

青黛显微鉴别图（1）

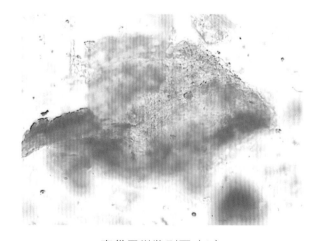

青黛显微鉴别图（2）

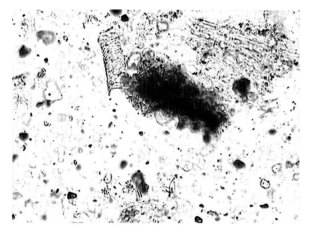

青黛显微鉴别图（3）

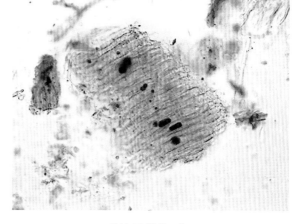

黄连显微鉴别图

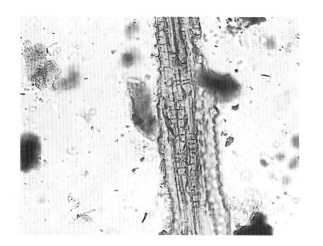

黄柏显微鉴别图

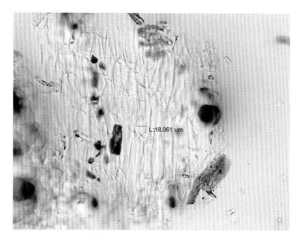

桔梗显微鉴别图

郁金散

【处方】 郁金 30 g，诃子 15 g，黄芩 30 g，大黄 60 g，黄连 30 g，黄柏 30 g，栀子 30 g，白芍 15 g。

【制法】 以上 8 味，粉碎、过筛、混匀即得。

【性状】 本品为灰黄色粉末；气清香，味苦。

【功能】 清热解毒，燥湿止泻。

【主治】 肠黄，湿热泻痢。

【显微鉴别】

郁金：含糊化淀粉粒的薄壁细胞无色透明或半透明。

诃子：果皮纤维层淡黄色，斜向交错排列，壁较薄，有纹孔。

黄芩：纤维淡黄色，梭形，壁厚，孔沟细。

大黄：草酸钙簇晶大，直径60～140 μm。

黄连：纤维束鲜黄色，壁稍厚，纹孔明显。

黄柏：纤维束鲜黄色，周围细胞含草酸钙方晶，形成晶纤维，含晶细胞的壁木化增厚。

栀子：种皮石细胞黄色或淡棕色，多破碎，完整者长多角形、长方形或形状不规则，壁厚，有大的圆形纹孔，胞腔棕红色。

白芍：草酸钙簇晶直径18～32 μm，存在于薄壁细胞中，常排列成行或一个细胞中含数个簇晶。

【备注】 白芍粉末黄白色，糊化淀粉团块甚多，草酸钙簇晶直径 11～35 μm，存在于薄壁细胞中，常排列成行，或一个细胞中含数个簇晶。诃子石细胞成群，类圆形、长卵形、类方形、长方形或长条形，有的略分枝或一端稍尖突，直径 18～54 μm，壁厚 8～20 μm，孔沟细密而清晰，不规则分叉或数回分叉，有的胞腔含灰黄色颗粒状物。

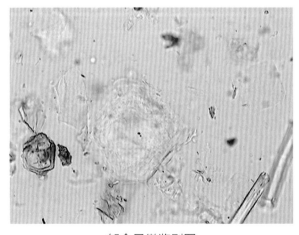

郁金显微鉴别图

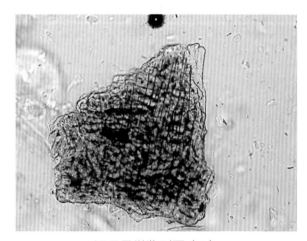

诃子显微鉴别图（1）

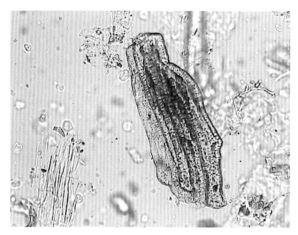

诃子显微鉴别图（2）

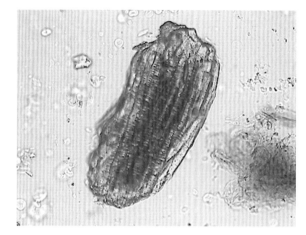

诃子显微鉴别图（3）

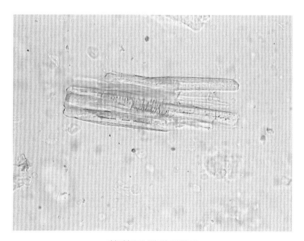

黄芩显微鉴别图

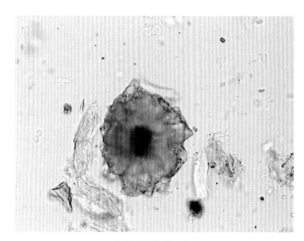

大黄显微鉴别图

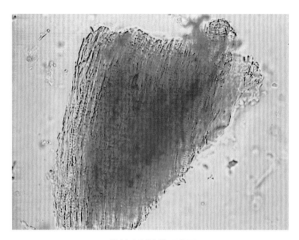

黄连显微鉴别图

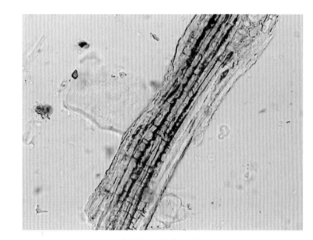

黄柏显微鉴别图

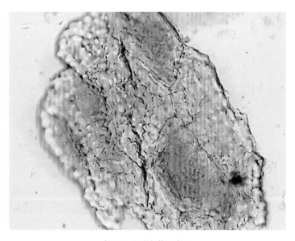

栀子显微鉴别图

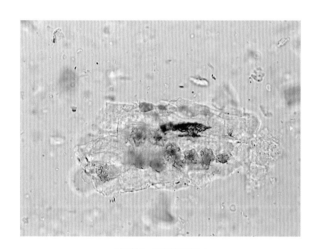

白芍显微鉴别图

金花平喘散

【处方】 洋金花 200 g，麻黄 100 g，苦杏仁 150 g，石膏 400 g，明矾 150 g。

【制法】 以上 5 味，粉碎、过筛、混匀即得。

【性状】 本品为浅棕黄色粉末；气清香，味苦、涩。

【功能】 平喘，止咳。

【主治】 气喘，咳嗽。

【显微鉴别】

洋金花：花粉粒类球形或长圆形，直径42～65 μm，表面有条纹状雕纹。

麻黄：气孔特异，保卫细胞侧面观呈哑铃状。

苦杏仁：种皮石细胞橙黄色，贝壳形，壁较厚，较宽一边纹孔明显。

石膏：不规则片状结晶无色，有平直纹理。

【备注】 洋金花粉末淡黄色，花粉粒类球形或长圆形。麻黄表皮组织碎片甚多，细胞呈长方形，含颗粒状晶体，气孔特异，内陷，保卫细胞侧面观呈哑铃形或电话听筒形；角质层常破碎，呈不规则条块状。苦杏仁种皮石细胞橙黄色、棕黄色或淡棕色，贝壳形、盔帽形或类圆形。

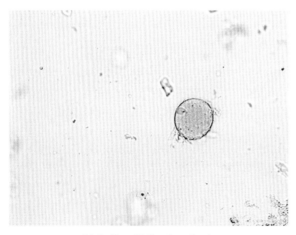

洋金花显微鉴别图（1）

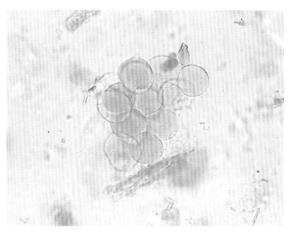

洋金花显微鉴别图（2）

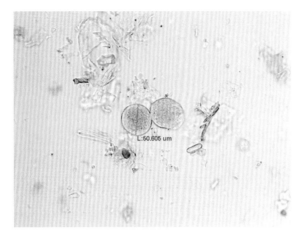

洋金花显微鉴别图（3）

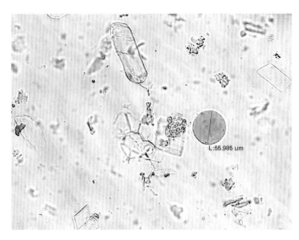

洋金花显微鉴别图（4）

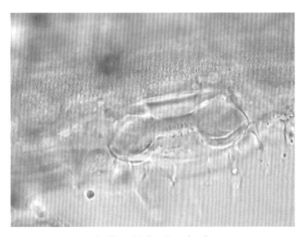

麻黄显微鉴别图（1）

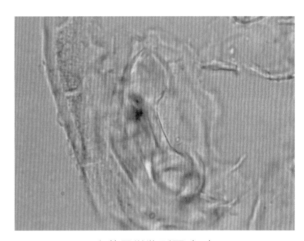

麻黄显微鉴别图（2）

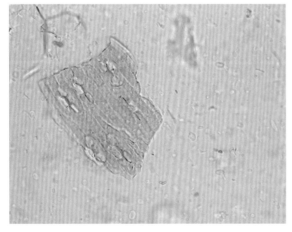

麻黄显微鉴别图（3）

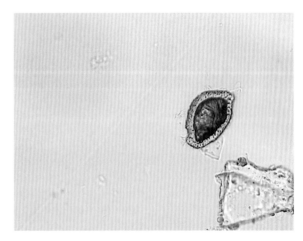

苦杏仁显微鉴别图（1）

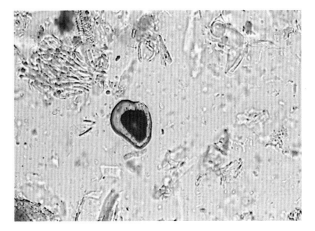

苦杏仁显微鉴别图（2）

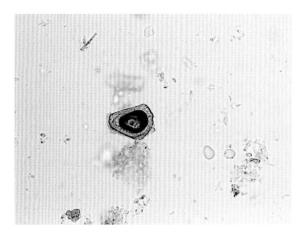

苦杏仁显微鉴别图（3）

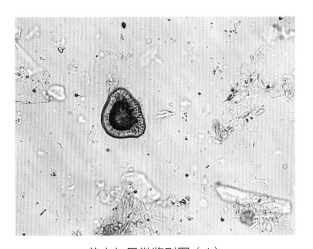

苦杏仁显微鉴别图（4）

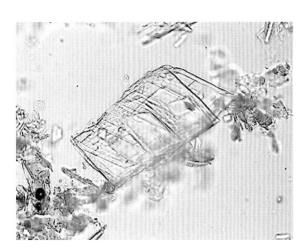

石膏显微鉴别图

肥猪菜

【**处方**】 白芍 20 g，前胡 20 g，陈皮 20 g，滑石 20 g，碳酸氢钠 20 g。

【**制法**】 以上 5 味，粉碎、过筛、混匀即得。

【**性状**】 本品为浅黄色粉末；气香，味咸、涩。

【**功能**】 健脾开胃。

【**主治**】 消化不良，食欲减退。

【**显微鉴别**】

白芍：草酸钙簇晶直径18 ~ 32 μm，存在于薄壁细胞中，常排列成行或单个细胞中含数个簇晶。

前胡：木栓细胞淡棕黄色，常多层重叠，表面观呈长方形。

陈皮：草酸钙方晶成片存在于薄壁组织中。

滑石：不规则块片无色，有层层剥落痕迹。

【**备注**】 白花前胡木栓细胞十余层，韧皮部散有油室，木质部有较多油室；紫花前胡韧皮部油室众多。

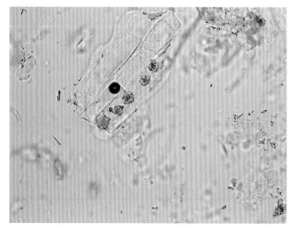

白芍显微鉴别图

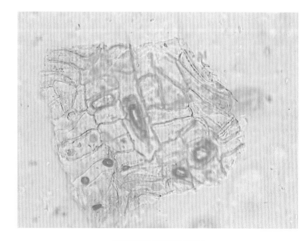

前胡显微鉴别图

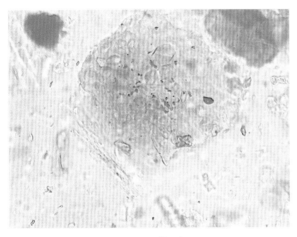

陈皮显微鉴别图

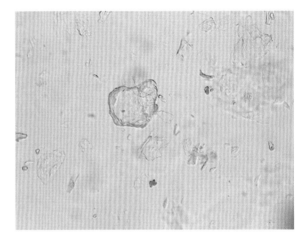

滑石显微鉴别图（1）

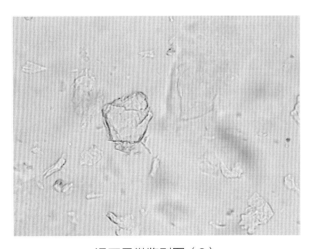

滑石显微鉴别图（2）

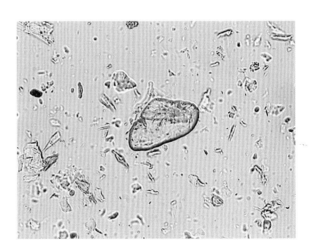

滑石显微鉴别图（3）

肥猪散

【处方】 绵马贯众 30 g，制何首乌 30 g，麦芽 500 g，黄豆（炒）500 g。

【制法】 以上 4 味，粉碎、过筛、混匀即得。

【性状】 本品为浅黄色粉末；气微香，味微甜。

【功能】 开胃，驱虫，催肥。

【主治】 食少，瘦弱，生长缓慢。

【显微鉴别】

绵马贯众：间隙腺毛类圆形或长卵形，直径23～48 μm，基部延长似柄状，有的含黄色或黄棕色分泌物。

何首乌：草酸钙簇晶直径约至80 μm。

麦芽：果皮细胞纵列，常有1个长细胞与2个短细胞相间排列，长细胞壁厚，波状弯曲，木化。

黄豆：种皮支持细胞侧面观呈哑铃状或骨状，长26～170 μm，宽20～73 μm，缢缩部位宽12～26 μm。

【备注】 黄豆种皮支持细胞侧面观呈哑铃状或骨状。绵马贯众厚壁细胞数列，呈多角形，棕色。

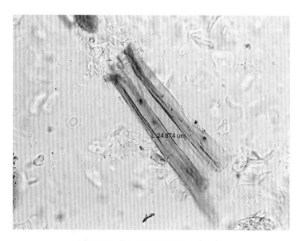

绵马贯众显微鉴别图（1）

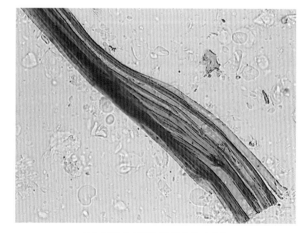

绵马贯众显微鉴别图（2）

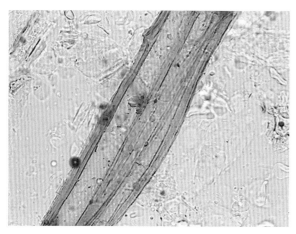

绵马贯众显微鉴别图（3）

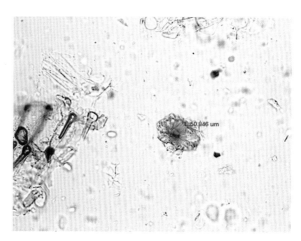

何首乌显微鉴别图

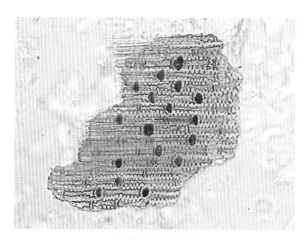

麦芽显微鉴别图

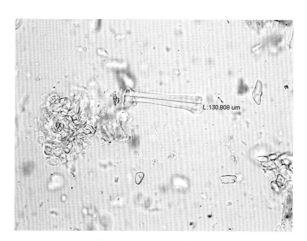

黄豆显微鉴别图（1）

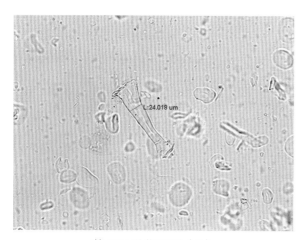

黄豆显微鉴别图（2）

黄豆显微鉴别图（3）

定喘散

【处方】 桑白皮 25 g，炒苦杏仁 20 g，莱菔子 30 g，葶苈子 30 g，紫苏子 20 g，党参 30 g，白术（炒）20 g，关木通 20 g，大黄 30 g，郁金 25 g，黄芩 25 g，栀子 25 g。

【制法】 以上 12 味，粉碎、过筛、混匀即得。

【性状】 本品为黄褐色粉末；气微香，味甘、苦。

【功能】 清肺，止咳，定喘。

【主治】 肺热咳嗽，气喘。

【显微鉴别】

桑白皮：草酸钙方晶为规则或者不规则的多面体，直径11～32 μm。

莱菔子：种皮碎片黄色或棕红色，细胞小，为多角形，壁厚。

葶苈子：种皮下皮细胞黄色，为多角形或长多角形，壁稍厚。

紫苏子：种皮细胞为类圆形、长圆形或不规则形状，壁网状增厚似花纹样。

白术：草酸钙针晶细小，长10～32 μm，不规则地充塞于薄壁细胞中。

关木通：具缘纹孔导管较大，直径约至328 μm，具缘纹孔圆形，排列紧密。

大黄：草酸钙簇晶大，直径60～140 μm。

黄芩：纤维淡黄色，为梭形，壁厚，孔沟细。

栀子：种皮石细胞黄色或淡棕色，多破碎，完整者为长多角形、长方形或不规则形状，壁厚，有大的圆形纹孔，胞腔棕红色。

【备注】 桑白皮纤维较多，无色，甚长，平直或稍弯曲，边缘微波状，直径 13 ～ 31 μm，壁极厚，非木化或微木化；含晶厚壁细胞，为类圆形或圆三角形，直径约至 48 μm，壁不均匀木化增厚，内含草酸钙方晶，直径 11 ～ 32 μm。关木通具缘纹孔，导管较大，多破碎，具缘纹孔类圆形，排列紧密。

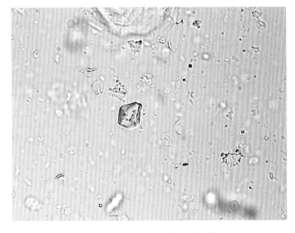

桑白皮显微鉴别图（1）

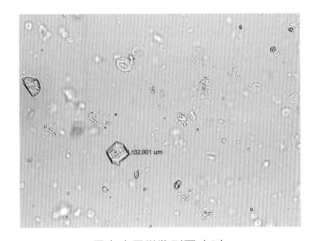

桑白皮显微鉴别图（2）

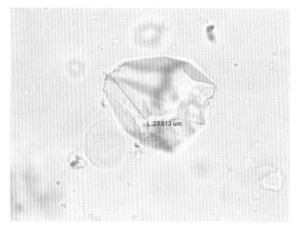

桑白皮显微鉴别图（3）

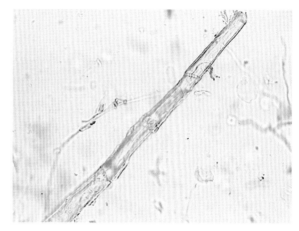

桑白皮显微鉴别图（4）

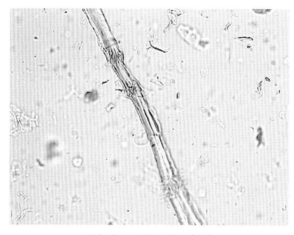

桑白皮显微鉴别图（5）

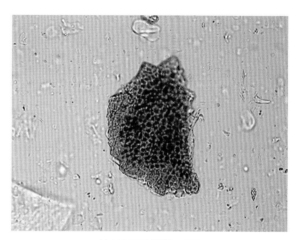

莱菔子显微鉴别图

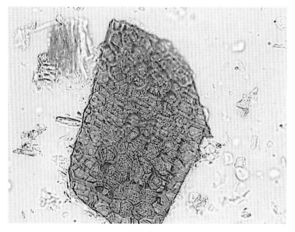

葶苈子显微鉴别图（1）

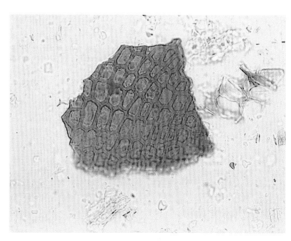

葶苈子显微鉴别图（2）

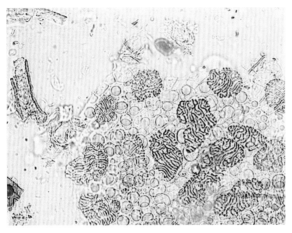

紫苏子显微鉴别图

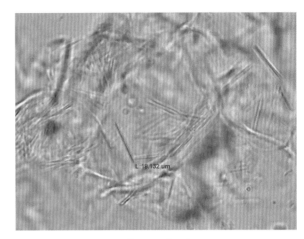

白术显微鉴别图

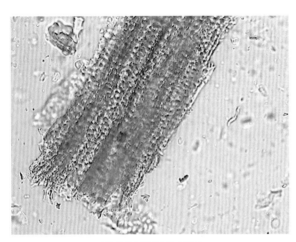

关木通显微鉴别图

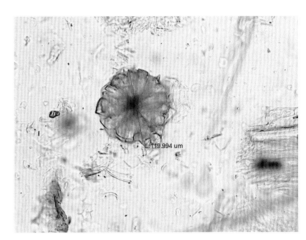

大黄显微鉴别图

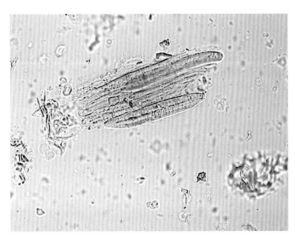

黄芩显微鉴别图

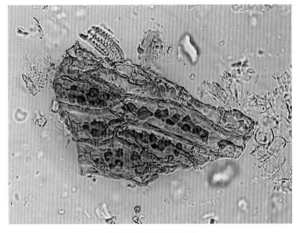

栀子显微鉴别图

降脂增蛋散

【**处方**】 刺五加 50 g，仙茅 50 g，何首乌 50 g，当归 50 g，艾叶 50 g，党参 80 g，白术 80 g，山楂 40 g，
六神曲 40 g，麦芽 40 g，松针 200 g。

【**制法**】 以上 11 味，粉碎、过筛、混匀即得。

【**性状**】 本品为黄绿色粉末；气香，味微苦。

【**功能**】 补肾益脾，暖宫活血；用于蛋鸡可降低鸡蛋胆固醇。

【**主治**】 产蛋下降。

【**显微鉴别**】

仙茅：草酸钙针晶长至180 μm。

何首乌：淀粉粒单粒为类球形，脐点呈星状或三叉状，复粒由2～9个分粒组成。

当归：薄壁细胞为纺锤形，壁略厚，有极微细的斜向交错纹理。

艾叶："T"形毛弯曲，柄2～4个细胞。

党参：联结乳管直径12～15 μm，内含细小颗粒状物。

白术：草酸钙针晶细小，长10～32 μm，不规则地充塞于薄壁细胞中。

山楂：果皮石细胞为淡紫红色、红色或黄棕色，呈类圆形或多角形，直径约至125 μm。

【**备注**】 仙茅的薄壁组织中散有多数黏液细胞，为类圆形，直径 60 ～ 200 μm，内含草酸钙针晶束，长
50 ～ 180 μm。

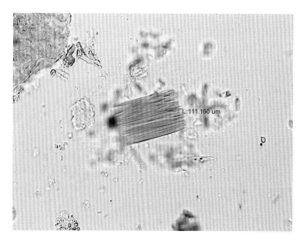

仙茅显微鉴别图（1）

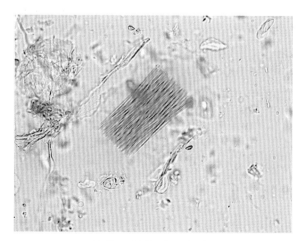

仙茅显微鉴别图（2）

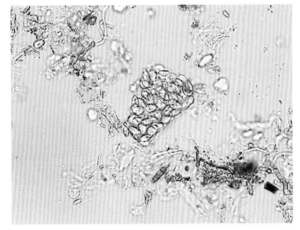

何首乌显微鉴别图（1）

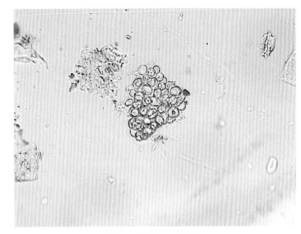

何首乌显微鉴别图（2）

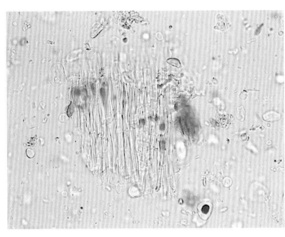

当归显微鉴别图

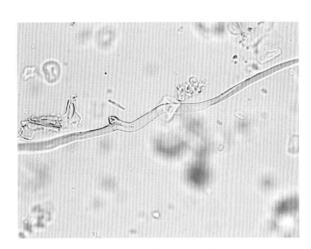

艾叶显微鉴别图（1）

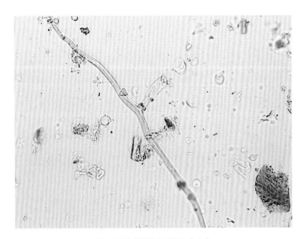

艾叶显微鉴别图（2）

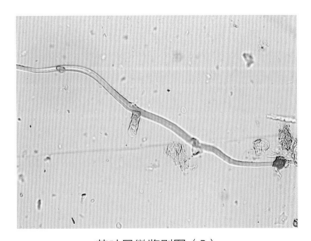

艾叶显微鉴别图（3）

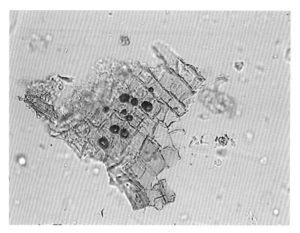

党参显微鉴别图

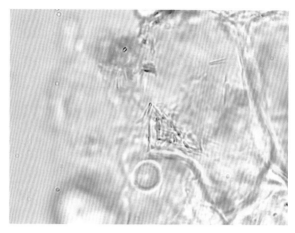

白术显微鉴别图（1）

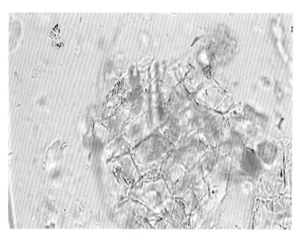

白术显微鉴别图（2）

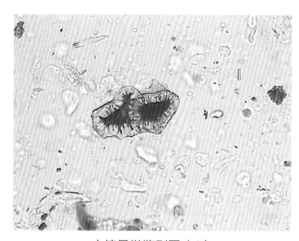

山楂显微鉴别图（1）

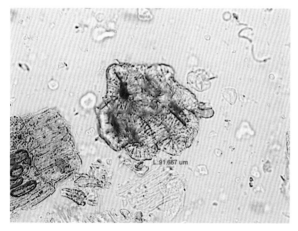

山楂显微鉴别图（2）

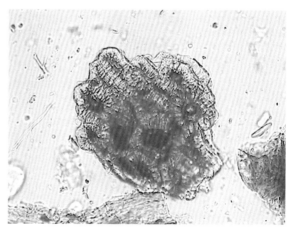

山楂显微鉴别图（3）

参苓白术散

【**处方**】 党参 60 g，茯苓 30 g，白术（炒）60 g，山药 60 g，甘草 30 g，炒白扁豆 60 g，莲子 30 g，薏苡仁（炒）30 g，砂仁 15 g，桔梗 30 g，陈皮 30 g。

【**制法**】 以上 11 味，粉碎、过筛、混匀即得。

【**性状**】 本品为浅棕黄色粉末；气微香，味甘、淡。

【**功能**】 补脾胃，益肺气。

【**主治**】 脾胃虚弱，肺气不足。

【**显微鉴别**】

党参：石细胞为类斜方形或多角形，一端稍尖，壁较厚，纹孔稀疏。

茯苓：为不规则分枝状团块，无色，遇水合氯醛溶液溶化；菌丝无色或淡棕色，直径 4 ~ 6 µm。

白术：草酸钙针晶细小，长 10 ~ 32 µm，不规则地充塞于薄壁细胞中。

山药：草酸钙针晶束存在于黏液细胞中，长 80 ~ 240 µm，直径 2 ~ 8 µm。

甘草：纤维束周围薄壁细胞含草酸钙方晶，形成晶纤维。

白扁豆：种皮栅状细胞成片，无色，长 26 ~ 213 µm，宽 5 ~ 26 µm。

莲子：色素层细胞呈黄棕色或红棕色，表面观呈类长方形、类多角形或类圆形，有的可见草酸钙簇晶。

砂仁：内种皮厚壁细胞呈黄棕色或棕红色，表面观为类多角形，壁厚，胞腔含硅质块。

陈皮：草酸钙方晶成片存在于薄壁组织中。

【**备注**】 白扁豆种皮为单列栅状细胞，壁自内向外渐增厚，近外方有光辉带。莲子粉末类白色，色素层细胞呈黄棕色或红棕色，表面观呈类长方形、类长多角形或类圆形，有的可见草酸钙簇晶。

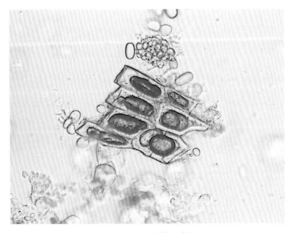

党参显微鉴别图

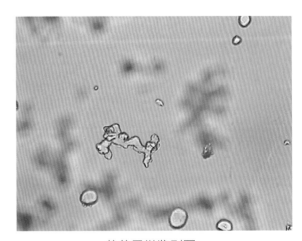

茯苓显微鉴别图

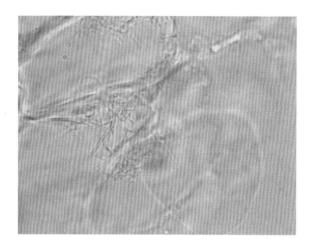

白术显微鉴别图

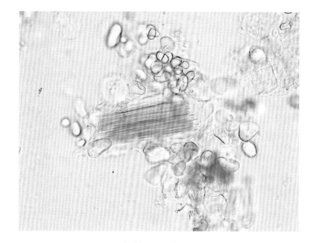

山药显微鉴别图

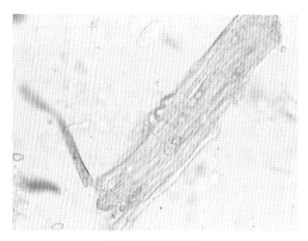

甘草显微鉴别图

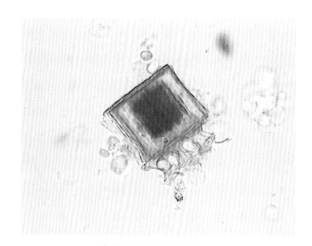

白扁豆显微鉴别图

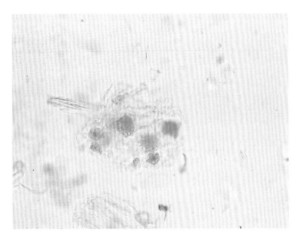

莲子显微鉴别图

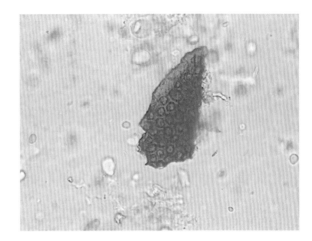

砂仁显微鉴别图

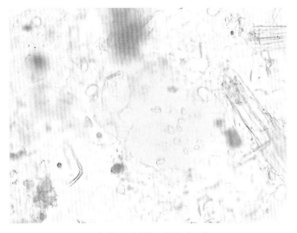

陈皮显微鉴别图（1）

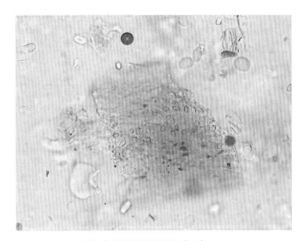

陈皮显微鉴别图（2）

荆防败毒散

【处方】 荆芥 45 g，防风 30 g，羌活 25 g，独活 25 g，柴胡 30 g，前胡 25 g，枳壳 30 g，茯苓 45 g，桔梗 30 g，川芎 25 g，甘草 15 g，薄荷 15 g。

【制法】 以上 12 味，粉碎、过筛、混匀即得。

【性状】 本品为淡灰黄色至淡灰棕色粉末；气微香，味甘、苦、微辛。

【功能】 辛温解表，疏风祛湿。

【主治】 风寒感冒，流感。

【显微鉴别】

荆芥：外果皮细胞表面观为多角形，壁黏液化，胞腔含棕色物。

防风：油管含金黄色分泌物，直径17～60 μm。

柴胡：油管含淡黄色或黄棕色条状分泌物，直径8～25 μm。

枳壳：草酸钙方晶成片存在于薄壁细胞中。

茯苓：为不规则分枝状团块，无色，遇水合氯醛溶液溶化；菌丝无色或淡棕色，直径4～6 μm。

桔梗：联结乳管直径14～25 μm，含淡黄色颗粒状物。

甘草：纤维束周围薄壁细胞含草酸钙方晶，形成晶纤维。

【备注】 防风粉末淡棕色，充满金黄色分泌物。柴胡油管含黄棕色条状分泌物。荆芥粉末呈黄棕色，外果皮细胞表面观呈多角形，壁黏液化，胞腔含棕色物；内果皮石细胞淡棕色，垂周壁呈深波状弯曲，密具纹孔。

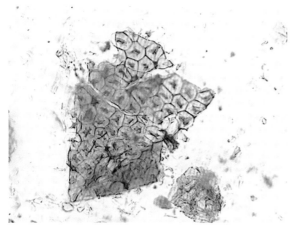

荆芥显微鉴别图

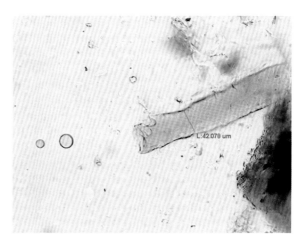

防风显微鉴别图（1）

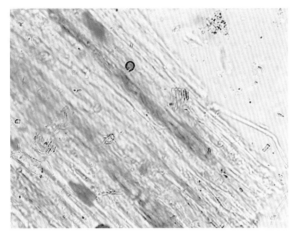

防风显微鉴别图（2）

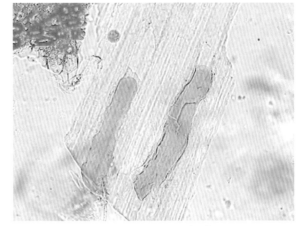

防风显微鉴别图（3）

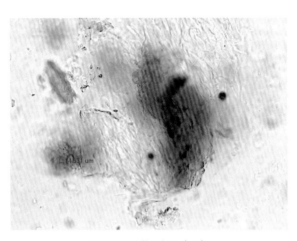

柴胡显微鉴别图（1）

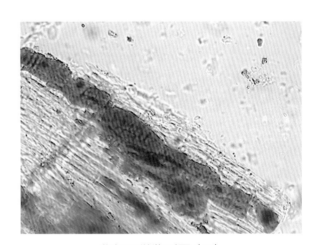

柴胡显微鉴别图（2）

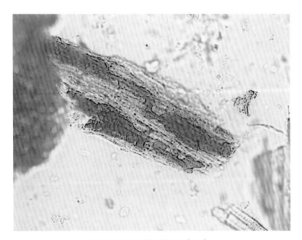

柴胡显微鉴别图（3）

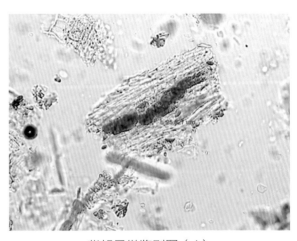

柴胡显微鉴别图（4）

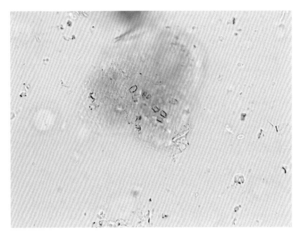

枳壳显微鉴别图

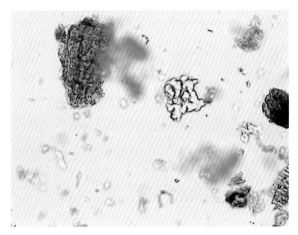

茯苓显微鉴别图

桔梗显微鉴别图

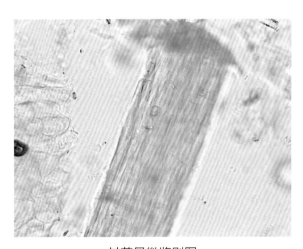

甘草显微鉴别图

荆防解毒散

【**处方**】 金银花 30 g，连翘 30 g，生地黄 15 g，牡丹皮 15 g，赤芍 15 g，荆芥 15 g，薄荷 15 g，防风 15 g，苦参 30 g，蝉蜕 30 g，甘草 15 g。

【**制法**】 以上 11 味，粉碎、过筛、混匀即得。

【**性状**】 本品为灰褐色粉末；气香，味苦、辛。

【**功能**】 疏风清热，凉血解毒。

【**主治**】 血热，风疹，遍身黄。

【**显微鉴别**】

金银花：花粉粒为类圆形，直径约至 76 μm，外壁有刺状雕纹，具 3 个萌发孔。

连翘：内果皮纤维上下层纵横交错，纤维短梭形。

生地黄：薄壁组织呈灰棕色至黑棕色，细胞多皱缩，内含棕色核状物。

牡丹皮：草酸钙簇晶存在于无色薄壁细胞中，有时数个排列成行。

防风：油管含金黄色分泌物，直径 17 ~ 60 μm。

蝉蜕：几丁质皮壳碎片为淡黄棕色，半透明，密布乳头状或短刺状突起。

甘草：纤维束无色，周围薄壁细胞含草酸钙方晶，形成晶纤维。

【**备注**】 蝉蜕含大量几丁质，以色红黄者为佳，刚毛种类较多。牡丹皮粉末呈淡红棕色，淀粉粒甚多，草酸钙簇晶直径 9 ~ 45 μm，有时含晶细胞连接，簇晶排列成行，或一个细胞含数个簇晶。

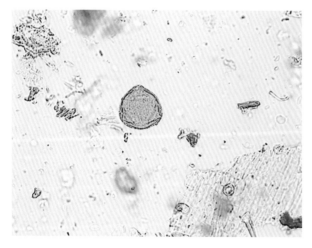

金银花显微鉴别图

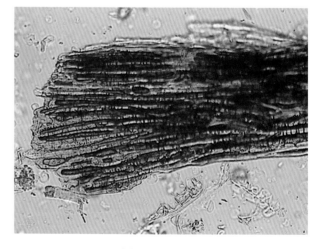

连翘显微鉴别图

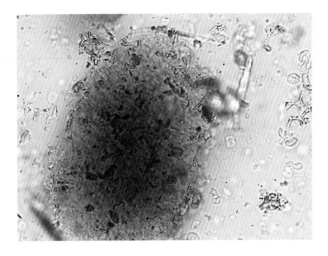

生地黄显微鉴别图（1）

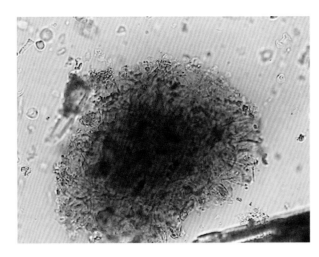

生地黄显微鉴别图（2）

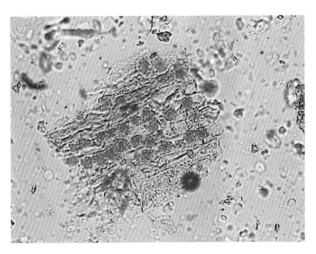

牡丹皮显微鉴别图

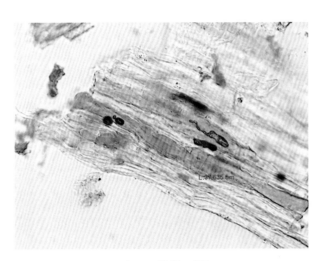

防风显微鉴别图

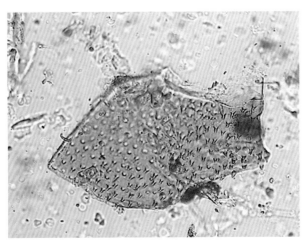

蝉蜕显微鉴别图（1）

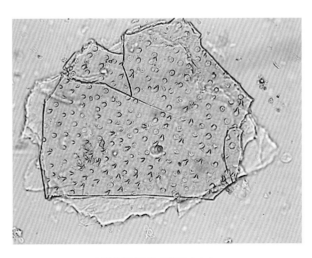

蝉蜕显微鉴别图（2）

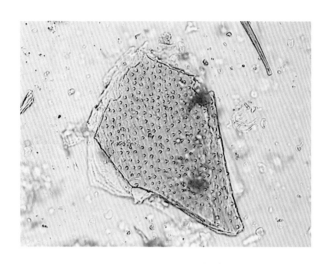

蝉蜕显微鉴别图（3）

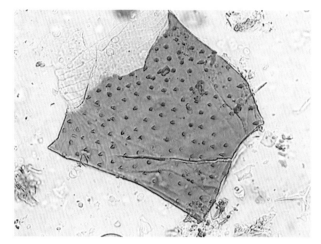

蝉蜕显微鉴别图（4）

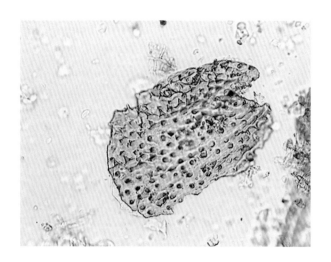

蝉蜕显微鉴别图（5）

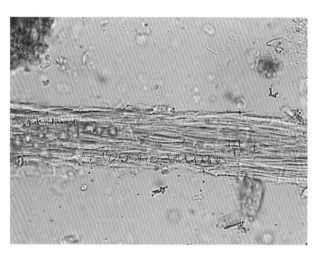

甘草显微鉴别图

茵陈木通散

【处方】 茵陈 15 g，连翘 15 g，桔梗 12 g，川木通 12 g，苍术 18 g，柴胡 12 g，升麻 9 g，青皮 15 g，陈皮 15 g，泽兰 12 g，荆芥 9 g，防风 9 g，槟榔 15 g，当归 18 g，牵牛子 18 g。

【制法】 以上 15 味，粉碎、过筛、混匀即得。

【性状】 本品为暗黄色粉末；气香，味甘、苦。

【功能】 解表疏肝，清热利湿。

【主治】 温热病初起。

【显微鉴别】

茵陈："T"形非腺毛，具柄部及单细胞臂部，两臂不等长，臂厚，柄细胞 1～2 个。

连翘：内果皮纤维上下层纵横交错，纤维短梭形。

苍术：草酸钙针晶细小，长 5～32 μm，不规则地充塞于薄壁细胞中。

升麻：木纤维成束，多破碎，淡黄绿色，末端狭尖或钝圆，有的有分叉，直径 14～41 μm，壁稍厚，具"十"字形纹孔对，有的胞腔中含黄棕色物。

陈皮、青皮：草酸钙方晶成片存在于薄壁组织中。

槟榔：内胚乳碎片无色，壁较厚，有较多大的类圆形纹孔。

当归：薄壁细胞纺锤形，壁略厚，有极微细的斜向交错纹理。

【备注】 当归纺锤形韧皮薄壁细胞直径 18～34 μm，壁稍厚，非木化，表面有微细斜向交错的网状纹理，有时可见薄的横隔，油室及油管呈碎片时可观察到，含挥发油滴。升麻粉末黄棕色，木纤维梭形，有的一端粗大，一端细小，稍弯曲，末端渐尖、斜尖，有的圆钝具微凹或一侧尖突似短分叉状，长 110～250 μm，壁厚约 4 μm。

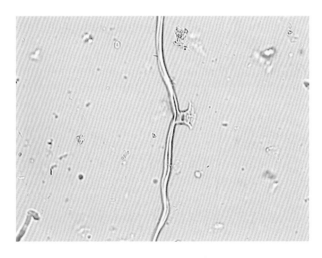

茵陈显微鉴别图

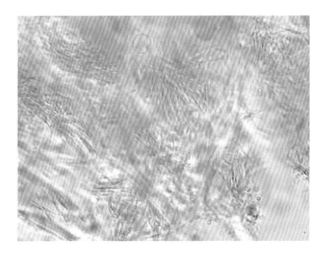

苍术显微鉴别图

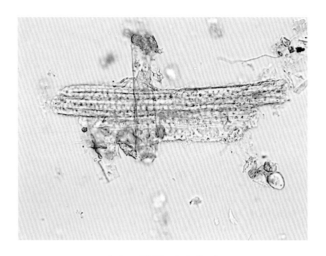

升麻显微鉴别图（1）

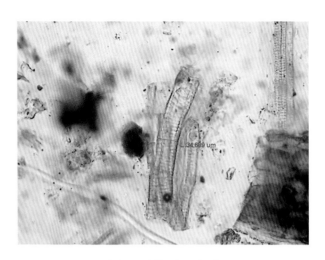

升麻显微鉴别图（2）

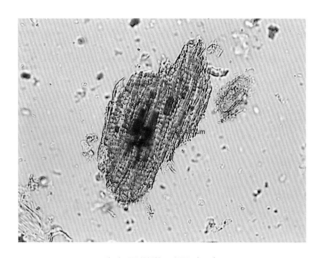

升麻显微鉴别图（3）

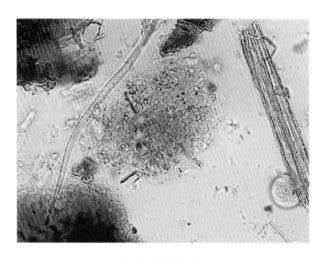

陈皮显微鉴别图

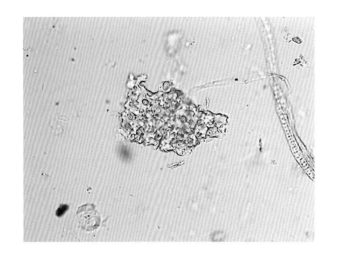

槟榔显微鉴别图

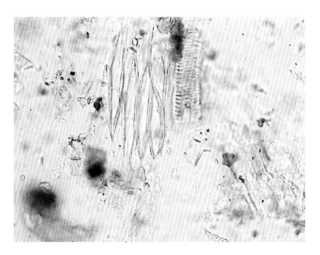

当归显微鉴别图（1）

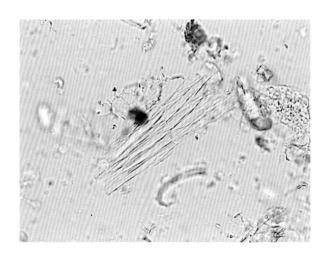

当归显微鉴别图（2）

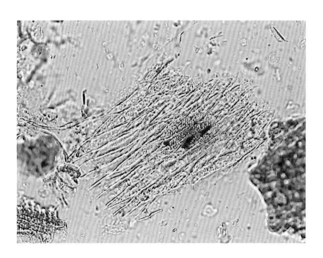

当归显微鉴别图（3）

茵陈蒿散

【**处方**】　茵陈 120 g，栀子 60 g，大黄 45 g。

【**制法**】　以上 3 味，粉碎、过筛、混匀即得。

【**性状**】　本品为浅棕黄色粉末；气微香，味微苦。

【**功能**】　清热，利湿，退黄。

【**主治**】　湿热黄疸。

【**显微鉴别**】

茵陈："T" 形非腺毛，具柄部及单细胞臂部，两臂不等长，臂厚，柄细胞 1 ~ 2 个。

栀子：种皮石细胞黄色或淡棕色，多破碎，完整者长多角形、长方形或形状不规则，壁厚，有大的圆形纹孔，胞腔棕红色。

大黄：草酸钙簇晶大，直径 60 ~ 140 μm。

【**备注**】　大黄草酸钙簇晶多，大型，掌叶大黄草酸钙簇晶棱角大多短钝，唐古特大黄草酸钙簇晶棱角大多长宽而尖，药用大黄草酸钙簇晶棱角大多短而尖。

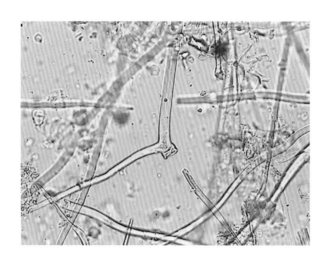

茵陈显微鉴别图

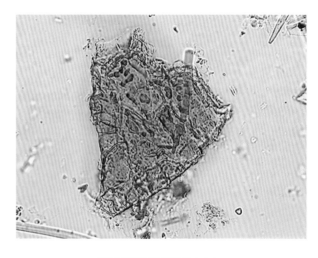

栀子显微鉴别图（1）

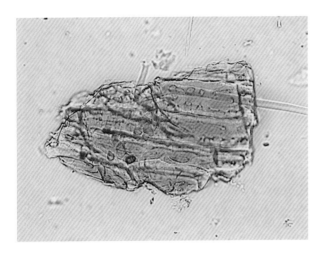

栀子显微鉴别图（2）

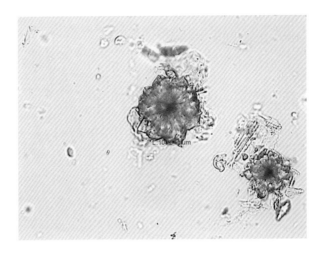

大黄显微鉴别图（1）

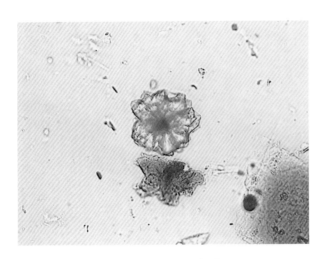

大黄显微鉴别图（2）

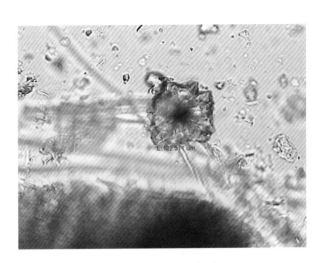

大黄显微鉴别图（3）

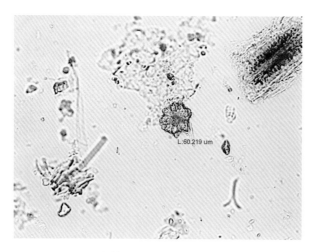

大黄显微鉴别图（4）

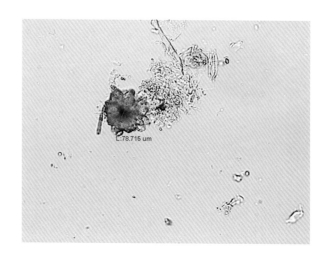

大黄显微鉴别图（5）

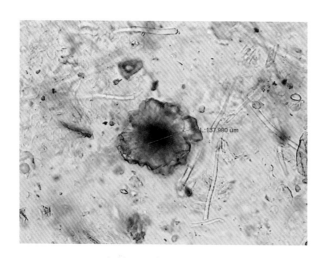

大黄显微鉴别图（6）

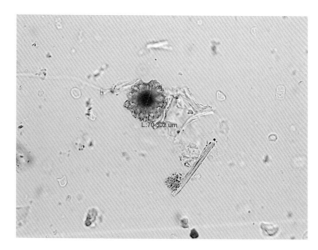

大黄显微鉴别图（7）

茴香散

【处方】 小茴香 30 g，肉桂 20 g，槟榔 10 g，白术 25 g，木通 10 g，巴戟天 20 g，当归 20 g，牵牛子 10 g，藁本 20 g，白附子 15 g，川楝子 20 g，肉豆蔻 15 g，荜澄茄 20 g。

【制法】 以上 13 味，粉碎、过筛、混匀即得。

【性状】 本品为棕黄色粉末；气香，味微咸。

【功能】 暖腰肾，祛风湿。

【主治】 寒伤腰胯。

【显微鉴别】

小茴香：内果皮镶嵌细胞狭长，壁薄，常与较大的多角形中果皮细胞重叠。

肉桂：石细胞类圆形或类长方形，壁一面薄。

槟榔：内胚乳碎片无色，壁较厚，有较多大的类圆形纹孔。

白术：草酸钙针晶细小，长 10 ~ 32 μm，不规则地充塞于薄壁细胞中。

巴戟天：草酸钙针晶多成束，存在于薄壁细胞中，针晶长约至 184 μm。

当归：薄壁细胞纺锤形，壁略厚，有极微细的斜向交错纹理。

牵牛子：分泌腔类圆形或长圆形，直径 30 ~ 150 μm，周围子叶细胞扁圆形，腔内含油滴。

肉豆蔻：脂肪油滴众多，放置后析出针簇状结晶。

【备注】 小茴香内果皮为镶嵌状细胞，5 ~ 8 个狭长细胞为一组。巴戟天粉末淡紫色或紫褐色，薄壁细胞含草酸钙针晶束。

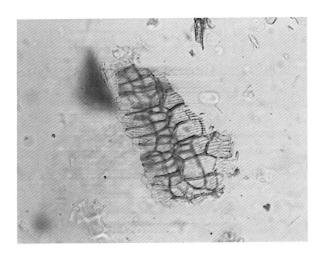

小茴香显微鉴别图（1）

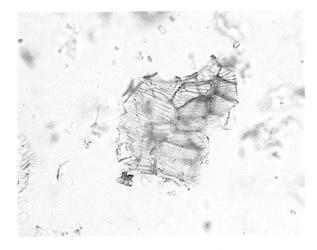

小茴香显微鉴别图（2）

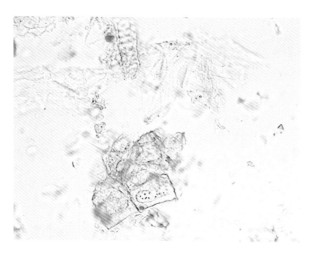

肉桂显微鉴别图

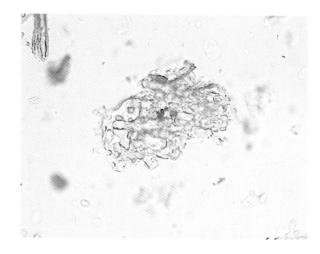

槟榔显微鉴别图

白术显微鉴别图

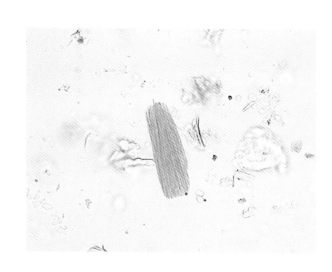

巴戟天显微鉴别图（1）

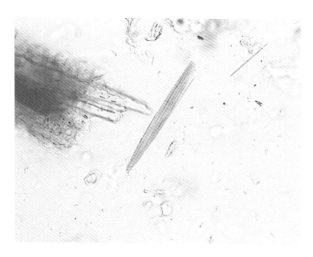

巴戟天显微鉴别图（2）

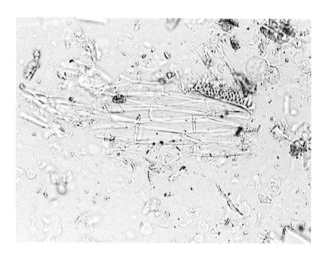

当归显微鉴别图

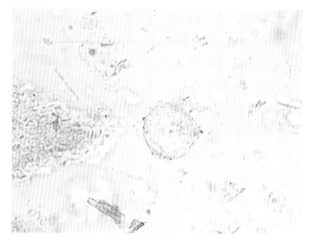

牵牛子显微鉴别图

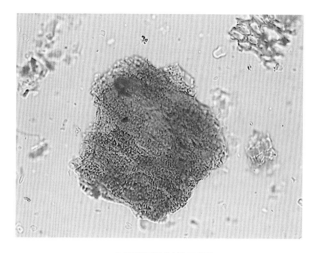

肉豆蔻显微鉴别图

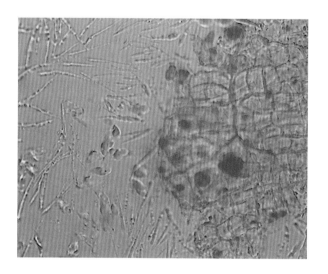

肉豆蔻放置后析出针簇状结晶（1）

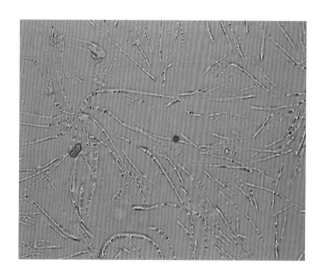

肉豆蔻放置后析出针簇状结晶（2）

厚朴散

【**处方**】 厚朴 30 g，陈皮 30 g，麦芽 30 g，五味子 30 g，肉桂 30 g，砂仁 30 g，牵牛子 15 g，青皮 30 g。

【**制法**】 以上 8 味，粉碎、过筛、混匀即得。

【**性状**】 本品为深灰黄色粉末；气香，味辛、微苦。

【**功能**】 行气消食，温中散寒。

【**主治**】 脾虚气滞，胃寒少食。

【**显微鉴别**】

厚朴：石细胞分枝状，壁厚，层纹明显。

陈皮：草酸钙方晶成片存在于薄壁组织中。

麦芽：果皮细胞纵列，常有 1 个长细胞与 2 个短细胞相间排列，长细胞壁厚，波状弯曲，木化。

五味子：种皮表皮石细胞淡黄棕色，表面观类多角形，壁较厚，孔沟细密，胞腔含暗棕色物。

肉桂：石细胞类圆形或类长方形，壁一面薄。

砂仁：内种皮石细胞黄棕色或棕红色，表面观类多角形，壁厚，胞腔含硅质块。

牵牛子：种皮栅状细胞淡棕色或棕色，长 48 ~ 80 μm。

【**备注**】 五味子粉末暗紫色；种皮表皮石细胞表面观呈多角形或长多角形，直径 18 ~ 50 μm，壁厚，孔沟极细密，胞腔内含深棕色物；种皮内层石细胞长 70 ~ 130 μm，呈多角形、类圆形或不规则形，直径约至 83 μm，壁稍厚，纹孔较大。

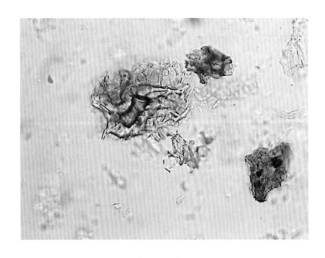

厚朴显微鉴别图

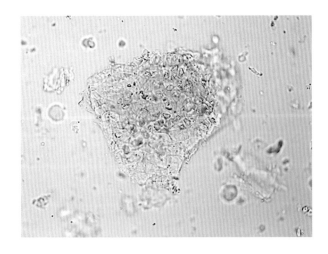

陈皮显微鉴别图

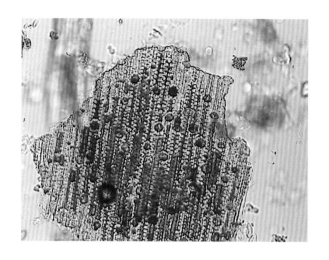

麦芽显微鉴别图

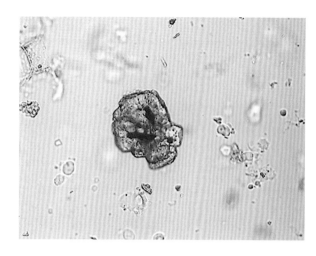

五味子显微鉴别图（1）

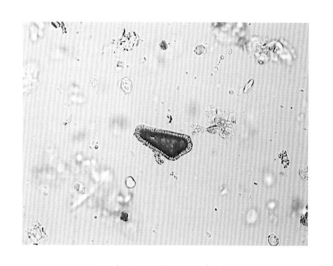

五味子显微鉴别图（2）

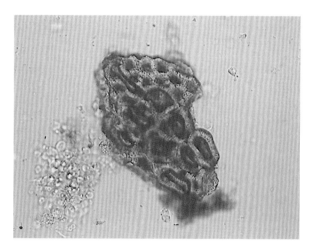

五味子显微鉴别图（3）

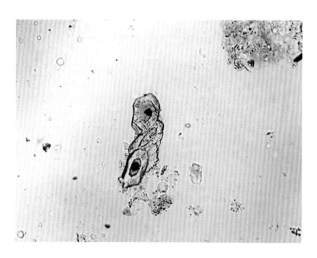

五味子显微鉴别图（4）

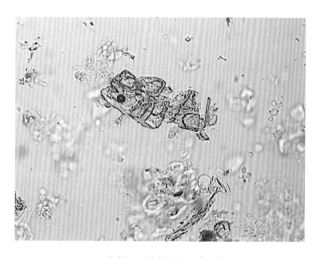

肉桂显微鉴别图（1）

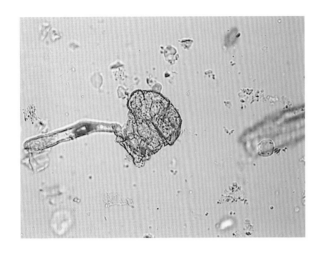

肉桂显微鉴别图（2）

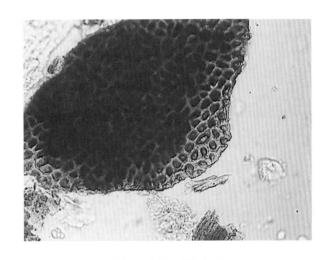

砂仁显微鉴别图（1）

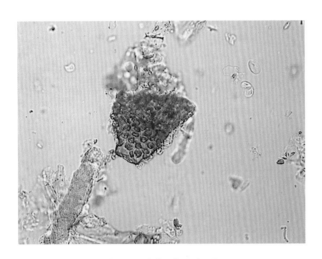

砂仁显微鉴别图（2）

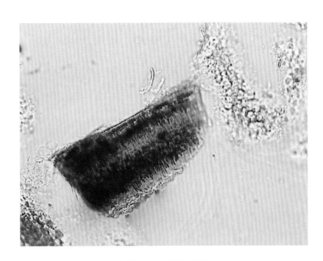

牵牛子显微鉴别图

胃肠活

【处方】 黄芩 20 g，陈皮 20 g，青皮 15 g，大黄 25 g，白术 15 g，木通 15 g，槟榔 10 g，知母 20 g，玄明粉 30 g，六神曲 20 g，石菖蒲 15 g，乌药 15 g，牵牛子 20 g。

【制法】 以上 13 味，粉碎、过筛、混匀即得。

【性状】 本品为灰褐色粉末；气清香，味咸、涩、微苦。

【功能】 理气，消食，清热，通便。

【主治】 消化不良，食欲减少，便秘。

【显微鉴别】

黄芩：纤维淡黄色，梭形，壁厚，孔沟细。

陈皮、青皮：草酸钙方晶成片存在于薄壁组织中。

大黄：草酸钙簇晶大，直径 60～140 μm。

白术：草酸钙针晶细小，长 10～32 μm，不规则地充塞于薄壁细胞中。

木通：纤维管胞大多成束，有明显的具缘纹孔，纹孔口斜裂缝状或"十"字状。

槟榔：内胚乳碎片无色，壁厚，有较多大的类圆形纹孔。

知母：草酸钙针晶成束或散在，长 26～110 μm。

牵牛子：种皮栅状细胞淡棕色或棕色，长 48～80 μm。

【备注】 牵牛子栅状细胞层由 2～3 列细胞组成，靠外缘有一条光辉带。黄芩粉末黄色，韧皮纤维甚多，呈棱形，长短不一，长 50～250 μm，直径 10～40 μm，壁甚厚，木化，孔沟明显；木纤维较细长，两端尖，壁不甚厚，微木化。

黄芩显微鉴别图（1）

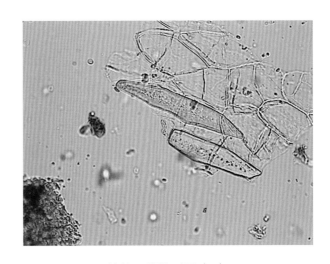

黄芩显微鉴别图（2）

黄芩显微鉴别图（3）

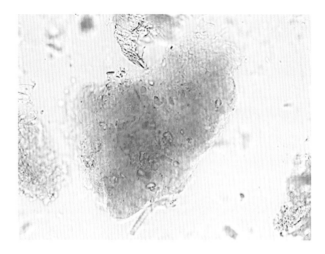

陈皮显微鉴别图

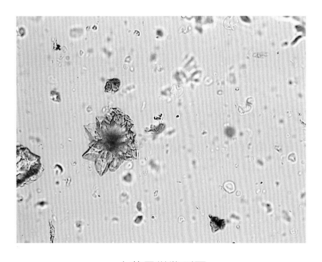

大黄显微鉴别图

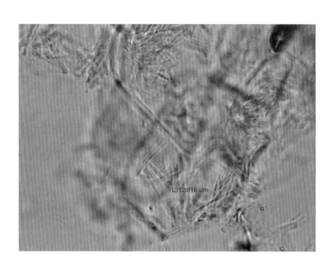

白术显微鉴别图

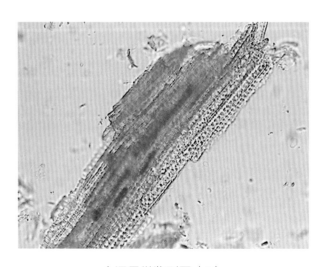

木通显微鉴别图（1）

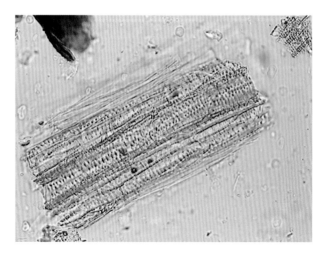

木通显微鉴别图（2）

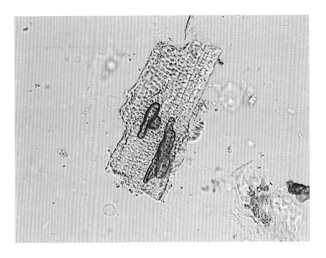

木通显微鉴别图（3）

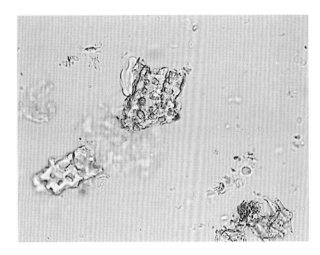

槟榔显微鉴别图

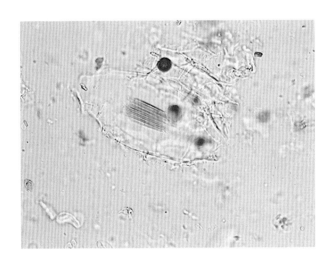

知母显微鉴别图

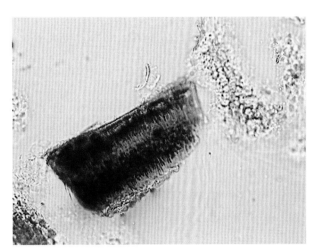

牵牛子显微鉴别图

钩吻末

【处方】 钩吻。本品为钩吻经加工制成的散剂。

【制法】 取钩吻，粉碎、过筛即得。

【性状】 本品为棕褐色粉末；气微，味辛、苦。

【功能】 健胃，杀虫。

【主治】 消化不良，虫积。

【显微鉴别】

钩吻：纤维状石细胞淡黄色，呈长梭形，一端或两端钝尖或具短分叉，长 400~900 μm，直径 20~140 μm，孔沟明显。

【备注】 钩吻粉末棕褐色，木纤维成束或单个散在，直径 15~40 μm，具多个"人"字形壁孔；石细胞淡黄色，单个散在，短径的石细胞长方形、椭圆形或不规则分枝状；纤维状石细胞长梭形；韧皮纤维单个或成束散在，多断碎，直径约 15 μm，壁厚，胞腔狭小。

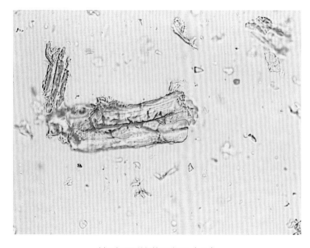

钩吻显微鉴别图（1）

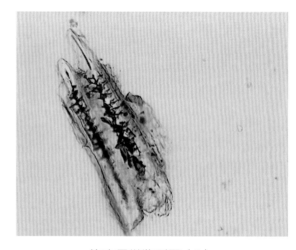

钩吻显微鉴别图（2）

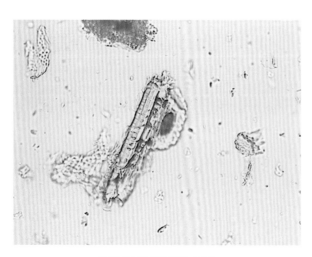

钩吻显微鉴别图（3）

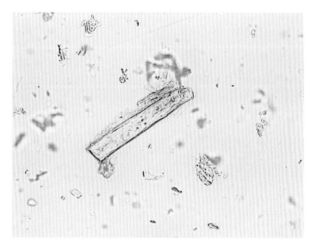

钩吻显微鉴别图（4）

香薷散

【处方】 香薷 30 g，黄芩 45 g，黄连 30 g，甘草 15 g，柴胡 25 g，当归 30 g，连翘 30 g，栀子 30 g，天花粉 30 g。

【制法】 以上 9 味，粉碎、过筛、混匀即得。

【性状】 本品为黄色粉末；气香，味苦。

【功能】 清热解暑。

【主治】 伤暑，中暑。

【显微鉴别】

香薷：叶肉组织碎片中散有草酸钙方晶。

黄芩：纤维淡黄色，梭形，壁厚，孔沟细。

黄连：纤维束鲜黄色，壁稍厚，纹孔明显。

甘草：纤维束周围薄壁细胞含草酸钙方晶，形成晶纤维。

柴胡：油管含淡黄色或黄棕色条状分泌物，直径 8 ~ 25 μm。

当归：薄壁细胞纺锤形，壁略厚，有极微细的斜向交错纹理。

连翘：内果皮纤维上下层纵横交错，纤维短梭形。

栀子：种皮石细胞黄色或淡棕色，多破碎，完整者长多角形、长方形或不规则形状，壁厚，有大的圆形纹孔，胞腔棕红色。

天花粉：具缘纹孔导管大，多破碎，有的具缘纹孔呈六角形或斜方形，排列紧密。

【备注】 香薷粉末淡棕绿色，叶肉细胞含细小草酸钙方晶，直径 1.5 ~ 6 μm。天花粉具缘纹孔导管多破碎，完整者直径约至 400 μm，具缘纹孔直径 6 ~ 9 μm，排列紧密；石细胞类方形、类长方形、类三角形或类圆形，少数有短钝的突起或分枝，纹孔、孔沟细密，层纹多不明显。黄连木纤维鲜黄色，壁稍厚，有稀疏点状纹孔。栀子种皮石细胞黄色或淡棕色，长多角形、长方形或不规则形状，直径 60 ~ 112 μm，长 230 μm，壁厚，纹孔甚大，胞腔棕红色。

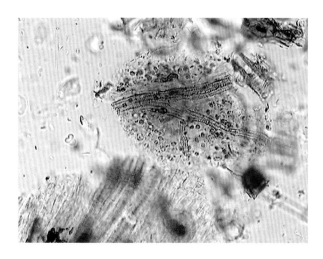

香薷显微鉴别图

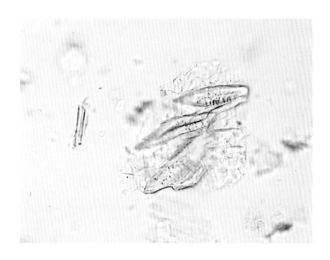

黄芩显微鉴别图

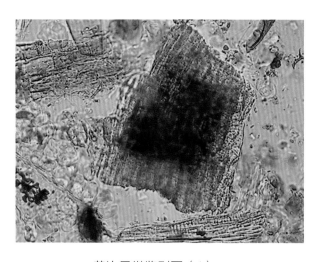

黄连显微鉴别图（1）

黄连显微鉴别图（2）

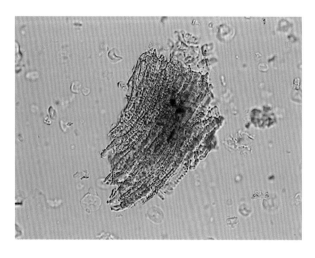

黄连显微鉴别图（3）

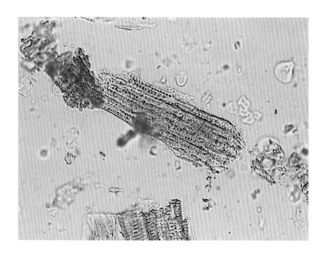

黄连显微鉴别图（4）

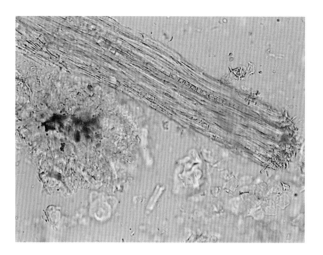

甘草显微鉴别图

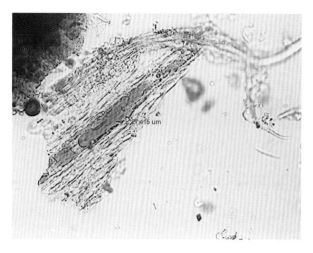

柴胡显微鉴别图（1）

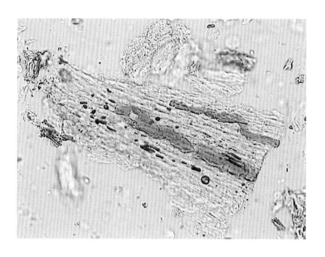

柴胡显微鉴别图（2）

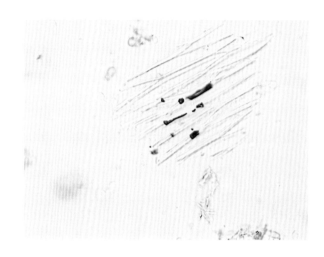

当归显微鉴别图

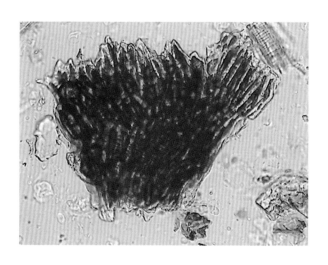

连翘显微鉴别图

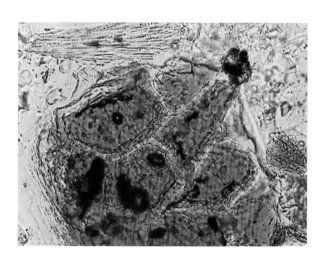

栀子显微鉴别图（1）

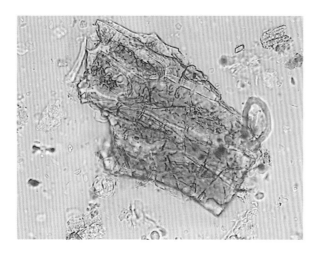

栀子显微鉴别图（2）

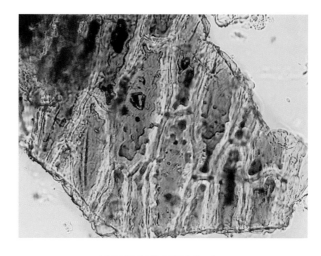

栀子显微鉴别图（3）

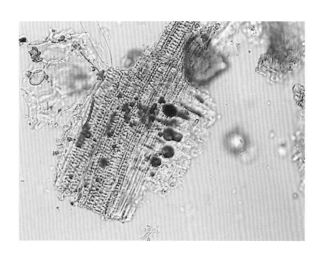

天花粉显微鉴别图（1）

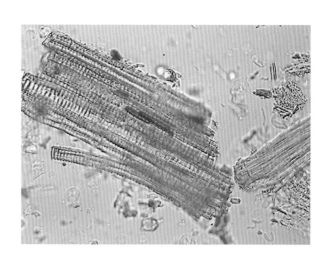

天花粉显微鉴别图（2）

保胎无忧散

【处方】 当归 50 g，川芎 20 g，熟地黄 50 g，白芍 30 g，黄芪 30 g，党参 40 g，白术（炒焦）60 g，枳壳 30 g，陈皮 30 g，黄芩 30 g，紫苏梗 30 g，艾叶 20 g，甘草 20 g。

【制法】 以上 13 味，粉碎、过筛、混匀即得。

【性状】 本品为淡黄色粉末；气香，味甘、微苦。

【功能】 养血，补气，安胎。

【主治】 胎动不安。

【显微鉴别】

当归：薄壁细胞纺锤形，壁略厚，有极微细的斜向交错纹理。

熟地黄：薄壁组织灰棕色至黑棕色，细胞多皱缩，内含棕色核状物。

白芍：草酸钙簇晶直径 18～32 μm，存在于薄壁细胞中，常排列成行或一个细胞中含有数个簇晶。

黄芪：纤维成束或散离，壁厚，表面有纵裂纹，两端断裂成帚状或较平截。

党参：联结乳管直径 12～15 μm，含细小颗粒状物。

白术：草酸钙针晶细小，长 10～32 μm，不规则地充塞于薄壁细胞中。

陈皮：草酸钙方晶成片存在于薄壁组织中。

黄芩：纤维淡黄色，梭形，壁厚，孔沟细。

艾叶："T" 形毛弯曲，柄 2～4 个细胞。

甘草：纤维束周围薄壁细胞含草酸钙方晶，形成晶纤维。

【备注】 当归粉末淡黄棕色，韧皮薄壁细胞纺锤形，壁略厚，表面有极微细的斜向交错纹理，有时可见薄的横隔。党参石细胞近无色，斜方形或多角形，壁稍厚，孔沟稀疏。熟地黄薄壁组织灰棕色至黑棕色，细胞多皱缩，界线不明显，内含黑棕色核状物。白术图谱为 400 倍显微镜下的草酸钙针晶。

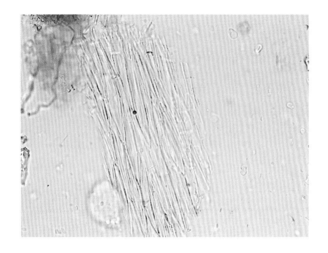

当归显微鉴别图（1）

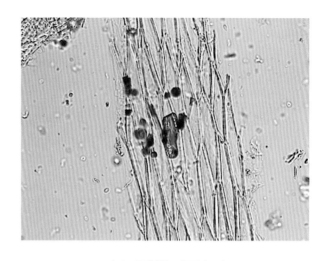

当归显微鉴别图（2）

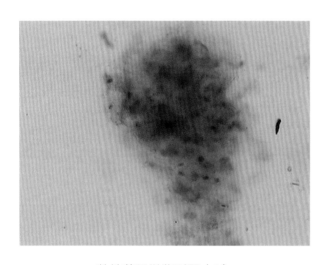

熟地黄显微鉴别图（1）

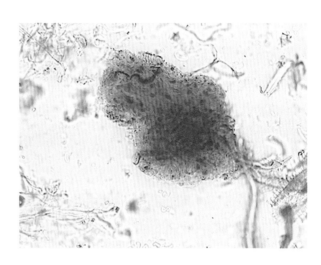

熟地黄显微鉴别图（2）

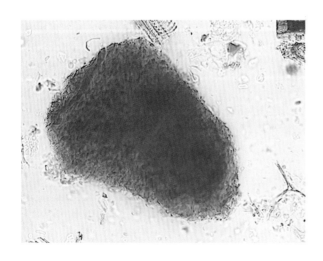

熟地黄显微鉴别图（3）

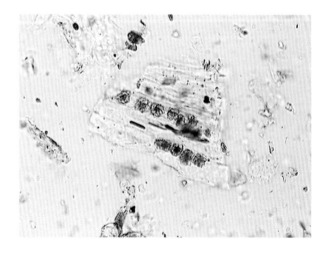

白芍显微鉴别图

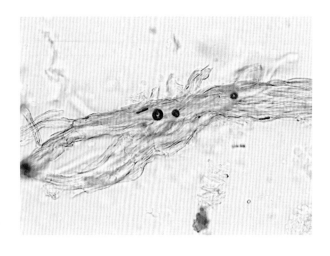

黄芪显微鉴别图

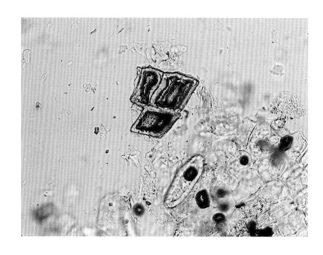

党参显微鉴别图（1）

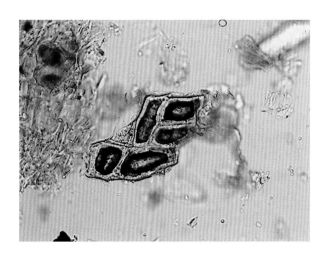

党参显微鉴别图（2）

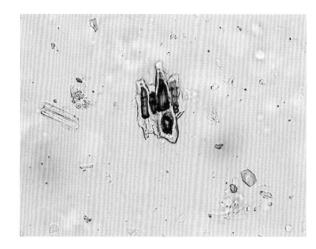

党参显微鉴别图（3）

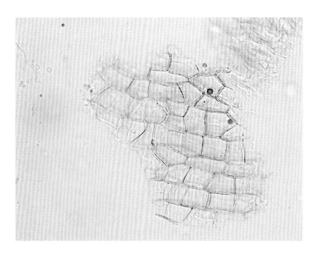

党参显微鉴别图（4）

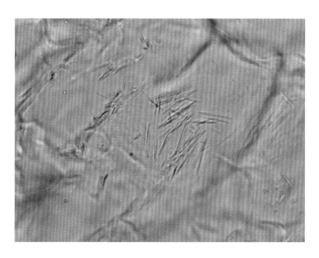

白术显微鉴别图（10×40）

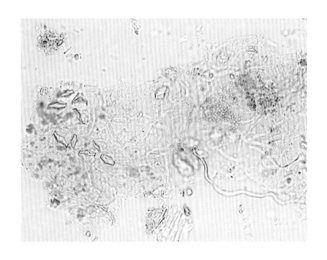

陈皮显微鉴别图

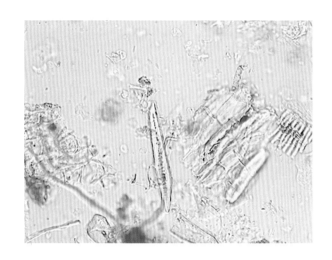

黄芩显微鉴别图

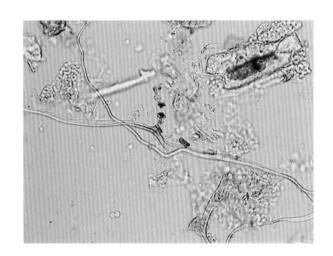

艾叶显微鉴别图

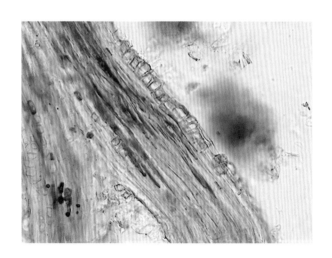

甘草显微鉴别图

独活寄生散

【处方】 独活 25 g，桑寄生 45 g，秦艽 25 g，防风 25 g，细辛 10 g，当归 25 g，白芍 15 g，川芎 15 g，熟地黄 45 g，杜仲 30 g，牛膝 30 g，党参 30 g，茯苓 30 g，肉桂 20 g，甘草 15 g。

【制法】 以上 15 味，粉碎、过筛、混匀即得。

【性状】 本品为黄褐色粉末；气香，味辛、甘、微苦。

【功能】 益肝肾，补气血，祛风湿。

【主治】 痹证日久，肝肾两亏，气血不足。

【显微鉴别】

桑寄生：叠生星状毛，完整者 2~5 根星状毛叠生，每叠出 3~4 个分枝，分枝多弯曲，末端渐尖，壁稍厚。

防风：油管含金黄色分泌物，直径 17~60 μm。

细辛：下皮细胞类长方形，壁细波状弯曲，夹有类方形或长圆形分泌细胞。

当归：薄壁细胞纺锤形，壁略厚，有极微细的斜向交错纹理。

白芍：草酸钙簇晶直径 18~32 μm，存在于薄壁细胞中，常排列成行或一个细胞中含数个簇晶。

熟地黄：薄壁组织灰棕色至黑棕色，细胞多皱缩，内含棕色核状物。

杜仲：橡胶丝呈条状或扭曲成团，表面带颗粒性。

牛膝：草酸钙砂晶存在于薄壁细胞中。

党参：联结乳管直径 12~15 μm，含细小颗粒状物。

茯苓：不规则分枝状团块无色，遇水合氯醛溶液溶化；菌丝无色或淡棕色，直径长 4~6 μm。

肉桂：石细胞类圆形或类长方形，壁一面薄。

甘草：纤维束周围薄壁细胞含草酸钙方晶，形成晶纤维。

【备注】 桑寄生粉末淡黄棕色，石细胞类方形、类圆形，偶有分枝，有的壁三面厚，一面薄，含草酸钙方晶；偶见叠生星状毛或其碎片。牛膝木栓层为数列细胞，木质部由导管、木纤维及木薄壁细胞组成；薄壁细胞中含草酸钙砂晶。细辛叶片表面观上、下表皮细胞不规则形，垂周壁波状弯曲；可见不定式气孔及类圆形油细胞。杜仲橡胶丝呈条状或扭曲成团，表面带颗粒性。

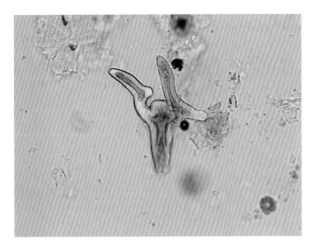

桑寄生显微鉴别图（1）

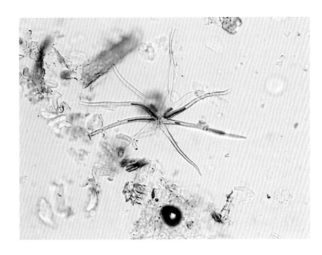

桑寄生显微鉴别图（2）

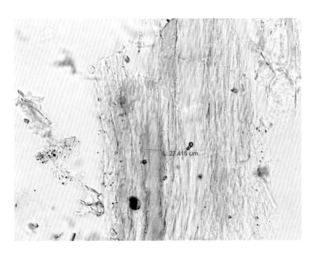

防风显微鉴别图（1）

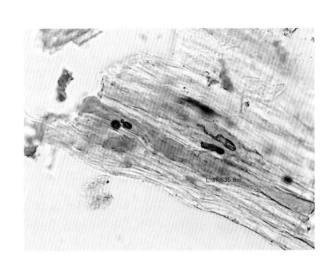

防风显微鉴别图（2）

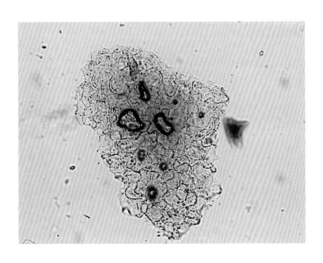

细辛显微鉴别图

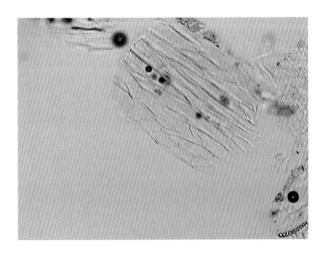

当归显微鉴别图

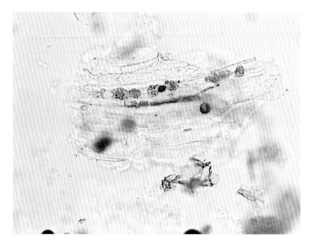

白芍显微鉴别图

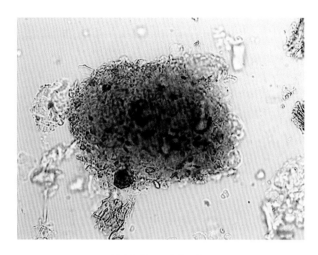

熟地黄显微鉴别图

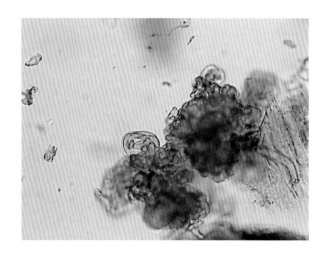

杜仲显微鉴别图（1）

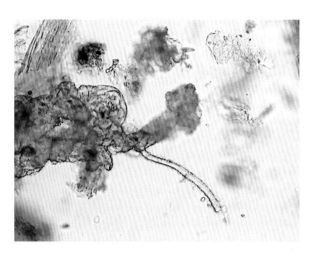

杜仲显微鉴别图（2）

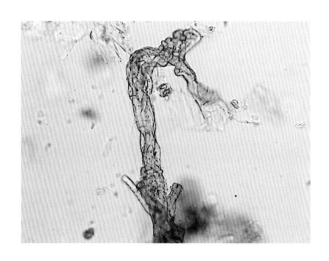

杜仲显微鉴别图（3）

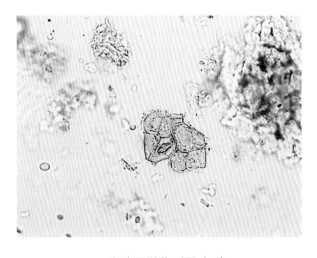

牛膝显微鉴别图（1）

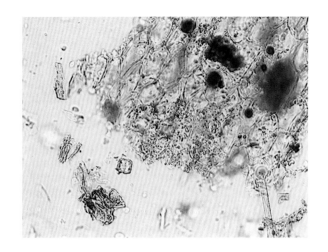

牛膝显微鉴别图（2）

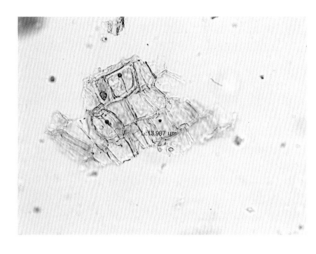

党参显微鉴别图

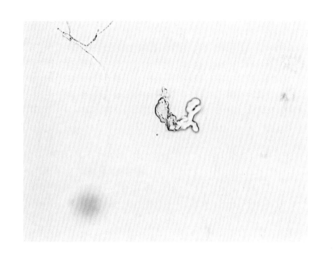

茯苓显微鉴别图

肉桂显微鉴别图（1）

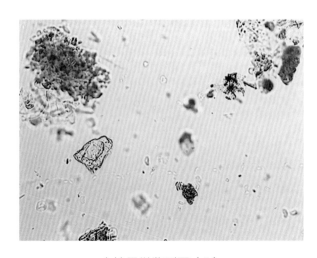

肉桂显微鉴别图（2）

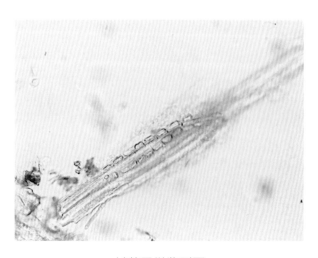

甘草显微鉴别图

洗心散

【处方】 天花粉 25 g，木通 20 g，黄芩 45 g，黄连 30 g，连翘 30 g，茯苓 20 g，黄柏 30 g，桔梗 25 g，白芷 15 g，栀子 30 g，牛蒡子 45 g。

【制法】 以上 11 味，粉碎、过筛、混匀即得。

【性状】 本品为棕黄色粉末；气微香，味苦。

【功能】 清心，泻火，解毒。

【主治】 心经积热，口舌生疮。

【显微鉴别】

天花粉：淀粉粒类球形、半圆形或盔帽形，直径 27 ~ 48 μm，脐点点状、短缝状、"人"字状或星状，层纹隐约可见。

黄芩：纤维淡黄色，梭形，壁厚，孔沟细。

黄连：纤维束鲜黄色，壁稍厚，纹孔明显。

连翘：内果皮纤维上下层纵横交错，纤维短梭形。

茯苓：不规则分枝状团块无色，遇水合氯醛溶液溶化；菌丝无色或淡棕色，直径 4 ~ 6 μm（滴加稀甘油，不加热观察）。

黄柏：纤维束鲜黄色，周围细胞含草酸钙方晶，形成晶纤维，含晶细胞的壁木化增厚。

桔梗：联结乳管直径 14 ~ 25 μm，含淡黄色颗粒状物。

白芷：油管碎片含黄棕色分泌物。

栀子：种皮石细胞黄色或淡棕色，多破碎，完整者长多角形、长方形或不规则形状，壁厚，有大的圆形纹孔，胞腔棕红色。

【备注】 天花粉粉末类白色，淀粉粒甚多，单粒类球形、半圆形或盔帽形；复粒由 2 ~ 8 个分粒组成。桔梗粉末米黄色，乳管为有节联结乳管，内含淡黄色油滴及颗粒状物。

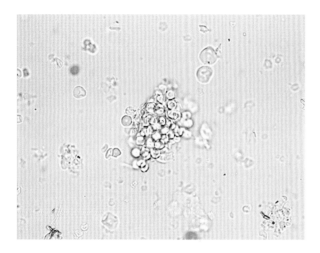

天花粉显微鉴别图（1）

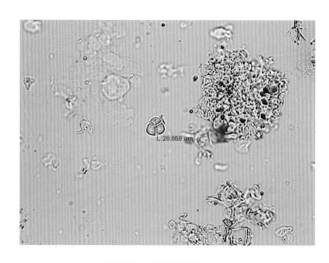

天花粉显微鉴别图（2）

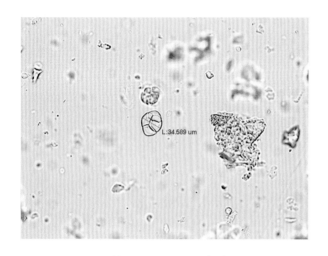

天花粉显微鉴别图（3）

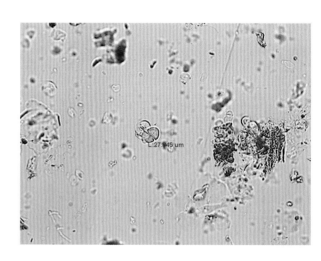

天花粉显微鉴别图（4）

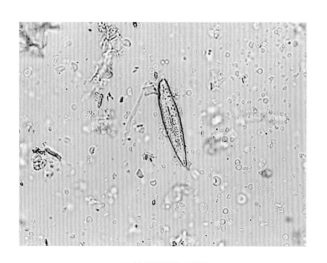

黄芩显微鉴别图

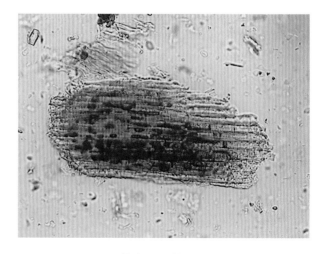

黄连显微鉴别图

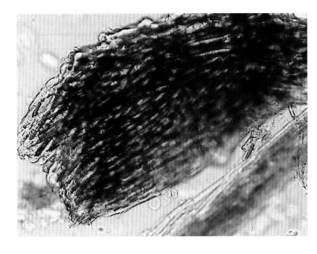

连翘显微鉴别图

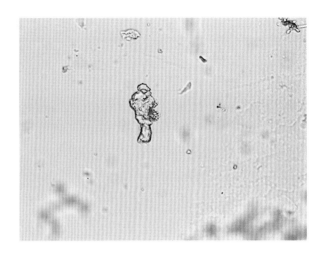

茯苓显微鉴别图

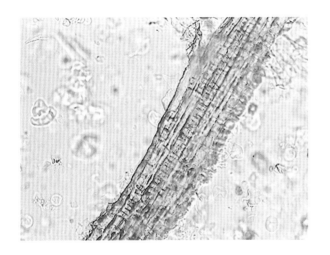

黄柏显微鉴别图

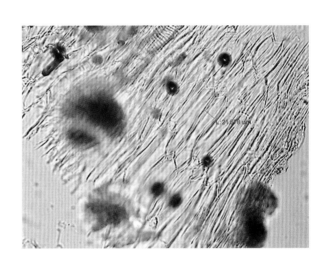

桔梗显微鉴别图

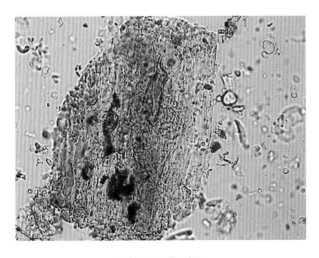

白芷显微鉴别图

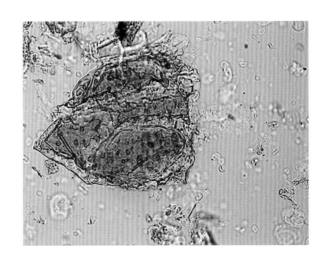

栀子显微鉴别图

穿白痢康丸

【处方】 穿心莲 200 g，白头翁 100 g，黄芩 50 g，功劳木 50 g，秦皮 50 g，广藿香 50 g，陈皮 50 g。

【制法】 以上 7 味，粉碎成细粉，过筛、混匀、用水泛丸、低温干燥、包衣、打光、干燥即得。

【性状】 本品为棕黄色粉末；气微香，味苦。

【功能】 清心，泻火，解毒。

【主治】 心经积热，口舌生疮。

【显微鉴别】

穿心莲：叶表皮组织中含钟乳体晶细胞。

白头翁：非腺毛单细胞，直径 13～33 μm，基部稍膨大，壁大多木化，有的可见螺状或双螺状纹理。

黄芩：纤维淡黄色，梭形，壁厚，孔沟细。

秦皮：草酸钙砂晶充塞于薄壁细胞及射线细胞中。

广藿香：非腺毛 1～6 个细胞，壁有疣状突起。

陈皮：草酸钙方晶成片存在于薄壁细胞中。

穿梅三黄散

【处方】 大黄 50 g，黄芩 30 g，黄柏 10 g，穿心莲 5 g，乌梅 5 g。

【制法】 以上 5 味，粉碎、过筛、混匀即得。

【性状】 本品为灰黄色粉末；气微香，味微苦。

【功能】 清热解毒。

【主治】 细菌性败血症、肠炎、烂鳃与赤皮病。

【显微鉴别】

大黄：草酸钙簇晶大，直径 60～140 μm。

黄芩：纤维淡黄色，梭形，壁厚，孔沟细。

黄柏：纤维束鲜黄色，周围细胞含草酸钙方晶，形成晶纤维，含晶细胞的壁木化增厚。

穿心莲：叶表皮组织中含钟乳体晶细胞。

乌梅：果皮表皮细胞淡黄棕色，细胞表面观类多角形，壁稍厚，表皮布有单细胞非腺毛或毛茸脱落后的痕迹。

【备注】 乌梅粉末棕黑色，非腺毛大多为单细胞，少数为 2～5 个细胞，平直或弯曲呈镰刀状，浅黄棕色，壁厚，非木化或微木化，表面有时可见螺纹交错的纹理，基部稍圆或平直，胞腔常含棕色物；表皮细胞表面观类多角形，胞腔含黑棕色物，有时可见毛茸脱落后的疤痕；石细胞少见，长方形、类圆形或类多角形，直径 20～36 μm，胞腔含红棕色物。

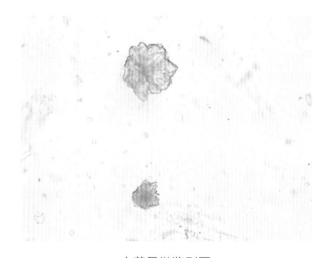

大黄显微鉴别图

黄芩显微鉴别图

黄柏显微鉴别图

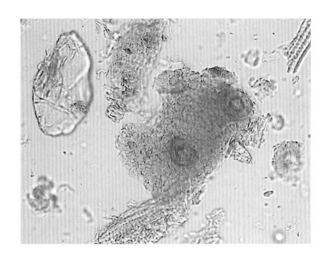

穿心莲显微鉴别图

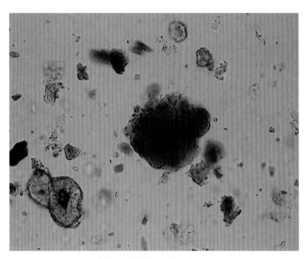

乌梅显微鉴别图（1）

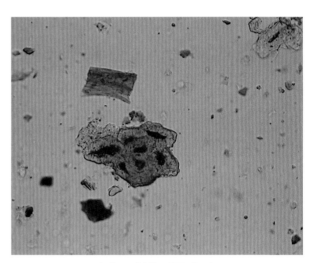

乌梅显微鉴别图（2）

泰山盘石散

【处方】　党参 30 g，黄芪 30 g，当归 30 g，续断 30 g，黄芩 30 g，川芎 15 g，白芍 30 g，熟地黄 45 g，白术 30 g，砂仁 15 g，炙甘草 12 g。

【制法】　以上 11 味，粉碎、过筛、混匀即得。

【性状】　本品为淡棕色粉末；气微香，味甘。

【功能】　补气血，安胎。

【主治】　气血两虚所致胎动不安，习惯性流产。

【显微鉴别】

黄芪：纤维成束或散离，壁厚，表面有纵裂纹，两端断裂成帚状或较平截。

当归：薄壁细胞纺锤形，壁略厚，具极微细的斜向交错的纹理。

黄芩：纤维淡黄色，梭形，壁厚，孔沟细。

白芍：草酸钙簇晶直径 18～32 μm，存在于薄壁细胞中，常排列成行或一个细胞中含数个簇晶。

白术：草酸钙针晶细小，长 10～32 μm，不规则地充塞于薄壁细胞中。

砂仁：内种皮石细胞黄棕色或棕红色，表面观类多角形，壁厚，胞腔含硅质块。

甘草：纤维束周围薄壁细胞含草酸钙方晶，形成晶纤维。

【备注】　当归韧皮薄壁细胞纺锤形，有 1～2 个薄分隔，壁上有斜格状纹理。砂仁粉末灰棕色，内种皮厚壁细胞红棕色或黄棕色，表面观类多角形，壁厚，非木化，胞腔内含硅质块，断面观为单列栅状细胞，内壁及侧壁极厚，胞腔偏外侧，内含硅质块。

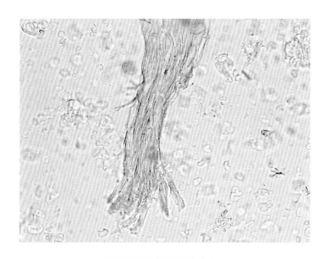

黄芪显微鉴别图（1）

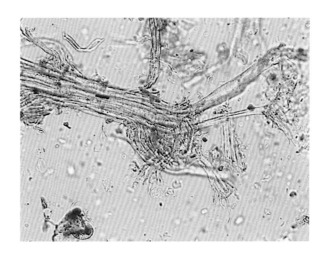

黄芪显微鉴别图（2）

当归显微鉴别图（1）

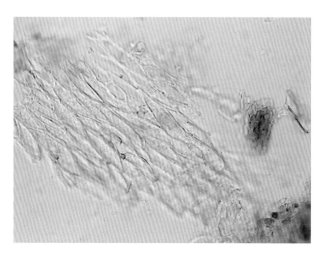

当归显微鉴别图（2）

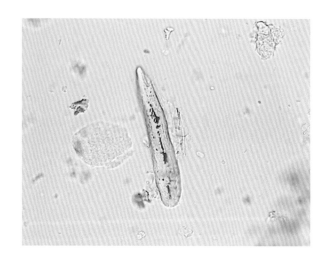

黄芩显微鉴别图

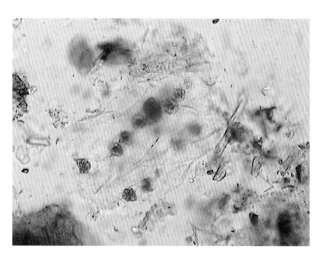

白芍显微鉴别图

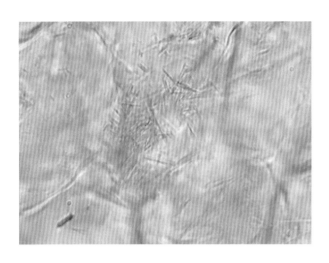

白术显微鉴别图

砂仁显微鉴别图（1）

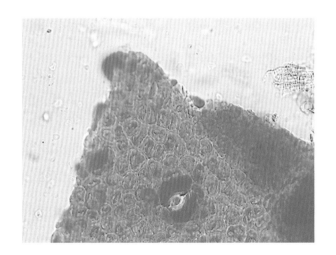

砂仁显微鉴别图（2）

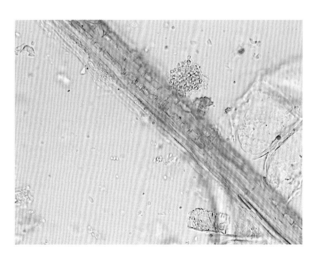

甘草（炙）显微鉴别图

秦艽散

【处方】 秦艽 30 g，黄芩 20 g，瞿麦 25 g，当归 25 g，红花 15 g，蒲黄 25 g，大黄 20 g，白芍 20 g，甘草 15 g，栀子 25 g，淡竹叶 15 g，天花粉 25 g，车前子 25 g。

【制法】 以上 13 味，除蒲黄外，其余 12 味粉碎，再加入蒲黄，过筛、混匀即得。

【性状】 本品为灰黄色粉末；气香，味苦。

【功能】 清热利尿，祛瘀止血。

【主治】 膀胱积热，努伤尿血。

【显微鉴别】

黄芩：纤维淡黄色，梭形，壁厚，孔沟细。

瞿麦：纤维束周围薄壁细胞含草酸钙簇晶，形成晶纤维，含晶细胞纵向成行。

当归：薄壁细胞纺锤形，壁略厚，有极微细的斜向交错纹理。

红花：花粉粒类圆形或椭圆形，直径 43 ~ 66 μm，外壁具短刺和点状雕纹，有 3 个萌发孔。

蒲黄：花粉粒黄棕色、类圆形，直径约至 30 μm，表面有网状雕纹。

大黄：草酸钙簇晶大，直径 60 ~ 140 μm。

白芍：草酸钙簇晶直径 18 ~ 32 μm，存在于薄壁细胞中，常排列成行或一个细胞中含有数个簇晶。

甘草：纤维束周围薄壁细胞含草酸钙方晶，形成晶纤维。

栀子：种皮石细胞黄色或淡棕色，多破碎，完整者长多角形、长方形或不规则形状，壁厚，有大的圆形纹孔，胞腔棕红色。

淡竹叶：表皮细胞狭长，垂周壁深波状弯曲，有气孔，保卫细胞哑铃状。

天花粉：淀粉粒类球形、半圆形或盔帽形，直径 27 ~ 48 μm，脐点点状、短缝状、"人"字状或星状，层纹隐约可见。

【备注】 蒲黄粉末黄色，花粉粒类圆形或椭圆形，直径 17 ~ 29 μm，表面有网状雕纹，周边轮廓线光滑，呈凸波状或齿轮状，具单孔，不甚明显。红花粉末橙黄色，花粉粒类圆形、椭圆形或橄榄形，直径约至 60 μm，具 3 个萌发孔，外壁有齿状突起。

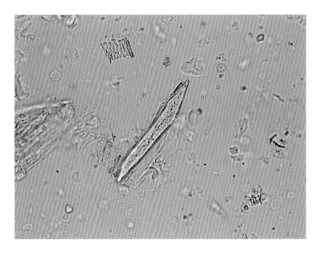

黄芩显微鉴别图

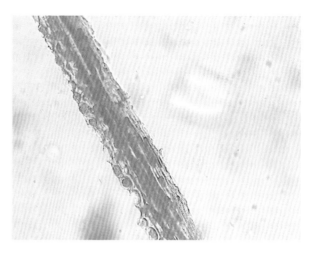

瞿麦显微鉴别图

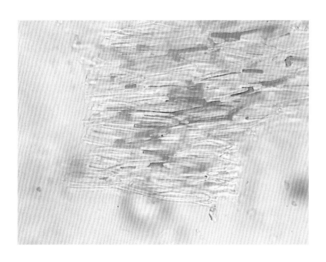

当归显微鉴别图

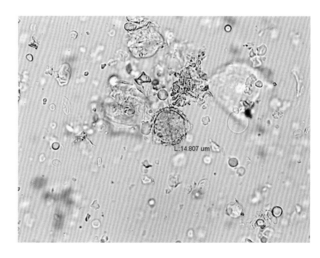

红花显微鉴别图

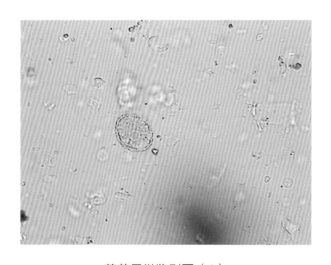

蒲黄显微鉴别图（1）

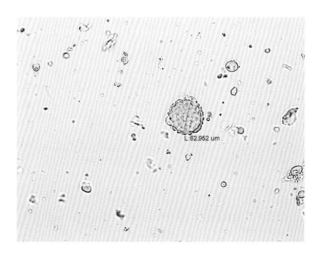

蒲黄显微鉴别图（2）

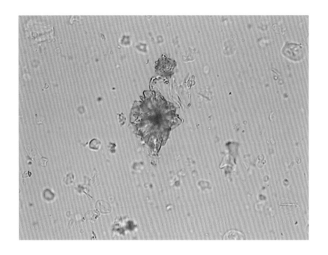

大黄显微鉴别图

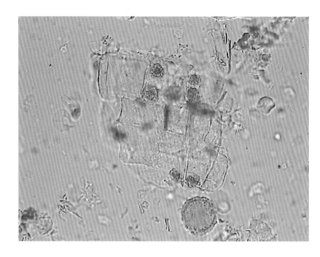

白芍显微鉴别图

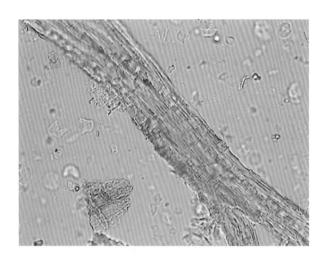

甘草显微鉴别图

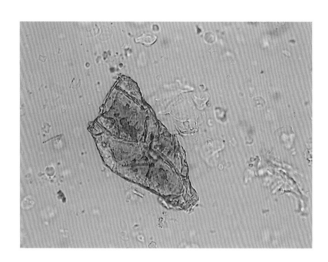

栀子显微鉴别图

淡竹叶显微鉴别图

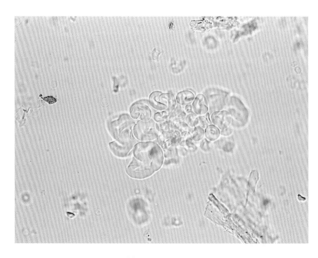

天花粉显微鉴别图

破伤风散

【处方】 甘草 500 g，蝉蜕 120 g，钩藤 90 g，川芎 30 g，荆芥 45 g，防风 60 g，大黄 60 g，关木通 45 g，黄芪 50 g。

【制法】 以上 9 味，粉碎、过筛、混匀即得。

【性状】 本品为黄褐色粉末；气香，味甜、微苦。

【功能】 祛风止痉。

【主治】 破伤风。

【显微鉴别】

甘草：纤维束周围薄壁细胞含草酸钙方晶，形成晶纤维。

蝉蜕：几丁质皮壳碎片淡黄棕色，半透明，密布乳头状或短刺状突起。

荆芥：非腺毛 1～6 个细胞，大多具壁疣。

防风：油管含金黄色分泌物，直径 17～60 μm。

大黄：草酸钙簇晶大，直径 60～140 μm。

关木通：具缘纹孔导管大，直径约至 328 μm，具缘纹孔类圆形，排列紧密。

黄芪：纤维成束或散离，壁厚，表面有纵裂纹，两端断裂成帚状或较平截。

【备注】 荆芥明显的特征是外果皮细胞表面观多角形，壁黏液化，胞腔含棕色物。

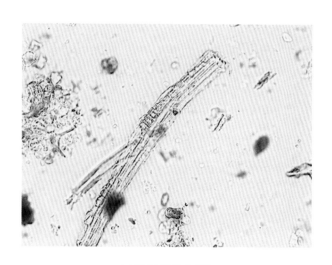

甘草显微鉴别图

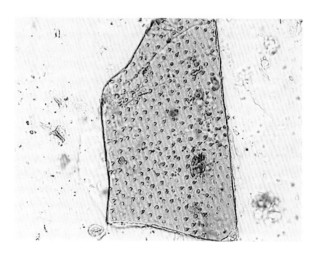

蝉蜕显微鉴别图

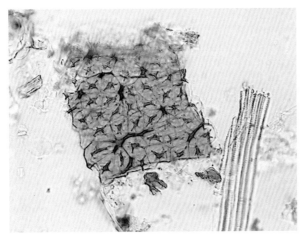

荆芥显微鉴别图（1）

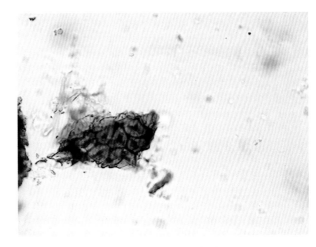

荆芥显微鉴别图（2）

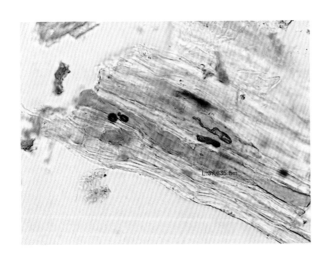

防风显微鉴别图

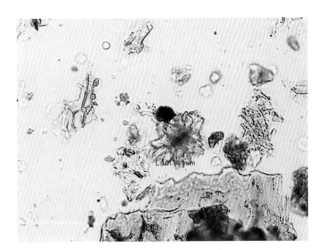

大黄显微鉴别图

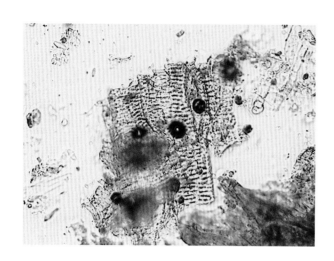

关木通显微鉴别图

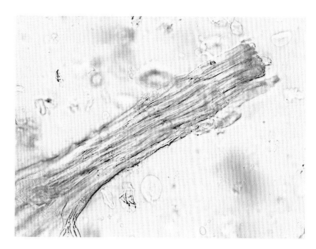

黄芪显微鉴别图（1）

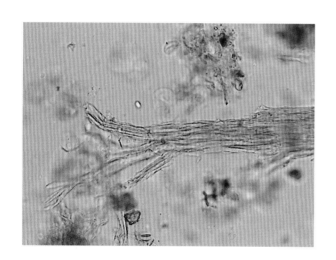

黄芪显微鉴别图（2）

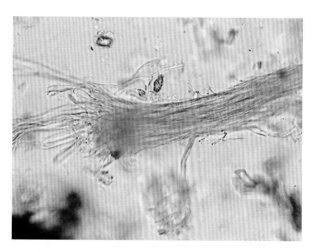

黄芪显微鉴别图（3）

柴葛解肌散

【处方】 柴胡 30 g，葛根 30 g，甘草 15 g，黄芩 25 g，羌活 30 g，白芷 15 g，白芍 30 g，桔梗 20 g，石膏 60 g。

【制法】 以上 9 味，粉碎、过筛、混匀即得。

【性状】 本品为灰黄色粉末；气微香，味辛、甘。

【功能】 解肌清热。

【主治】 感冒发热。

【显微鉴别】

柴胡：油管含淡黄色或黄棕色条状分泌物，直径 8 ~ 25 μm。

葛根：纤维成束，周围薄壁细胞中含草酸钙方晶，形成晶纤维，含晶细胞壁木化增厚。

甘草：纤维束周围薄壁细胞含草酸钙方晶，形成晶纤维。

黄芩：纤维淡黄色，梭形，壁厚，孔沟细。

白芍：草酸钙簇晶直径 18 ~ 32 μm，存在于薄壁细胞中，常排列成行或一个细胞中含有数个小簇晶。

桔梗：联结乳管直径 14 ~ 25 μm，含淡黄色颗粒状物。

石膏：不规则片状结晶，有平直纹理。

【备注】 甘草粉末淡棕黄色，纤维成束，直径 8 ~ 14 μm，壁厚，微木化，周围薄壁细胞含草酸钙方晶，形成晶纤维，晶纤维多显淡棕黄色。葛根粉末淡棕色、黄白色或淡黄色，纤维多成束，壁厚，木化，周围细胞大多含草酸钙方晶，形成晶纤维，含晶细胞壁木化增厚。

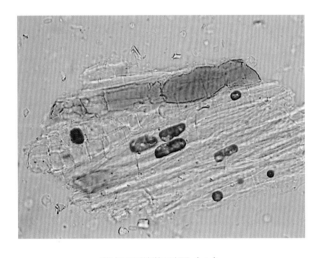

柴胡显微鉴别图（1）

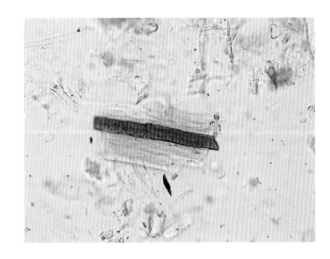

柴胡显微鉴别图（2）

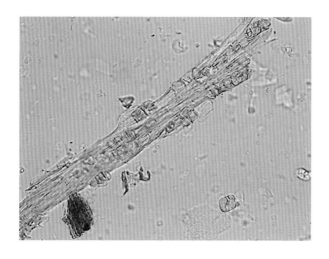

葛根显微鉴别图（1）

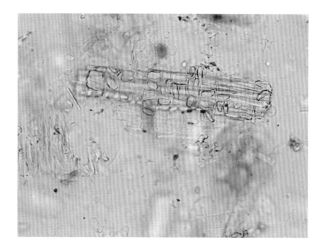

葛根显微鉴别图（2）

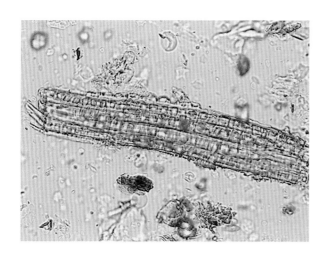

甘草显微鉴别图（1）

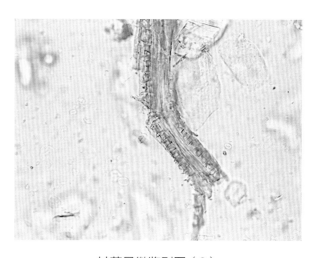

甘草显微鉴别图（2）

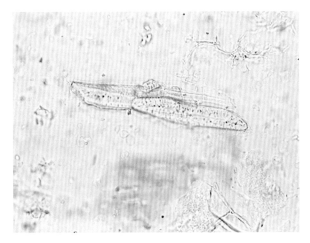

黄芩显微鉴别图

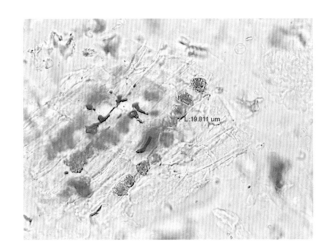

白芍显微鉴别图

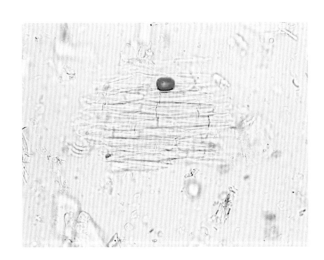

桔梗显微鉴别图

石膏显微鉴别图

蚌毒灵散

【处方】 黄芩 60 g，黄柏 20 g，大青叶 10 g，大黄 10 g。

【制法】 以上 4 味，粉碎、过筛、混匀即得。

【性状】 本品为灰黄色粉末；气微，味苦。

【功能】 清热解毒。

【主治】 蚌瘟病。

【显微鉴别】

黄芩：纤维淡黄色，梭形，壁厚，孔沟细。

黄柏：纤维束鲜黄色，周围细胞含草酸钙方晶，形成晶纤维，含晶细胞壁木化增厚。

大青叶：靛蓝结晶蓝色，存在于叶肉组织和表皮细胞中，呈细小颗粒状或片状，常聚集成堆。

大黄：草酸钙簇晶大，直径 60～140 μm。

【备注】 大青叶粉末深灰棕色，靛蓝结晶蓝色，存在于叶肉细胞中，有的表皮细胞也含，呈细小颗粒状或片状，常聚集成堆。

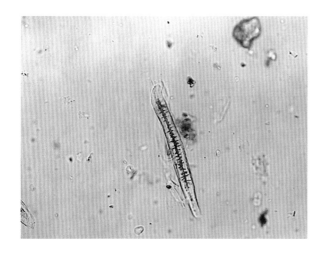

黄芩显微鉴别图

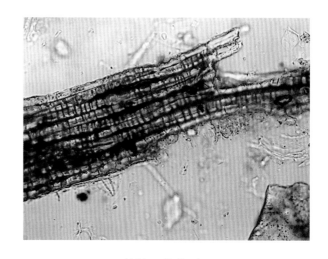

黄柏显微鉴别图

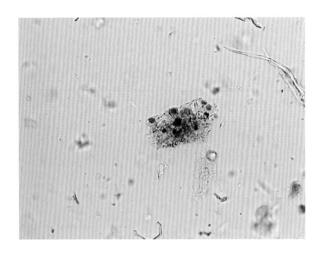

大青叶显微鉴别图（1）

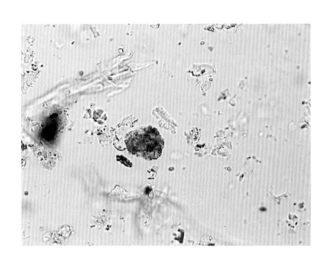

大青叶显微鉴别图（2）

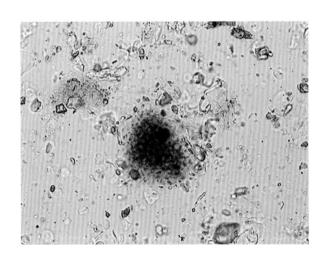

大青叶显微鉴别图（3）

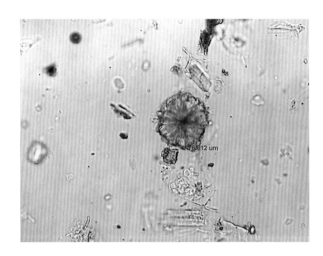

大黄显微鉴别图

健鸡散

【处方】　党参 20 g，黄芪 20 g，茯苓 20 g，六神曲 10 g，麦芽 10 g，甘草 5 g，炒山楂 10 g，炒槟榔 5 g。

【制法】　以上 8 味，粉碎、过筛、混匀即得。

【性状】　本品为浅黄灰色粉末；气香，味甘。

【功能】　益气健脾，消食开胃。

【主治】　食欲减退，生长缓慢。

【显微鉴别】

党参：石细胞类斜方形或多角形，一端稍尖，壁较厚，纹孔稀疏。

黄芪：纤维成束或散离，壁厚，表面有纵裂纹，两端断裂成帚状或较平截。

茯苓：不规则分枝状团块无色，遇水合氯醛溶液溶化；菌丝无色或淡棕色，直径 4 ~ 6 μm。

麦芽：果皮细胞纵列，常有 1 个长细胞与 2 个短细胞相间连接，长细胞壁厚，波状弯曲，木化。

甘草：纤维束周围薄壁细胞含草酸钙方晶，形成晶纤维。

山楂：果皮石细胞淡紫红色、红色或黄棕色，类圆形或多角形，直径约至 125 μm。

槟榔：内胚乳碎片无色，壁较厚，有较多大的类圆形纹孔。

【备注】　党参石细胞较多，单个散在或数个成群，有的与木栓细胞相互嵌入，石细胞多角形、类方形、长方形或不规则形，直径 24 ~ 51 μm，纹孔稀疏；木栓细胞棕黄色，表面观长方形、斜方形或类多角形，垂周壁微波状弯曲，木化，有纵条纹。

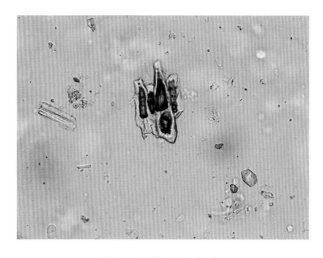

党参显微鉴别图（1）

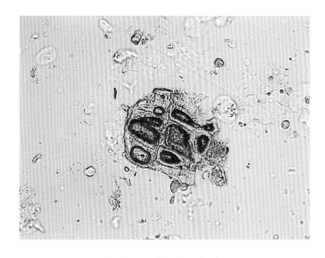

党参显微鉴别图（2）

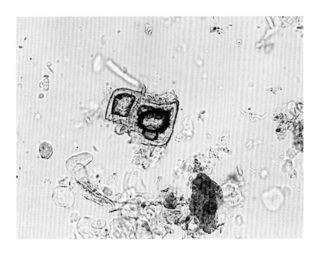

党参显微鉴别图（3）

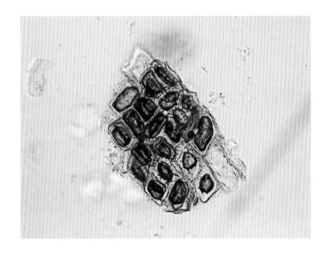

党参显微鉴别图（4）

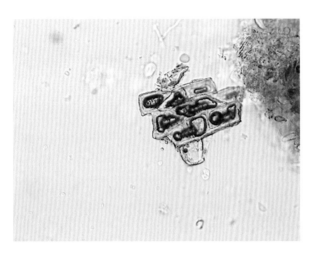

党参显微鉴别图（5）

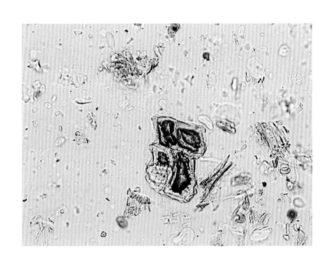

党参显微鉴别图（6）

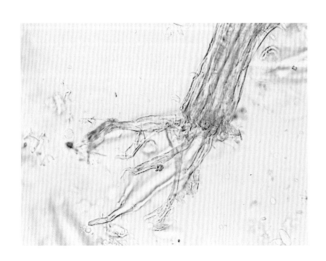

黄芪显微鉴别图

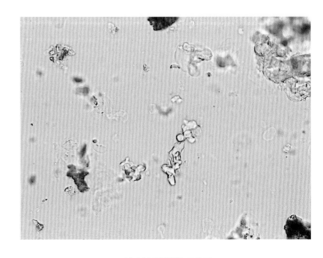

茯苓显微鉴别图

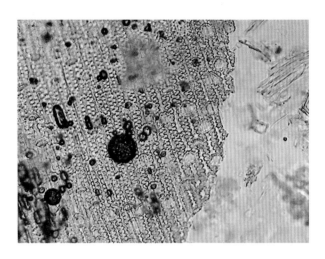

麦芽显微鉴别图

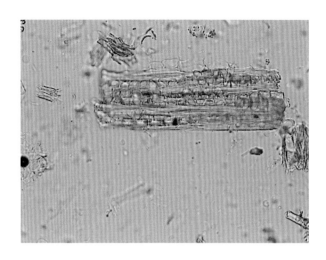

甘草显微鉴别图

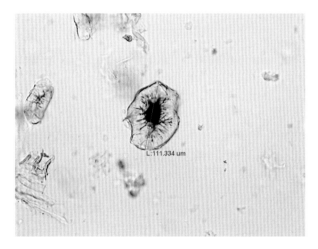

山楂显微鉴别图

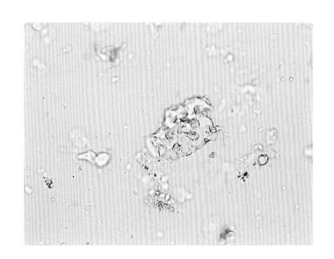

槟榔显微鉴别图

健胃散

【**处方**】 山楂 15 g，麦芽 15 g，六神曲 15 g，槟榔 3 g。

【**制法**】 以上 4 味，粉碎、过筛、混匀即得。

【**性状**】 本品为淡棕黄色至淡棕色粉末；气微香，味微苦。

【**功能**】 消食下气，开胃宽肠。

【**主治**】 伤食积滞，消化不良。

【**显微鉴别**】

山楂：果皮石细胞淡紫红色、红色或黄棕色，类圆形或多角形，直径约至 125 μm。

麦芽：果皮细胞纵列，常有 1 个长细胞与 2 个短细胞相连接，长细胞壁厚，波状弯曲，木化。

槟榔：内胚乳碎片无色，壁较厚，有较多大的类圆形纹孔。

【**备注**】 山楂石细胞较多，成群或单个散在，近无色或淡黄色、淡紫红色、红色、黄棕色，呈类圆形、长圆形、长条形、类三角形或不规则形状，层纹明显，孔沟较粗，有分叉，胞腔小，有的含橙黄色物。

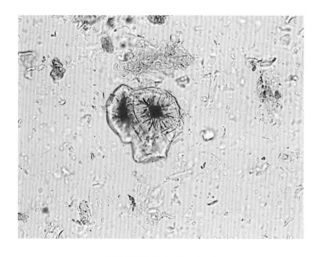

山楂显微鉴别图（1）

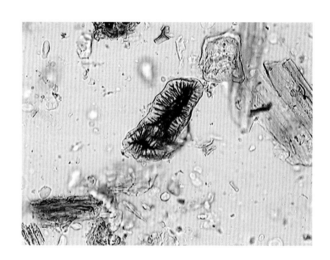

山楂显微鉴别图（2）

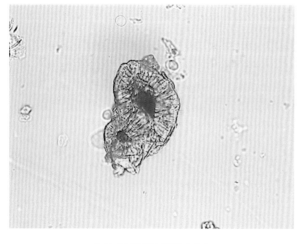

山楂显微鉴别图（3）

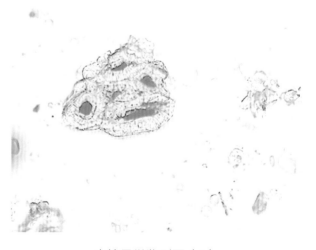

山楂显微鉴别图（4）

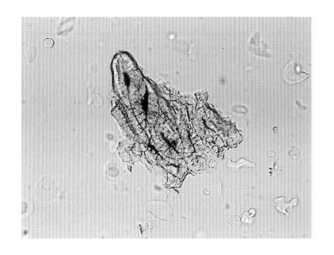

山楂显微鉴别图（5）

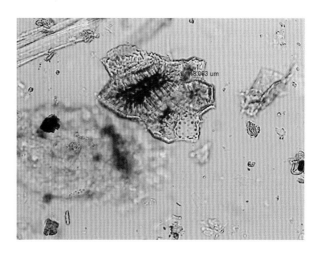

山楂显微鉴别图（6）

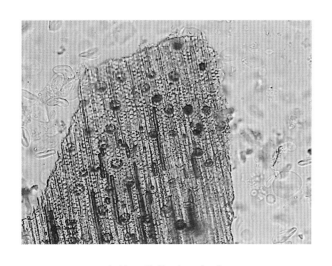

麦芽显微鉴别图（1）

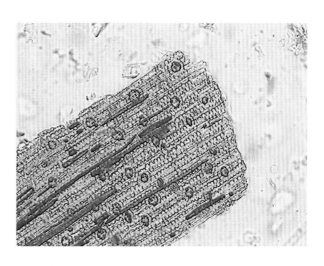

麦芽显微鉴别图（2）

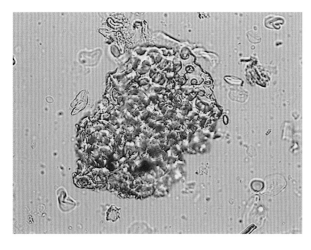

槟榔显微鉴别图（1）

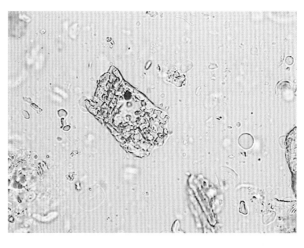

槟榔显微鉴别图（2）

健猪散

【处方】 大黄 400 g，玄明粉 400 g，苦参 100 g，陈皮 100 g。

【制法】 以上 4 味，粉碎、过筛、混匀即得。

【性状】 本品为棕黄色至黄棕色粉末；味苦、咸。

【功能】 消食导滞，通便。

【主治】 消化不良，粪干便秘。

【显微鉴别】

大黄：草酸钙簇晶大，直径 60 ~ 140 μm。

玄明粉：用乙醇装片观察，不规则结晶近无色，边缘不整齐，表面有细长裂隙且现颗粒性。

苦参：纤维束无色，周围薄壁细胞含草酸钙方晶，形成晶纤维。

陈皮：草酸钙方晶成片存在于薄壁组织中。

【备注】 苦参粉末淡黄色，纤维众多成束，非木化，平直或稍弯曲，直径 11 ~ 27 μm，纤维周围的细胞中含草酸钙方晶，形成晶纤维。

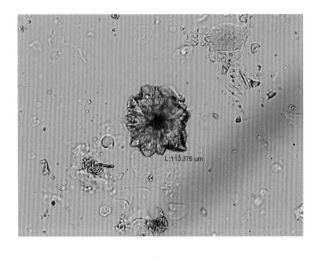
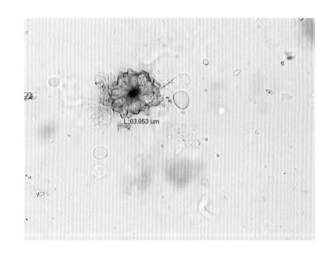

大黄显微鉴别图（1）　　　　　　　　　大黄显微鉴别图（2）

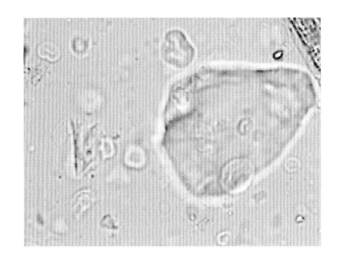

玄明粉显微鉴别图

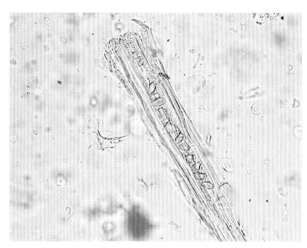

苦参显微鉴别图（1）

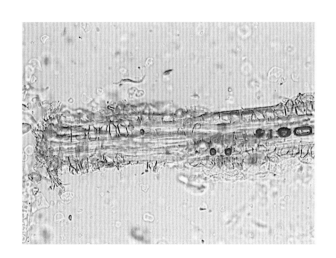

苦参显微鉴别图（2）

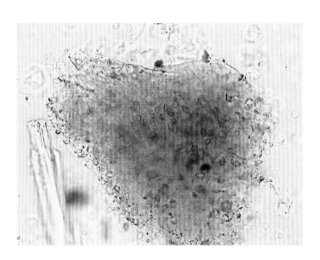

陈皮显微鉴别图

健脾散

【处方】 当归 20 g，白术 30 g，青皮 20 g，陈皮 25 g，厚朴 30 g，肉桂 30 g，干姜 30 g，茯苓 30 g，五味子 25 g，石菖蒲 25 g，砂仁 20 g，泽泻 30 g，甘草 20 g。

【制法】 以上 13 味，粉碎、过筛、混匀即得。

【性状】 本品为浅棕色粉末；气香，味辛。

【功能】 温中健脾，利水止泻。

【主治】 胃寒草少，冷肠泄泻。

【显微鉴别】

当归：薄壁细胞纺锤形，壁略厚，有极微细的斜向交错纹理。

白术：草酸钙针晶细小，长 10~32 μm，不规则地充塞于薄壁细胞中。

陈皮：草酸钙方晶成片存在于薄壁组织中。

厚朴：石细胞分枝状，壁厚，层纹明显。

肉桂：石细胞类圆形或类长方形，壁一面薄。

茯苓：不规则分枝状团块无色，遇水合氯醛溶液溶化；菌丝无色或淡棕色，直径 4~6 μm。

五味子：种皮表皮石细胞淡黄棕色，表面观类多角形，壁较厚，孔沟细密，胞腔含暗棕色物。

砂仁：内种皮石细胞黄棕色或棕红色，表面观类多角形，壁厚，胞腔含硅质块。

泽泻：薄壁细胞类圆形，有椭圆形纹孔，集成纹孔群。

甘草：纤维束周围薄壁细胞含草酸钙方晶，形成晶纤维。

【备注】 五味子粉末暗紫色，种皮表皮石细胞表面观呈多角形或长多角形，直径 18~50 μm，壁厚，孔沟极细密，胞腔内含深棕色物；种皮内层石细胞呈多角形、类圆形或不规则形，直径约至 83 μm，壁稍厚，纹孔较大。肉桂石细胞类方形或类圆形，直径 32~88 μm，壁厚，有的一面薄。

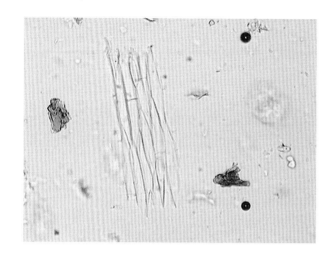

当归显微鉴别图

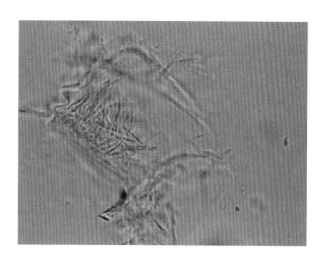

白术显微鉴别图

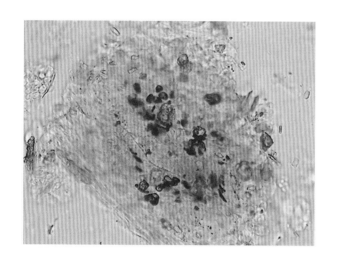

陈皮显微鉴别图

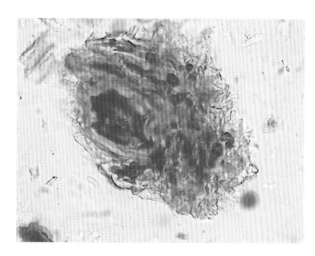

厚朴显微鉴别图

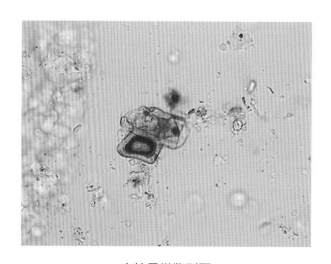

肉桂显微鉴别图

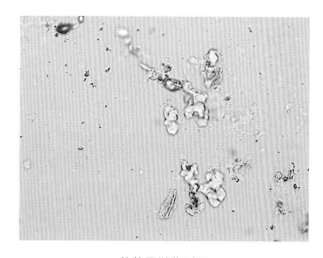

茯苓显微鉴别图

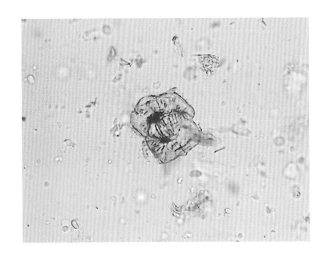

五味子显微鉴别图

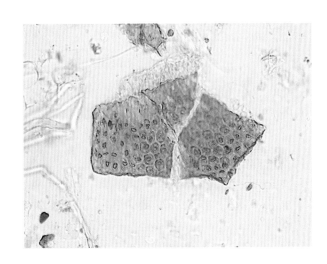

砂仁显微鉴别图

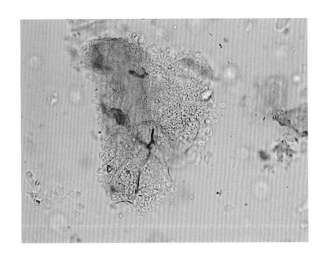

泽泻显微鉴别图

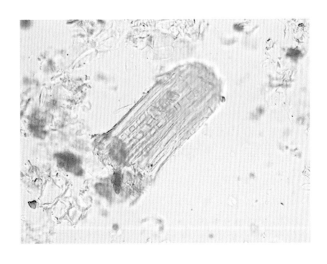

甘草显微鉴别图

益母生化散

【**处方**】 益母草 120 g，当归 75 g，川芎 30 g，桃仁 30 g，炮姜 15 g，炙甘草 15 g。

【**制法**】 以上 6 味，粉碎、过筛、混匀即得。

【**性状**】 本品为黄绿色粉末；气清香，味甘、微苦。

【**功能**】 活血祛瘀，温经止痛。

【**主治**】 产后恶露不行，血瘀腹痛。

【**显微鉴别**】

益母草：非腺毛 1～3 个细胞，稍弯曲，臂有疣状突起。

当归：薄壁细胞纺锤形，壁略厚，有极微细的斜向交错纹理。

川芎：螺纹导管直径 8～23 μm，加厚壁互相联结，似网状螺纹导管。

炮姜：淀粉粒长卵形、广卵形或形状不规则，有的较小端略尖凸，直径 25～32 μm，长约至 50 μm，脐点点状，位于较小端。

甘草：纤维束周围薄壁细胞含草酸钙方晶，形成晶纤维。

【**备注**】 川芎导管主为螺纹导管，亦有网纹及梯纹导管，有的螺纹导管增厚壁互相联结，似网状螺纹导管。

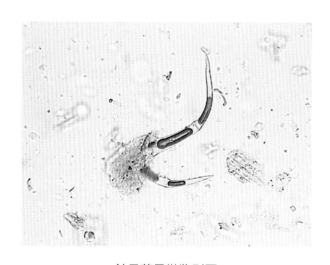

益母草显微鉴别图

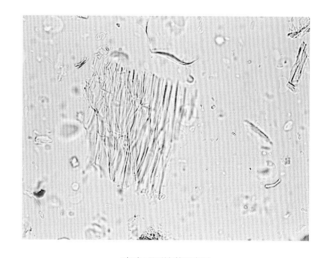

当归显微鉴别图

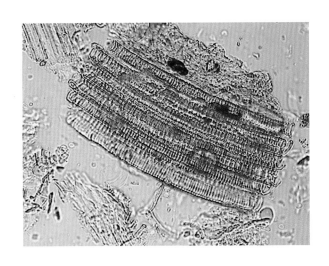

川芎显微鉴别图

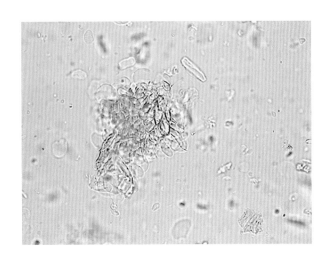

炮姜显微鉴别图

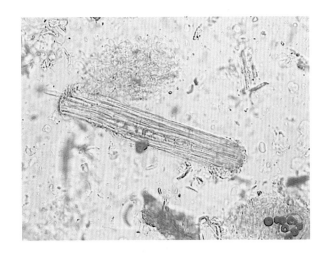

甘草显微鉴别图

消食平胃散

【**处方**】 槟榔 25 g，山楂 60 g，苍术 30 g，陈皮 30 g，厚朴 20 g，甘草 15 g。

【**制法**】 以上 6 味，粉碎、过筛、混匀即得。

【**性状**】 本品为浅黄色至棕色粉末；气香，味微甜。

【**功能**】 消食开胃。

【**主治**】 寒湿困脾，胃肠积滞。

【**显微鉴别**】

槟榔：内胚乳碎片无色，壁较厚，有较多大的类圆形纹孔。

山楂：果皮石细胞淡紫红色、红色或黄棕色，类圆形或多角形，直径约至 125 μm。

苍术：草酸钙针晶细小，长 5~32 μm，不规则地充塞于薄壁细胞中。

陈皮：草酸钙方晶成片存在于薄壁组织中。

厚朴：石细胞分枝状，壁厚，层纹明显。

甘草：纤维束周围薄壁细胞含草酸钙方晶，形成晶纤维。

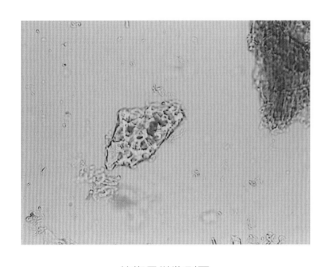

槟榔显微鉴别图

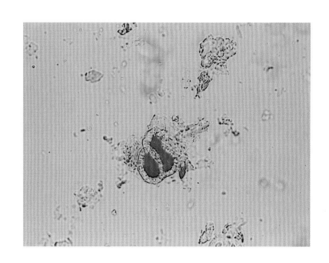

山楂显微鉴别图

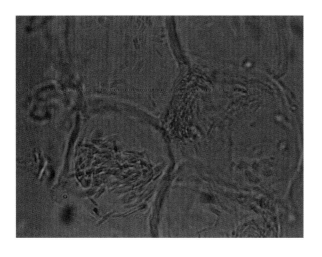

苍术显微鉴别图

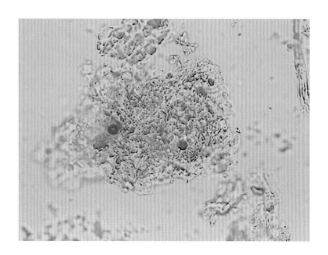

陈皮显微鉴别图

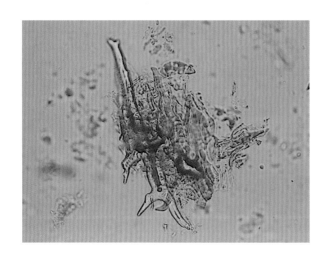

厚朴显微鉴别图

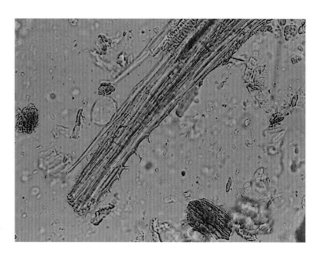

甘草显微鉴别图

消疮散

【处方】 金银花 60 g，皂角刺（炒）30 g，白芷 25 g，天花粉 30 g，当归 30 g，甘草 15 g，赤芍 25 g，乳香 25 g，没药 25 g，防风 25 g，浙贝母 30 g，陈皮 60 g。

【制法】 以上 12 味，粉碎、过筛、混匀即得。

【性状】 本品为淡黄色至淡黄棕色粉末；气香，味甘。

【功能】 清热解毒，消肿排脓，活血止痛。

【主治】 疮痈肿毒初起，红肿热痛，属于阳证未溃者。

【显微鉴别】

金银花：花粉粒类圆形，直径约至 76 μm，外壁有刺状雕纹，具 3 个萌发孔。

白芷：油管碎片含黄棕色分泌物。

天花粉：淀粉粒类球形、半圆形或盔帽形，直径 27 ~ 48 μm，脐点点状、短缝状、"人"字状或星状，层纹隐约可见。

当归：薄壁细胞纺锤形，壁略厚，有极微细的斜向交错纹理。

甘草：纤维束周围薄壁细胞含草酸钙方晶，形成晶纤维。

赤芍：草酸钙簇晶直径 18 ~ 32 μm，存在于薄壁细胞中，常排列成行或一个细胞中含有数个簇晶。

防风：油管含金黄色分泌物，直径 17 ~ 60 μm。

浙贝母：淀粉粒卵圆形，直径 35 ~ 48 μm，脐点点状、"人"字状或马蹄状，位于较小端，层纹细密。

陈皮：草酸钙方晶成片存在于薄壁组织中。

【备注】 天花粉石细胞类方形、类长方形或不规则形状，直径 40 ~ 140 μm，纹孔、孔沟细密，层纹多不明显。白芷油管较多，形成层略呈方形。

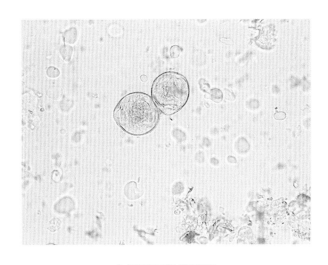

金银花显微鉴别图

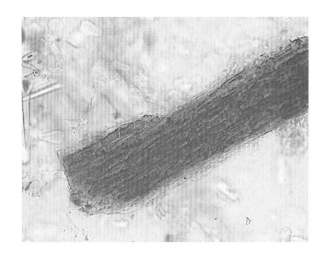

白芷显微鉴别图

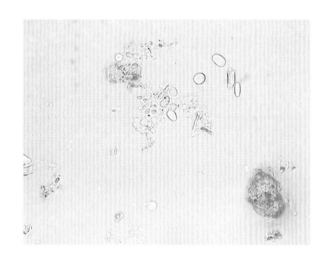

天花粉显微鉴别图

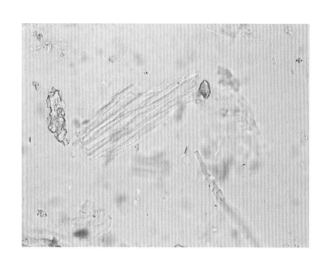

当归显微鉴别图

甘草显微鉴别图

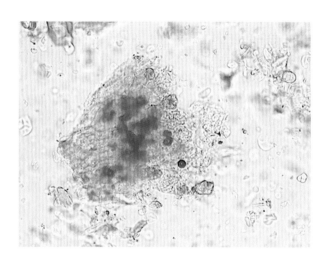

赤芍显微鉴别图

防风显微鉴别图

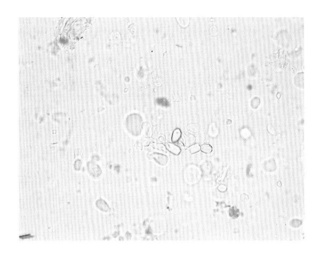

浙贝母显微鉴别图

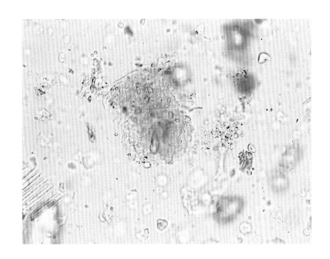

陈皮显微鉴别图

消积散

【处方】　炒山楂 15 g，麦芽 30 g，六神曲 15 g，炒莱菔子 10 g，大黄 10 g，玄明粉 15 g。

【制法】　以上 6 味，粉碎、过筛、混匀即得。

【性状】　本品为黄棕色至红棕色粉末；气香，味微酸、涩。

【功能】　消食导滞，下气消胀。

【主治】　伤食积滞。

【显微鉴别】

炒山楂：果皮石细胞淡紫红色、红色或黄棕色，类圆形或多角形，直径约至 125 μm。

麦芽：果皮细胞纵列，常有 1 个长细胞与 2 个短细胞相联结，长细胞壁厚，波状弯曲，木化。

炒莱菔子：种皮碎片黄色或棕红色，细胞小，多角形，壁厚。

大黄：草酸钙簇晶大，直径 60～140 μm。

玄明粉：用乙醇装片观察，不规则结晶近无色，边缘不整齐，表面有细长裂隙且现颗粒性。

【备注】　炒莱菔子（萝卜子）粉末黄棕色，种皮碎片黄色或棕红色，种皮栅状细胞淡黄色、橙黄色或黄棕色，表面观类多角形或长多角形，壁厚 2～4 μm，胞间层极细。

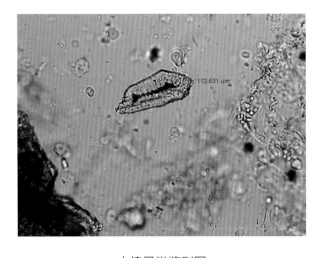

山楂显微鉴别图

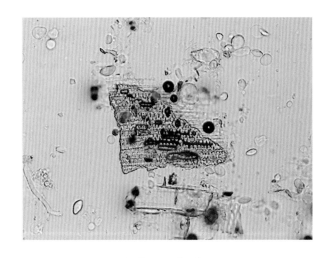

麦芽显微鉴别图

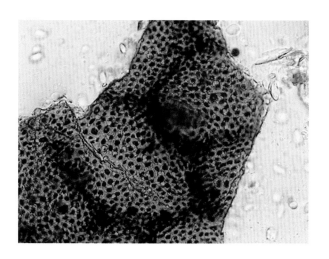

莱菔子显微鉴别图

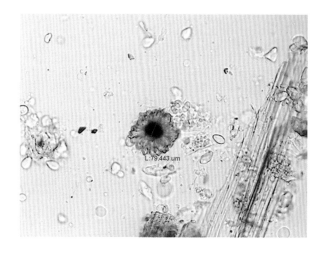

大黄显微鉴别图

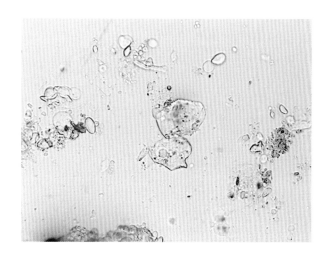

玄明粉显微鉴别图

消黄散

【处方】 知母 30 g，浙贝母 25 g，黄芩 45 g，甘草 20 g，黄药子 30 g，白药子 30 g，大黄 45 g，郁金 45 g。

【制法】 以上 8 味，粉碎、过筛、混匀即得。

【性状】 本品为黄色粉末；气微香，味咸、苦。

【功能】 清热解毒，散瘀消肿。

【主治】 三焦热盛，热毒，黄肿。

【显微鉴别】

知母：草酸钙针晶成束或散在，针晶长 26～110 μm。

浙贝母：淀粉粒卵圆形，直径 35～48 μm，脐点点状、"人"字状或马蹄状，位于较小端，层纹细密。

黄芩：纤维淡黄色，梭形，壁较厚，孔沟细。

甘草：纤维束周围薄壁细胞含草酸钙方晶，形成晶纤维。

黄药子：薄壁细胞中含细小草酸钙方晶、针晶或棒状结晶。

大黄：草酸钙簇晶大，直径 60～140 μm。

【备注】 浙贝母淀粉粒卵圆形，直径 35～48 μm，脐点点状、"人"字状或马蹄状。黄药子黏液细胞、薄壁细胞多数，含草酸钙针晶束、细小草酸钙方晶或棒状结晶。

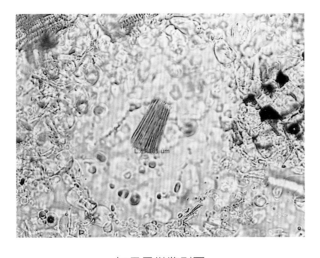

知母显微鉴别图

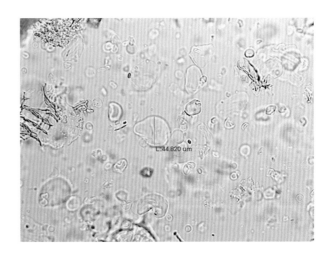

浙贝母显微鉴别图

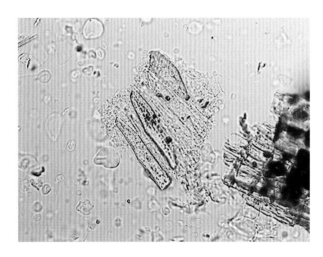

黄芩显微鉴别图

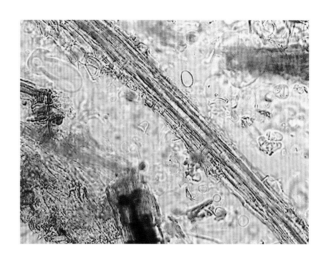

甘草显微鉴别图

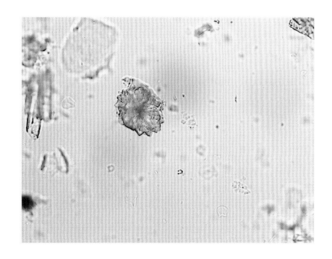

大黄显微鉴别图

通关散

【处方】 猪牙皂 500 g，细辛 500 g。

【制法】 以上 2 味，粉碎、过筛、混匀即得。

【性状】 本品为浅黄色粉末；气香窜，味辛。

【功能】 通关开窍。

【主治】 中暑，昏迷，冷痛。

【显微鉴别】

猪牙皂：纤维束淡黄色，周围细胞含草酸钙方晶及少数簇晶，形成晶纤维，并常伴有类方形厚壁细胞。

细辛：下皮细胞类长方形，壁细胞波状弯曲，夹有类方形或长圆形分泌细胞。

【备注】 猪牙皂粉末棕黄色，纤维大多成束，直径 10 ~ 25 μm，壁微木化，周围细胞含草酸钙方晶及少数簇晶，形成晶纤维；纤维束旁常伴有类方形厚壁细胞，草酸钙方晶长 6 ~ 15 μm，簇晶直径 6 ~ 14 μm。细辛上、下表皮细胞不规则形，垂周壁波状弯曲；可见不定式气孔及类圆形油细胞。

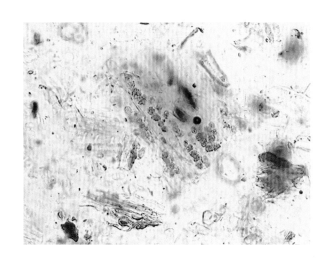

猪牙皂显微鉴别图

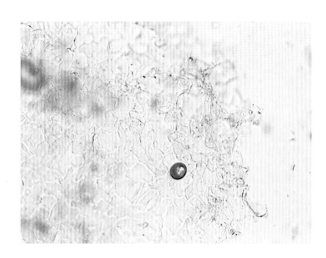

细辛显微鉴别图

通肠芍药散

【处方】 大黄 30 g，槟榔 20 g，山楂 45 g，枳实 25 g，赤芍 30 g，木香 20 g，黄芩 30 g，黄连 25 g，玄明粉 90 g。

【制法】 以上 9 味，粉碎、过筛、混匀即得。

【性状】 本品为灰黄色至黄棕色粉末；气微香，味酸、苦、微咸。

【功能】 清热通肠，行气导滞。

【主治】 湿热积滞，肠黄泻痢。

【显微鉴别】

大黄：草酸钙簇晶大，直径 60～140 μm。

槟榔：内胚乳碎片无色，壁较厚，有较多大的类圆形纹孔。

山楂：果皮石细胞淡紫红色、红色或黄棕色，类圆形或多角形，直径约至 125 μm。

枳实：草酸钙方晶成片存在于薄壁组织中。

赤芍：草酸钙簇晶直径 7～41 μm，存在于薄壁细胞中，常排列成行或一个细胞中含有数个簇晶。

木香：木纤维长梭形，直径 16～24 μm，壁稍厚，纹孔口横裂缝状、"十"字状或"人"字状，菊糖团块形状不规则，有时可见微细放射状纹理，加热后溶解。

黄芩：纤维淡黄色，梭形，壁厚，孔沟细。

黄连：纤维束鲜黄色，壁稍厚，纹孔明显。

玄明粉：用乙醇装片观察，不规则结晶近无色，边缘不整齐，表面有细长裂隙且现颗粒性。

【备注】 赤芍粉末棕褐色，草酸钙簇晶众多，散在或存在于延长的具分隔的薄壁细胞中，每个细胞通常含 1 个簇晶。

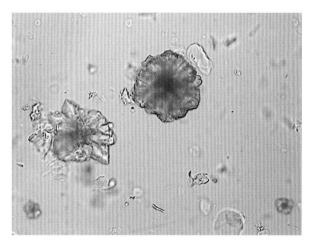

大黄显微鉴别图

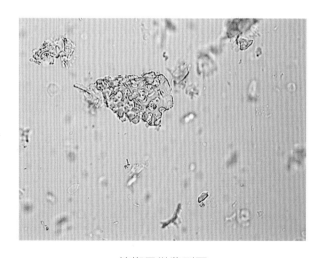

槟榔显微鉴别图

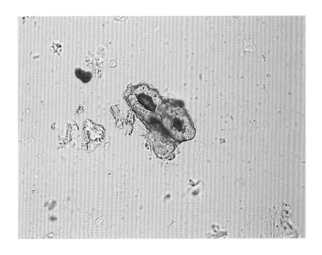

山楂显微鉴别图

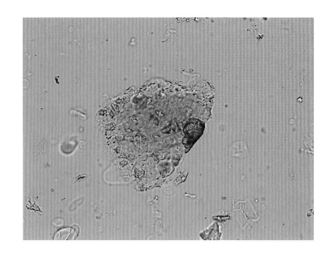

枳实显微鉴别图

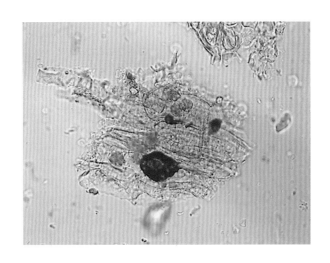

赤芍显微鉴别图

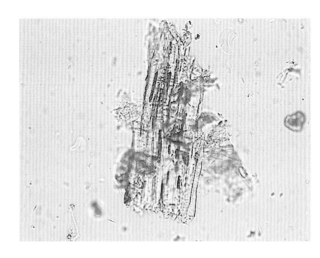

木香显微鉴别图

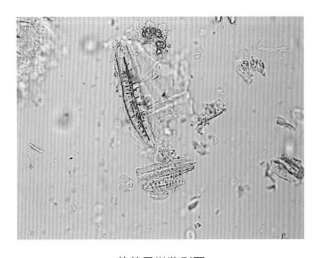

黄芩显微鉴别图

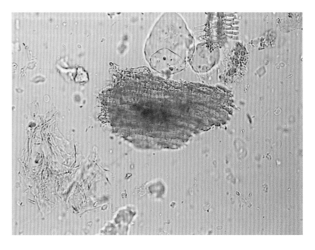

黄连显微鉴别图

通肠散

【处方】 大黄 150 g，枳实 60 g，厚朴 60 g，槟榔 30 g，玄明粉 200 g。

【制法】 以上 5 味，粉碎、过筛、混匀即得。

【性状】 本品为黄色至黄棕色粉末；气香，味微咸、苦。

【功能】 通肠泻热。

【主治】 便秘，结症。

【显微鉴别】

大黄：草酸钙簇晶大，直径 60 ~ 140 μm。

枳实：草酸钙方晶成片存在于薄壁组织中。

厚朴：石细胞分枝状，壁厚，层纹明显。

槟榔：内胚乳碎片无色，壁较厚，有较多大的类圆形纹孔。

玄明粉：用乙醇装片观察，不规则结晶近无色，边缘不整齐，表面有细长裂隙且现颗粒性。

【备注】 枳实草酸钙方晶存在于果皮和汁囊细胞中，以邻近表皮的细胞中为多见，呈斜方形、多面形或双锥形，直径 2 ~ 24 μm。

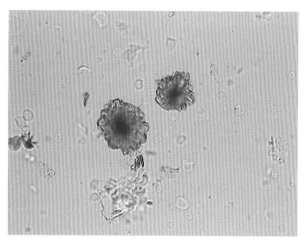

大黄显微鉴别图

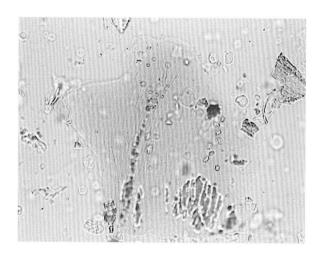

枳实显微鉴别图

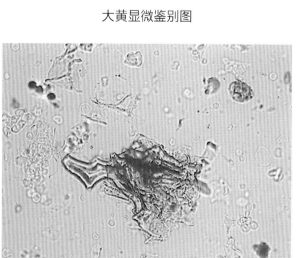

厚朴显微鉴别图

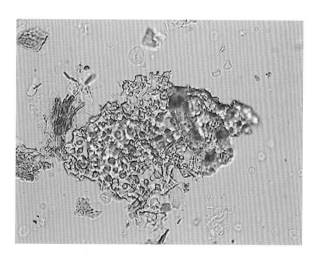

槟榔显微鉴别图

通乳散

【处方】 当归 30 g，王不留行 30 g，黄芪 60 g，路路通 30 g，红花 25 g，通草 20 g，漏芦 20 g，瓜蒌 25 g，泽兰 20 g，丹参 20 g。

【制法】 以上 10 味，粉碎、过筛、混匀即得。

【性状】 本品为红棕色至棕色粉末；气微香，味微苦。

【功能】 通经下乳。

【主治】 产后乳少，乳汁不下。

【显微鉴别】

当归：薄壁细胞纺锤形，壁略厚，有极微细的斜向交错纹理。

王不留行：种皮表皮细胞红棕色或黄棕色，表面观多角形或长多角形，直径 50～120 μm，垂周壁增厚，星角状或深波状弯曲。

黄芪：纤维成束或散离，壁厚，表面有裂纹，两端断裂成帚状或较平截。

红花：花粉粒类圆形或椭圆形，直径 43～66 μm，外壁具短刺和点状雕纹，有 3 个萌发孔。

【备注】 红花粉末橙黄色，花粉粒深黄色，类圆形、椭圆形或橄榄形，直径约至 60 μm，具 3 个萌发孔，外壁有齿状突起。

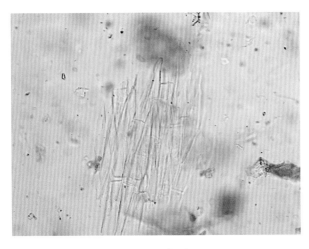

当归显微鉴别图

王不留行显微鉴别图

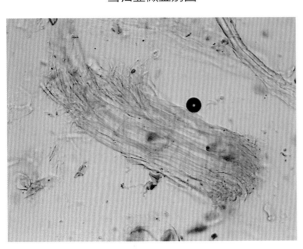

黄芪显微鉴别图

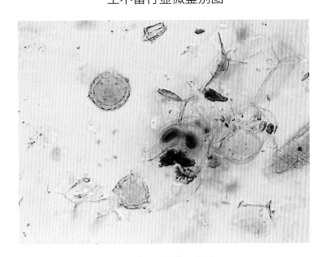

红花显微鉴别图

柴黄益肝散

【**处方**】　柴胡 300 g，大青叶 350 g，大黄 150 g，益母草 50 g。

【**制法**】　以上 4 味，粉碎、过筛，加淀粉至 1 000 g，混匀即得。

【**性状**】　本品为黄棕色至棕褐色粉末。

【**功能**】　清热解毒，保肝利胆。

【**主治**】　肝肿大、肝出血和脂肪肝。

【**显微鉴别**】

柴胡：油管含淡黄色或黄棕色条状分泌物，直径 8 ~ 66 μm。

大青叶：靛蓝结晶蓝色，存在于叶肉组织和表皮细胞中，呈细小颗粒状或片状，常聚集成堆。

大黄：草酸钙簇晶大，直径 60 ~ 140 μm。

益母草：非腺毛 1 ~ 3 个细胞，壁有疣状突起。

【**备注**】　益母草非腺毛 1 ~ 4 个细胞，长 160 ~ 320 μm，基部直径 24 ~ 40 μm，腺毛头部 1 ~ 4 个细胞，直径 20 ~ 24 μm；柄单细胞。

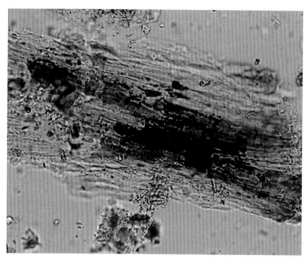

柴胡显微鉴别图

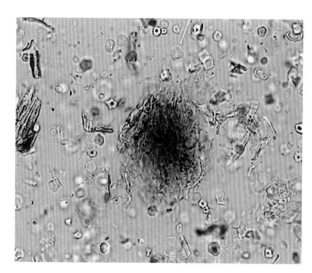

大青叶显微鉴别图

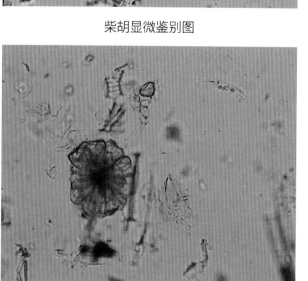

大黄显微鉴别图

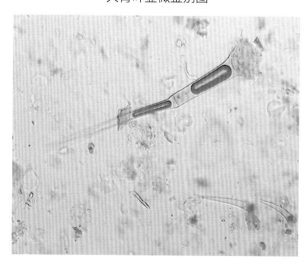

益母草显微鉴别图

桑菊散

【处方】 桑叶 45 g，菊花 45 g，连翘 45 g，薄荷 30 g，苦杏仁 20 g，桔梗 30 g，甘草 15 g，芦根 30 g。

【制法】 以上 8 味，粉碎、过筛、混匀即得。

【性状】 本品为黄棕色至棕褐色粉末；气微香，味微甜。

【功能】 疏风清热，宣肺止咳。

【主治】 外感风热。

【显微鉴别】

桑叶：钟乳体晶细胞甚大，直径 47～77 μm，周围表皮细胞呈放射状排列。

菊花：花粉粒类圆形，直径 24～34 μm，外壁有刺，长 3～5 μm，具 3 个萌发孔。

连翘：内果皮纤维上下层纵横交错，纤维短梭形。

薄荷：腺鳞头部 8 个细胞，扁球形，直径约至 90 μm；柄短，单细胞。

苦杏仁：石细胞橙黄色，贝壳形，壁较厚，较厚一边纹孔明显。

桔梗：联结乳管直径 14～25 μm，含淡黄色颗粒状物。

甘草：纤维束周围薄壁细胞含草酸钙方晶，形成晶纤维。

【备注】 桑叶粉末棕绿色或黄绿色，钟乳体直径 47～77 μm，叶肉薄壁细胞中含草酸钙簇晶，草酸钙簇晶小，偶有棱晶，簇晶直径 5～16 μm。薄荷粉末淡黄绿色，腺鳞头部顶面观呈圆形，侧面观呈扁球形，8 个细胞，直径 61～99 μm，常皱缩，内含淡黄色分泌物；柄单细胞，极短，基部四周表皮细胞十余个，放射状排列；小腺毛头部椭圆形，单细胞，直径 15～26 μm，内含淡黄色分泌物，柄部 1～2 个细胞；非腺毛多碎断，完整者 1～8 个细胞；叶片上表皮细胞表面观不规则形，壁略弯曲，下表皮细胞壁弯曲，气孔较多。

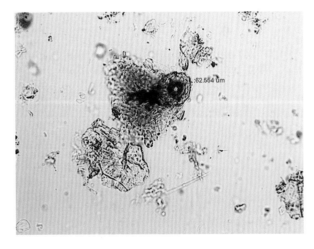

桑叶显微鉴别图

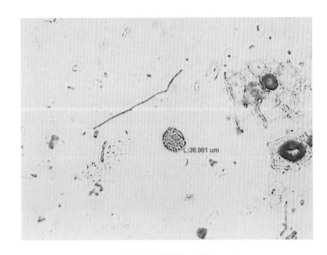

菊花显微鉴别图

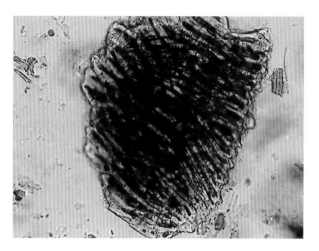

连翘显微鉴别图

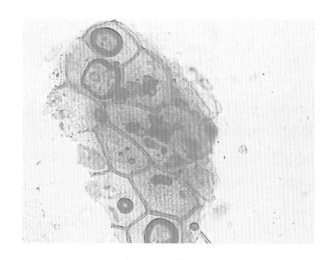

薄荷显微鉴别图

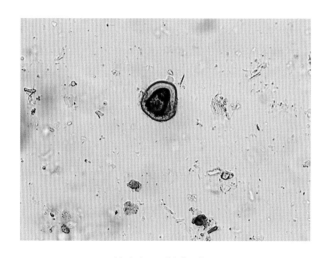

苦杏仁显微鉴别图

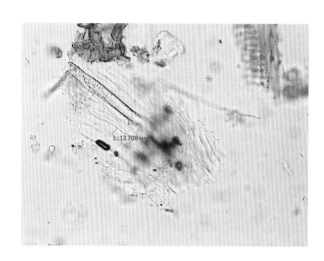

桔梗显微鉴别图

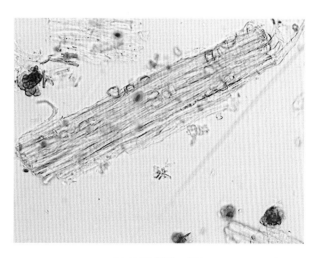

甘草显微鉴别图

理中散

【**处方**】 党参 60 g，干姜 30 g，甘草 30 g，白术 60 g。

【**制法**】 以上 4 味，粉碎、过筛、混匀即得。

【**性状**】 本品为淡黄色至黄色粉末；气香，味辛、微甜。

【**功能**】 温中散寒，补气健脾。

【**主治**】 脾胃虚寒，食少，泄泻，腹痛。

【**显微鉴别**】

党参：联结乳管直径 12 ~ 15 μm，含细小颗粒状物。

干姜：淀粉粒长卵形、广卵形或不规则形状，有的较小端略尖凸，直径 25 ~ 32 μm，长约至 50 μm，脐点点状，位于较小端。

甘草：纤维束周围薄壁细胞含草酸钙方晶，形成晶纤维。

白术：草酸钙针晶细小，长 10 ~ 32 μm，不规则地充塞于薄壁细胞中。

【**备注**】 党参石细胞较多，单个散在或数个成群，有的与木栓细胞相互嵌入；石细胞为多角形、类方形、长方形或不规则形状，直径 24 ~ 51 μm，纹孔稀疏；木栓细胞为棕黄色，表面观呈长方形、斜方形或类多角形，垂周壁为微波状弯曲，木化，有纵条纹。

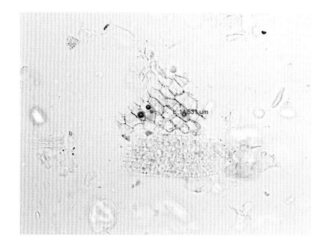

党参显微鉴别图

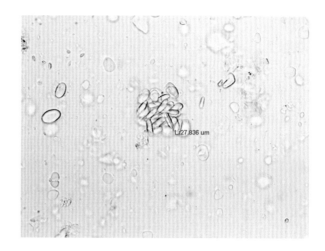

干姜显微鉴别图

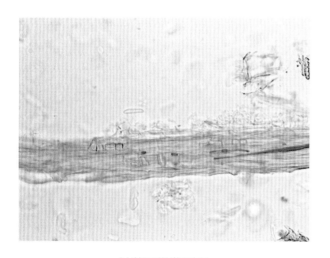

甘草显微鉴别图

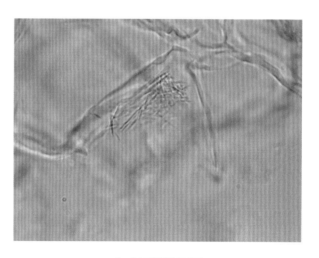

白术显微鉴别图

理肺止咳散

【处方】 百合 45 g，麦冬 30 g，清半夏 25 g，紫菀 30 g，甘草 15 g，远志 25 g，知母 25 g，北沙参 30 g，陈皮 25 g，茯苓 25 g，浮石 20 g。

【制法】 以上 11 味，粉碎、过筛、混匀即得。

【性状】 本品为浅黄色至黄色粉末；气微香，味甘。

【功能】 润肺化痰，止咳。

【主治】 劳伤久咳，阴虚咳嗽。

【显微鉴别】

麦冬：石细胞为类方形或长方形，直径 30 ~ 64 μm，壁较厚，有时一边薄，纹孔细密。

紫菀：下皮细胞为长方形，垂周壁呈深波状弯曲，有的含紫色色素。

甘草：纤维束周围薄壁细胞含草酸钙方晶，形成晶纤维。

知母：木化厚壁细胞为类长方形、长多角形或延长呈短纤维状，稍弯曲，略交错排列，直径 16 ~ 48 μm，木化，孔沟较密。

北沙参：油管含棕黄色分泌物。

陈皮：草酸钙方晶成片存在于薄壁组织中。

茯苓：不规则分枝状团块无色，遇水合氯醛溶液溶化；菌丝无色或淡棕色，直径 4 ~ 6 μm。

【备注】 紫菀的紫色色素较多。麦冬粉末为黄白色，草酸钙针晶散在或成束存在于黏液细胞中，针晶长 21 ~ 78 μm，直径约至 3 μm；石细胞常与内皮层细胞上下层相叠，表面观呈类方形或类多角形，长 32 ~ 196 μm，壁厚 4 ~ 16 μm，有的一边薄，纹孔密，短缝状或扁圆形，孔沟较粗。知母黏液细胞较多，含草酸钙针晶束，完整的黏液细胞呈类圆形、椭圆形、长圆形或梭形，直径 56 ~ 160 μm，长约至 340 μm；草酸钙针晶长 36 ~ 110 μm，有的直径约至 7 μm。

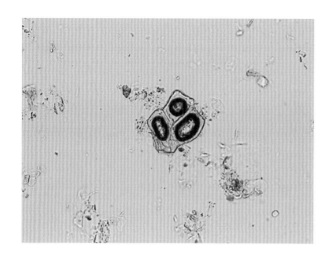

麦冬显微鉴别图

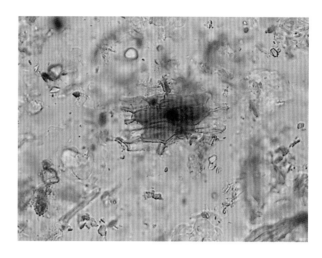

紫菀显微鉴别图

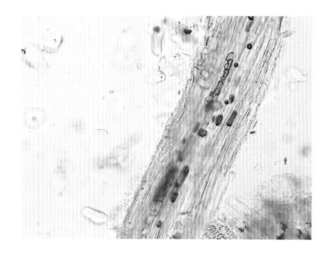

甘草显微鉴别图

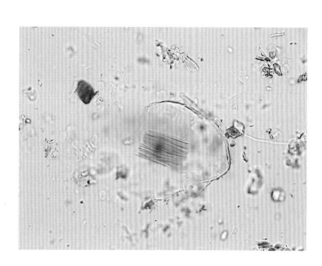

知母显微鉴别图

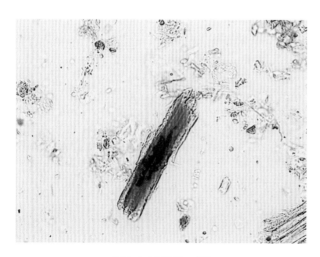

北沙参显微鉴别图

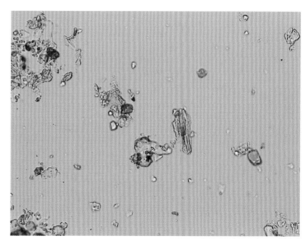

茯苓显微鉴别图

理肺散

【处方】 蛤蚧 1 对，知母 20 g，浙贝母 20 g，秦艽 20 g，紫苏子 20 g，百合 30 g，山药 20 g，天冬 20 g，马兜铃 25 g，枇杷叶 20 g，防己 20 g，白药子 20 g，栀子 20 g，天花粉 20 g，麦冬 25 g，升麻 20 g。

【制法】 以上 16 味，粉碎、过筛、混匀即得。

【性状】 本品为淡黄褐色粉末；气微香，味微苦。

【功能】 润肺化痰，止咳定喘。

【主治】 劳伤咳喘，鼻流脓涕。

【显微鉴别】

蛤蚧：肌肉纤维呈淡黄色，密布细胞横纹，明暗相间，横纹呈平行的波峰状。

知母：草酸钙针晶成束或散在，长 26～110 μm。

浙贝母：淀粉粒卵圆形，直径 35～48 μm，脐点点状、"人"字形或马蹄状，位于较小端，层纹细密。

紫苏子：种皮细胞呈类圆形、长圆形或不规则形状，壁网状增厚似花纹样。

枇杷叶：非腺毛大型，单细胞，多弯曲，完整者长约至 1 260 μm。

栀子：种皮石细胞黄色或淡棕色，多破碎，完整者长多角形、长方形或不规则形状，壁厚，有大的圆形纹孔，胞腔棕红色。

天花粉：具缘纹孔导管大，多破碎，有的具缘纹孔呈六角形或斜方形。

【备注】 蛤蚧粉末为淡黄色或淡灰黄色，皮肤碎片为淡黄色或黄色。表面观，细胞界线不清楚；横纹肌纤维较多，多碎裂。侧面观，有细密横纹，明暗相间。

蛤蚧显微鉴别图

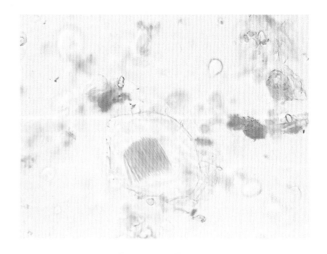

知母显微鉴别图

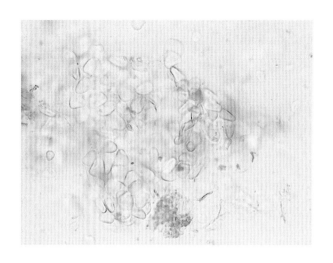

浙贝母显微鉴别图

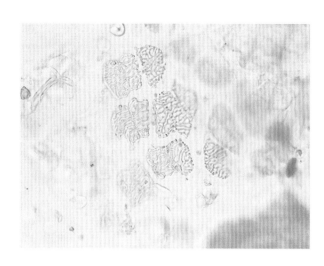

紫苏子显微鉴别图

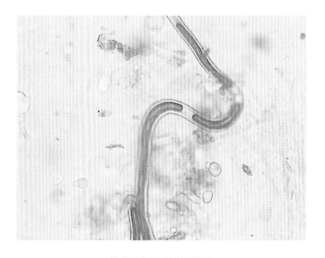

枇杷叶显微鉴别图

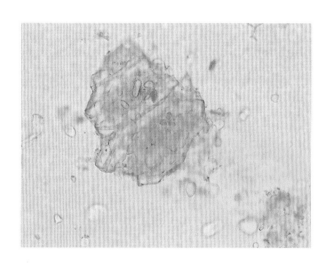

栀子显微鉴别图

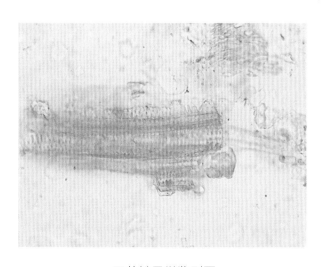

天花粉显微鉴别图

黄连解毒散

【**处方**】 黄连 30 g，黄芩 60 g，黄柏 60 g，栀子 45 g。

【**制法**】 以上 4 味，粉碎、过筛、混匀即得。

【**性状**】 本品为黄褐色粉末；味苦。

【**功能**】 泻火解毒。

【**主治**】 三焦实热，疮黄肿毒。

【**显微鉴别**】

黄连：纤维束为鲜黄色，壁稍厚，纹孔明显。

黄芩：纤维为淡黄色，梭形，壁厚，孔沟细。

黄柏：纤维束为鲜黄色，周围细胞含草酸钙方晶，形成晶纤维，含晶细胞的壁木化增厚。

栀子：种皮石细胞为黄色或淡棕色，多破碎；完整者为长多角形、长方形或不规则形状，壁厚，有大的圆形纹孔，胞腔棕红色。

【**备注**】 栀子粉末为红棕色，种皮石细胞为黄色或淡棕色，长多角形、长方形或不规则形状，直径 60 ~ 112 μm，长至 230 μm；壁厚，纹孔甚大，胞腔为棕红色。

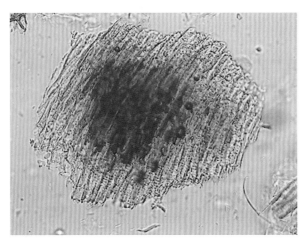

黄连显微鉴别图

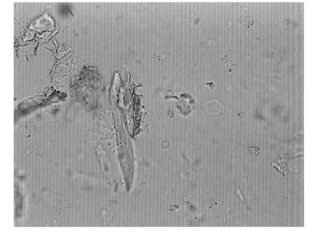

黄芩显微鉴别图

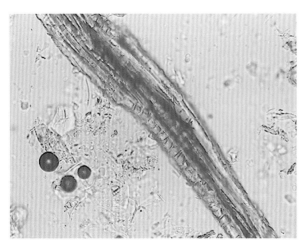

黄柏显微鉴别图

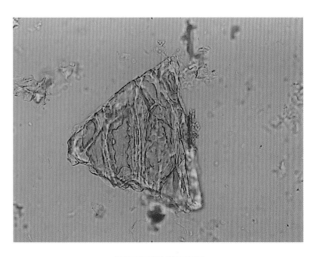

栀子显微鉴别图

银黄板翘散

【处方】 黄连 50 g，金银花 50 g，板蓝根 45 g，连翘 30 g，牡丹皮 30 g，栀子 30 g，知母 30 g，玄参 20 g，水牛角浓缩粉 15 g，白矾 10 g，雄黄 10 g，甘草 15 g。

【制法】 以上 12 味，粉碎、过筛、混匀即得。

【性状】 本品为棕黄色粉末；味微苦。

【功能】 清热，解毒，凉血。

【主治】 用于治疗鸡传染性支气管炎引起的发热、咳嗽、气喘、腹泻、精神沉郁等症。

【显微鉴别】

黄连：纤维束为鲜黄色，周围细胞含草酸钙方晶，形成晶纤维，含晶细胞壁木化增厚。

金银花：花粉粒为类圆形，直径约至 76 μm，外壁有刺状雕纹，具 3 个萌发孔。

板蓝根：木纤维多成束，为淡黄色，多碎断，直径 14 ~ 25 μm，微木化，纹孔及孔沟较明显。

连翘：内果皮纤维上下层纵横交错，纤维短梭形。

牡丹皮：草酸钙簇晶存在于无色薄壁细胞中，有时数个排列成行。

栀子：种皮石细胞为黄色或淡棕色，多破碎；完整者为长多角形、长方形或不规则形状，壁厚，有大的圆形纹孔，胞腔棕红色。

知母：草酸钙针晶成束或散在，长 26 ~ 110 μm。

玄参：石细胞为黄棕色或无色，呈类长方形、类圆形或不规则形状，直径约至 94 μm。

雄黄：不规则碎块，为金黄色或橙黄色，透明或半透明，有光泽。

甘草：纤维束周围薄壁细胞含草酸钙方晶，形成晶纤维。

【备注】 玄参粉末灰棕色，石细胞大多散在或 2 ~ 5 个成群，呈长方形、类方形、类圆形、三角形、梭形或不规则形状，直径 22 ~ 128 μm，壁厚 5 ~ 26 μm，有的孔沟分叉，胞腔较大；薄壁细胞含核状物。

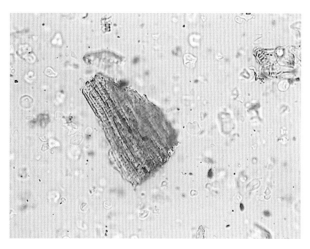

黄连显微鉴别图

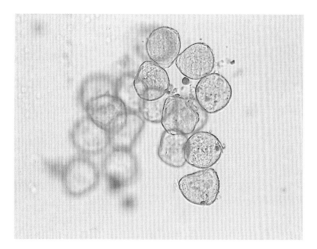

金银花显微鉴别图

板蓝根显微鉴别图

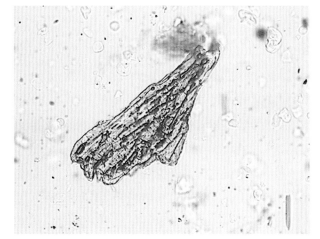

连翘显微鉴别图

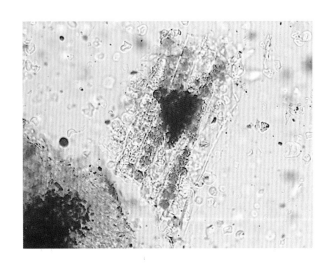

牡丹皮显微鉴别图

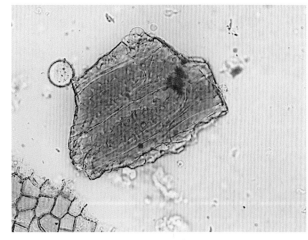

栀子显微鉴别图

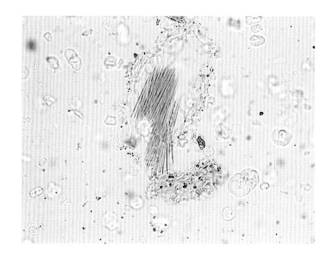

知母显微鉴别图

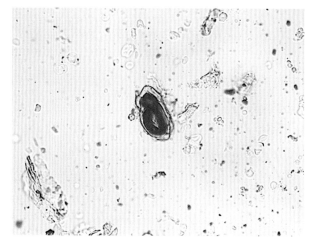

玄参显微鉴别图

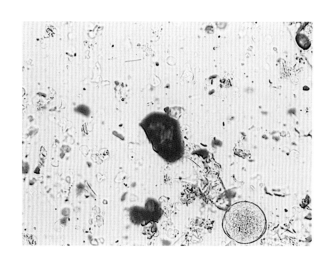

雄黄显微鉴别图

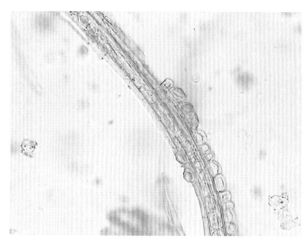

甘草显微鉴别图

银翘散

【处方】 金银花 60 g，连翘 45 g，薄荷 30 g，荆芥 30 g，淡豆豉 30 g，牛蒡子 45 g，桔梗 25 g，淡竹叶 20 g，甘草 20 g，芦根 30 g。

【制法】 以上 10 味，粉碎、过筛、混匀即得。

【性状】 本品为棕褐色粉末；气香，味微甘、苦、辛。

【功能】 辛凉解表，清热解毒。

【主治】 风热感冒、咽喉肿痛、疮痈初起。

【显微鉴别】

金银花：花粉粒类圆形，直径约至 76 μm，外壁有刺状雕纹，具 3 个萌发孔。

连翘：内果皮纤维上下层纵横交错，纤维短梭形。

桔梗：联结乳管直径 14～25 μm，含淡黄色颗粒状物。

淡竹叶：表皮细胞狭长，垂周壁呈深波状弯曲，有气孔，保卫细胞呈哑铃状。

甘草：纤维束周围薄壁细胞含草酸钙方晶，形成晶纤维。

【备注】 淡竹叶绿色，叶上表皮细胞为长方形或类方形，垂周壁呈波状弯曲，外壁稍厚，有非腺毛及少数气孔；叶下表皮长细胞呈长方形或长条形，垂周壁呈波状弯曲；短细胞与长细胞交替排列或数个相连，于叶脉处短细胞成串；硅质细胞呈短哑铃形；栓质细胞呈类方形、类长方形，壁不规则弯曲，气孔较多；保卫细胞呈哑铃形。金银花花粉粒为类圆形或三角形，3 个孔沟，表面具细密短刺及细颗粒状雕纹。

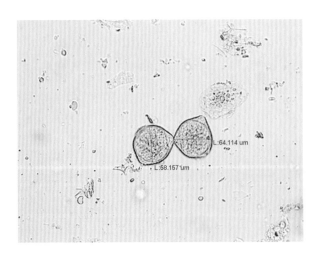 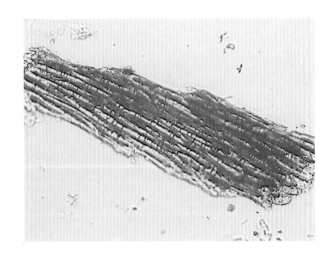

金银花显微鉴别图 　　　　　　　　　　　　连翘显微鉴别图

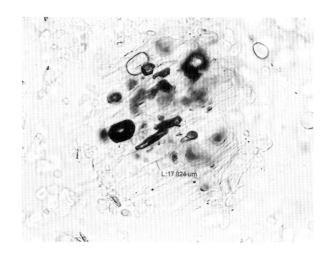

桔梗显微鉴别图

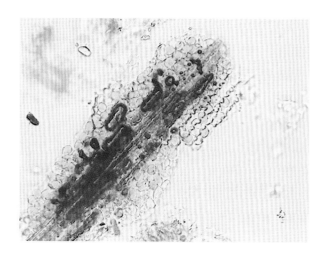

淡竹叶显微鉴别图

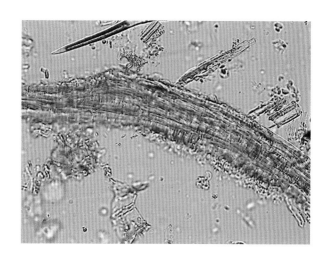

甘草显微鉴别图

银翘板蓝根散

【处方】 板蓝根 260 g，金银花 160 g，黄芪 120 g，连翘 120 g，黄柏 100 g，甘草 80 g，黄芩 60 g，茵陈 60 g，当归 40 g。

【制法】 以上 9 味，粉碎、过筛、混匀即得。

【性状】 本品为棕黄色粉末；气香，味苦。

【功能】 清热解毒。

【主治】 对虾白斑病，河蟹抖抖病。

【显微鉴别】

板蓝根：木纤维多成束，淡黄色，多碎断，直径 14～25 μm，微木化，纹孔及孔沟较明显。

金银花：花粉粒为类圆形，直径约至 76 μm，外壁有刺状雕纹，具 3 个萌发孔。

黄芪：纤维成束或散离，壁厚，表面有裂纹，两端断裂成帚状或较平截。

连翘：内果皮纤维上下层纵横交错，纤维短梭形。

黄柏：纤维束为鲜黄色，周围细胞含草酸钙方晶，形成晶纤维，含晶细胞壁木化增厚。

甘草：纤维束周围壁细胞含草酸钙方晶，形成晶纤维。

黄芩：纤维为淡黄色，梭形，壁厚，孔沟细。

茵陈："T" 形非腺毛，具柄部及单细胞臂部，两臂不等长，臂厚，柄细胞 1～2 个。

当归：薄壁细胞呈纺锤形，壁略厚，有极微细的斜向交错纹理。

【备注】 黄芪粉末呈黄白色，纤维成束或散离，直径 8～30 μm，壁厚，表面有纵裂纹，两端常断裂成须状或较平截。

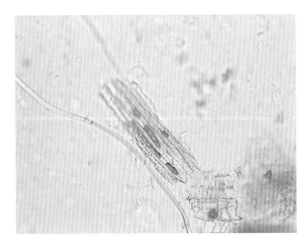

板蓝根显微鉴别图

金银花显微鉴别图

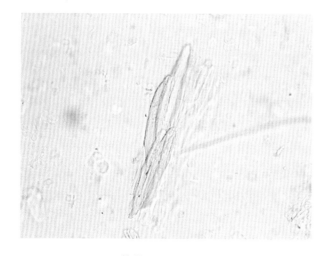

黄芪显微鉴别图

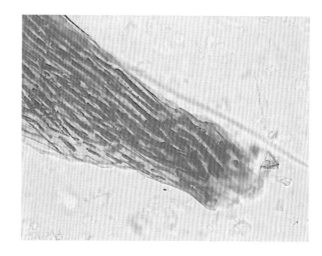

连翘显微鉴别图

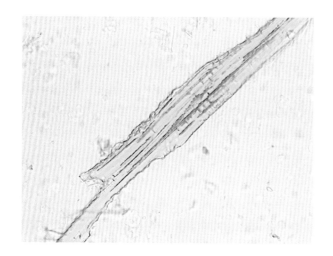

黄柏显微鉴别图

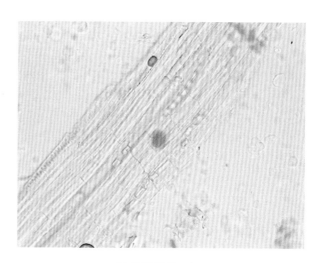

甘草显微鉴别图

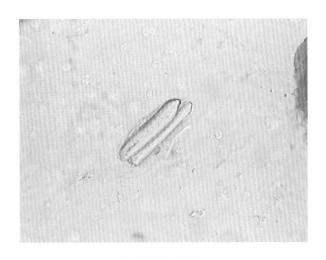

黄芩显微鉴别图

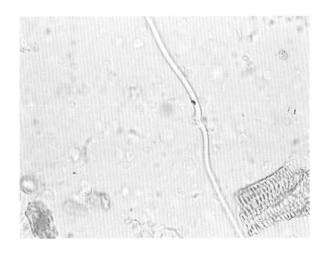

茵陈显微鉴别图

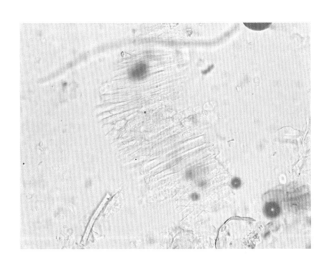

当归显微鉴别图

猪苓散

【处方】 猪苓 30 g，泽泻 45 g，肉桂 45 g，干姜 60 g，天仙子 20 g。

【制法】 以上 5 味，粉碎、过筛、混匀即得。

【性状】 本品为淡棕色粉末；气香，味辛。

【功能】 利水止泻，温中散寒。

【主治】 冷肠泄泻。

【显微鉴别】

猪苓：菌丝黏结成团，大多无色；草酸钙方晶为正八面体，直径 32～60 μm。

泽泻：薄壁细胞为类圆形，有椭圆形纹孔，集成纹孔群。

肉桂：石细胞为类圆形或类长方形，壁一面薄。

干姜：淀粉粒为长卵形、广卵形或不规则形状，有的较小端略尖凸，直径 25～32 μm，长约至 50 μm，脐点点状，位于较小端。

天仙子：种皮外表皮细胞淡黄色，椭圆形或类长方形，长 100～150 μm，直径 50～100 μm，细胞壁呈波状突起，显透明波状纹理。

【备注】 天仙子种皮外表皮细胞呈不规则波状凸起，波峰顶端渐尖或钝圆，长至 125 μm，细胞壁具透明的纹理；种皮内表皮细胞单列，壁薄，内含棕色物。肉桂石细胞呈类方形或类圆形，直径 32～88 μm，壁厚，有的一面薄。

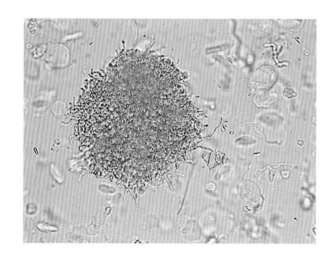

猪苓显微鉴别图

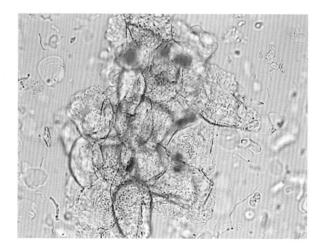

泽泻显微鉴别图

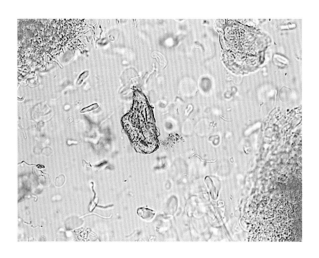

肉桂显微鉴别图

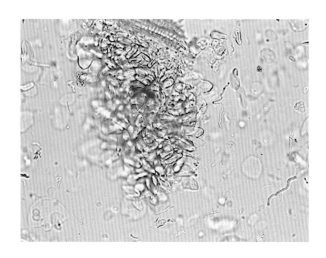

干姜显微鉴别图

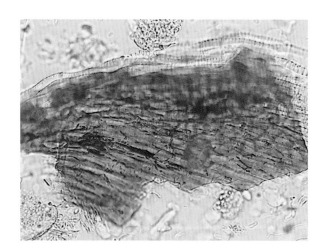

天仙子显微鉴别图

猪健散

【处方】 龙胆草 30 g，苍术 30 g，柴胡 10 g，干姜 10 g，碳酸氢钠 20 g。

【制法】 以上 5 味，粉碎、过筛、混匀即得。

【性状】 本品为浅棕黄色粉末；气香，味咸、苦。

【功能】 消食健胃。

【主治】 消化不良。

【显微鉴别】

龙胆草：外皮层细胞表面观纺锤形，每个细胞由横壁分隔成数个小细胞。

苍术：草酸钙针晶细小，长 5～32 μm，不规则地充塞于薄壁细胞中。

柴胡：油管含淡黄色或黄棕色条状分泌物，直径 8～25 μm。

干姜：淀粉粒为长卵形、广卵形或不规则形状，有的较小端略尖凸，直径 25～32 μm，长约至 50 μm，脐点点状，位于较小端。

【备注】 柴胡木栓细胞 7～8 列，皮层狭窄，有 7～11 个油室，韧皮部有油室，油管多碎断，管道中含黄棕色条状分泌物。龙胆草粉末淡黄棕色，外皮层细胞表面观类纺锤形，每个细胞由横壁分隔成数个扁方形的小细胞；内皮层细胞表面观类长方形，甚大，平周壁观纤细的横向纹理，每个细胞由纵壁分隔成数个栅状小细胞，纵壁大多呈连珠状增厚。

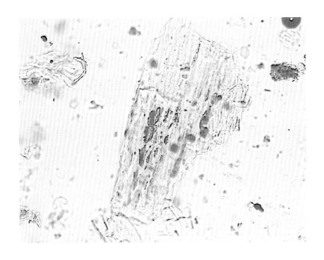

龙胆草显微鉴别图

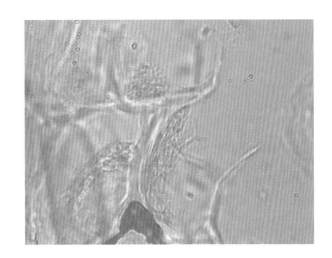

苍术显微鉴别图

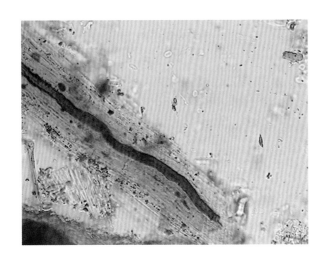

柴胡显微鉴别图

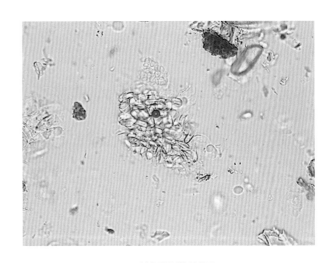

干姜显微鉴别图

麻杏石甘散

【处方】　麻黄 30 g，苦杏仁 30 g，石膏 150 g，甘草 30 g。

【制法】　以上 4 味，粉碎、过筛、混匀即得。

【性状】　本品为淡黄色粉末；气微香，味辛、苦、涩。

【功能】　清热，宣肺，平喘。

【主治】　肺热咳喘。

【显微鉴别】

麻黄：气孔特异，保卫细胞侧面观呈哑铃状。

苦杏仁：种皮石细胞橙黄色，贝壳形，壁较厚，较厚一边纹孔明显。

石膏：不规则片状结晶无色，有平直纹理。

甘草：纤维束周围薄壁细胞含草酸钙方晶，形成晶纤维。

【备注】　麻黄粉末淡棕色，气孔特异，长圆形，侧面观保卫细胞似电话筒状，两端特厚。苦杏仁的种皮石细胞橙黄色，壁较厚，侧面观多为贝壳形、类圆形或扁梭形，高 46 ~ 95 μm，宽 34 ~ 91 μm。

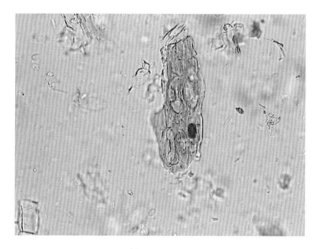

麻黄显微鉴别图

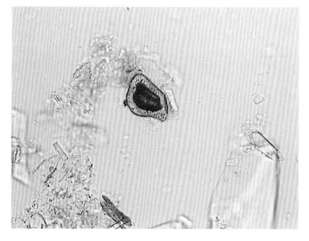

苦杏仁显微鉴别图

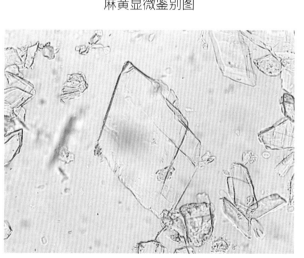

石膏显微鉴别图

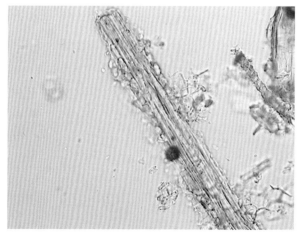

甘草显微鉴别图

麻黄鱼腥草散

【处方】 麻黄 50 g，黄芩 50 g，鱼腥草 100 g，穿心莲 50 g，板蓝根 50 g。

【制法】 以上 5 味，粉碎、过筛、混匀即得。

【性状】 本品为黄绿色至灰绿色粉末；气微，味微涩。

【功能】 宣肺泄热，平喘止咳。

【主治】 肺热咳喘，鸡支原体病。

【显微鉴别】

麻黄：气孔特异，保卫细胞侧面观呈哑铃状。

黄芩：纤维淡黄色，梭形，壁厚，孔沟细。

鱼腥草：叶表皮细胞多角形，有较密的波状纹理，有油细胞散在，类圆形，直径 70～80 μm，其周围有 6～7 个表皮细胞呈放射状排列。

穿心莲：叶表皮组织中含钟乳体晶细胞。

板蓝根：木纤维成束，淡黄色，多碎断，直径 14～25 μm，微木化，纹孔及孔沟较明显。

【备注】 鱼腥草的叶上、下表皮细胞多角形，有较密的波状纹理，气孔不定式，副卫细胞 4～5 个；油细胞散在，类圆形，周围 6～7 个表皮细胞呈放射状排列。

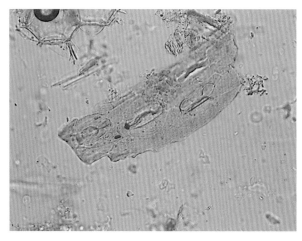

麻黄显微鉴别图

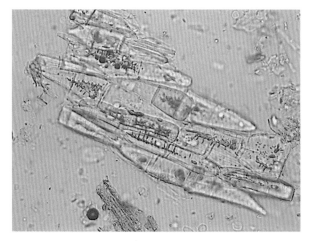

黄芩显微鉴别图

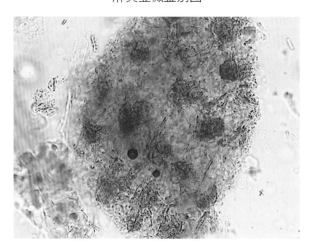

鱼腥草显微鉴别图

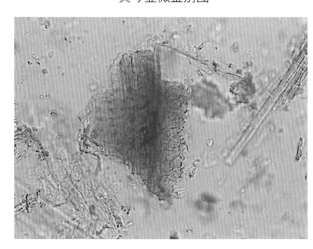

穿心莲显微鉴别图

麻黄桂枝散

【处方】　麻黄 45 g，桂枝 30 g，细辛 5 g，羌活 25 g，防风 25 g，桔梗 30 g，苍术 30 g，荆芥 25 g，紫苏叶 25 g，薄荷 25 g，槟榔 20 g，甘草 15 g，皂角 20 g，枳壳 30 g。

【制法】　以上 14 味，粉碎、过筛、混匀即得。

【性状】　本品为黄棕色粉末；气香，味甘、辛。

【功能】　解表散寒，疏理气机。

【主治】　风寒感冒。

【显微鉴别】

麻黄：气孔特异，保卫细胞侧面观呈哑铃状。

桂枝：石细胞类方形或类圆形，壁一面薄。

羌活：油管内含棕黄色分泌物，直径约 100 μm。

桔梗：联结乳管直径 14 ~ 25 μm，含淡黄色颗粒状物。

苍术：草酸钙针晶细小，长 5 ~ 32 μm，不规则地充塞于薄壁细胞中。

紫苏叶：叶肉组织中有细小草酸钙簇晶，直径 4 ~ 8 μm。

槟榔：内胚乳碎片无色，壁较厚，有较多大的类圆形纹孔。

枳壳：草酸钙方晶成片存在于薄壁组织中。

【备注】　羌活粉末棕黄色，韧皮部、髓和射线中均有多数分泌道，圆形或不规则长圆形，直径至 200 μm，内含黄棕色油状物或金黄色分泌物。

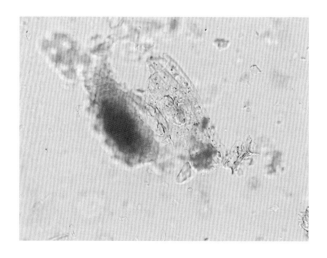

麻黄显微鉴别图

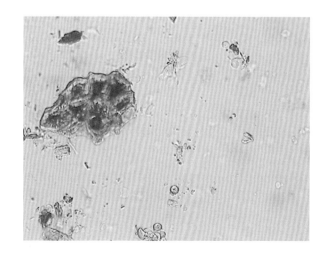

桂枝显微鉴别图

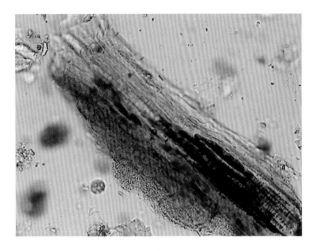

羌活显微鉴别图

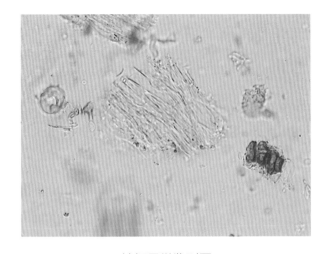

桔梗显微鉴别图

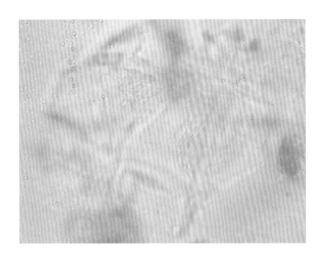

苍术显微鉴别图

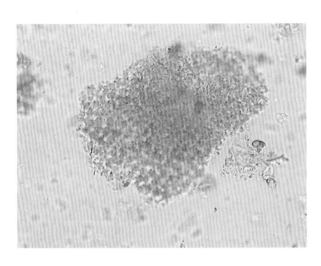

紫苏叶显微鉴别图

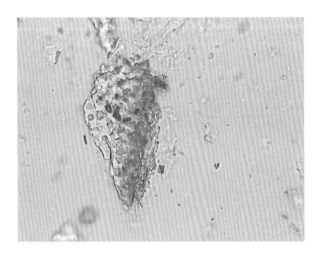

槟榔显微鉴别图

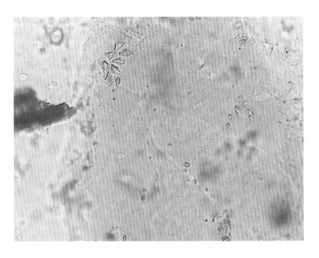

枳壳显微鉴别图

清肺止咳散

【处方】　桑白皮 30 g，知母 25 g，苦杏仁 25 g，前胡 30 g，金银花 60 g，连翘 30 g，桔梗 25 g，甘草 20 g，橘红 30 g，黄芩 45 g。

【制法】　以上 10 味，粉碎、过筛、混匀即得。

【性状】　本品为黄褐色粉末；气微香，味苦、甘。

【功能】　清泻肺热，化痰止痛。

【主治】　肺热咳喘，咽喉肿痛。

【显微鉴别】

桑白皮：纤维无色，直径 13 ~ 26 μm，壁厚，孔沟不明显。

知母：草酸钙针晶成束或散在，长 26 ~ 110 μm。

前胡：木栓细胞淡棕黄色，常多层重叠，表面观呈长方形。

金银花：花粉粒类圆形，直径约至 76 μm，外壁有刺状雕纹，具 3 个萌发孔。

连翘：内果皮纤维上下层纵横交错，纤维短梭形。

甘草：纤维束周围薄壁细胞含草酸钙方晶，形成晶纤维。

黄芩：纤维淡黄色，梭形，壁厚，孔沟细。

【备注】　桑白皮的纤维单个散在或成束，非木化或微木化。前胡粉末淡黄棕色，木栓细胞常数十层重叠，断面观细胞极扁平，排列整齐，木栓组织碎片边缘的细胞大多完整。

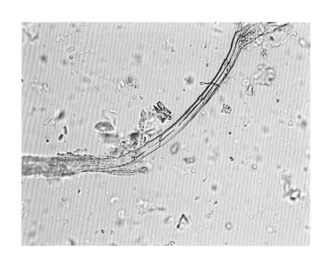

桑白皮显微鉴别图

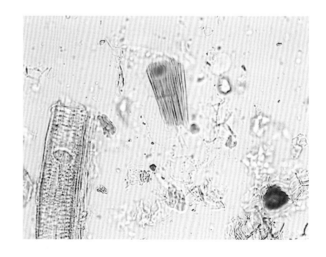

知母显微鉴别图

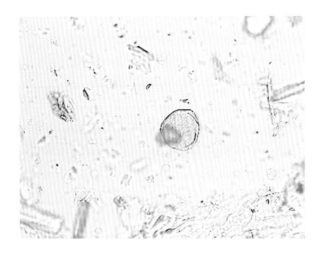

金银花显微鉴别图

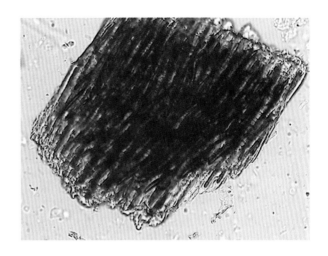

连翘显微鉴别图

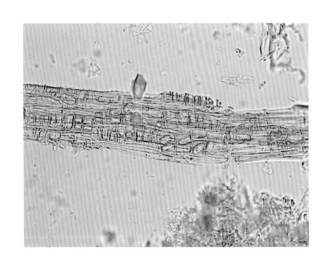

甘草显微鉴别图

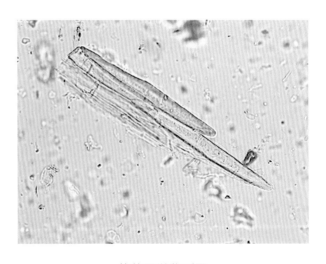

黄芩显微鉴别图

清肺散

【**处方**】 板蓝根 90 g，葶苈子 50 g，浙贝母 50 g，桔梗 30 g，甘草 25 g。

【**制法**】 以上 5 味，粉碎、过筛、混匀即得。

【**性状**】 本品为浅棕黄色粉末；气清香，味微甘。

【**功能**】 清肺平喘，化痰止咳。

【**主治**】 肺热咳喘，咽喉肿痛。

【**显微鉴别**】

板蓝根：木纤维多成束，淡黄色，多碎断，直径 14 ~ 25 μm，微木化，纹孔及孔沟较明显。

葶苈子：种皮下表皮细胞黄色，多角形或长多角形，壁稍厚。

浙贝母：淀粉粒卵圆形，直径 35 ~ 48 μm，脐点点状、"人"字状或马蹄状，位于较小端，层纹细密。

桔梗：联结乳管直径 14 ~ 25 μm，含淡黄色颗粒状物。

甘草：纤维束周围薄壁细胞含草酸钙方晶，形成晶纤维。

【**备注**】 南葶苈子粉末黄棕色，种皮内表皮细胞为黄色，表面观呈多角形、类方形，少数长多角形，直径 15 ~ 42 μm，壁厚 5 ~ 8 μm；北葶苈子种皮外表皮细胞断面观类方形，种皮内表皮细胞表面观呈长多角形。

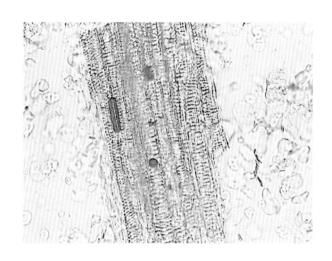

板蓝根显微鉴别图

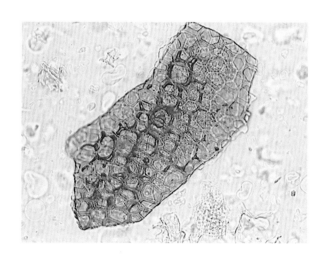

葶苈子显微鉴别图

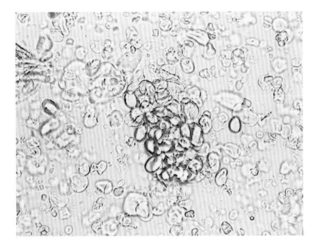

浙贝母显微鉴别图

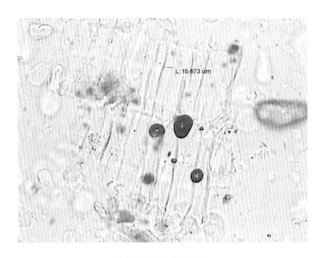

桔梗显微鉴别图

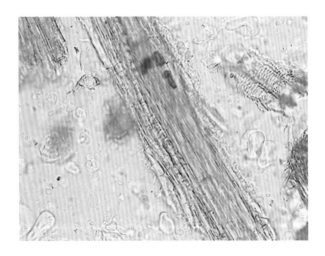

甘草显微鉴别图

清胃散

【处方】 石膏 60 g，大黄 45 g，知母 30 g，黄芩 30 g，陈皮 25 g，枳壳 25 g，天花粉 30 g，甘草 30 g，玄明粉 45 g，麦冬 30 g。

【制法】 以上 10 味，粉碎、过筛、混匀即得。

【性状】 本品为浅黄色粉末；气微香，味咸、微苦。

【功能】 清热泻火，理气开胃。

【主治】 胃热食少，粪干。

【显微鉴别】

石膏：不规则片状结晶无色，有平直纹理。

大黄：草酸钙簇晶大，直径 60 ~ 140 μm。

知母：草酸钙针晶成束或散在，长 26 ~ 110 μm。

黄芩：纤维淡黄色，梭形，壁厚，孔沟细。

陈皮：草酸钙方晶成片存在于薄壁组织中。

天花粉：具缘纹孔导管大，多破碎，有的具缘纹孔呈六角形或斜方形，排列紧密。

甘草：纤维束周围薄壁细胞含草酸钙方晶，形成晶纤维。

玄明粉：用乙醇装片观察，不规则结晶近无色，边缘不整齐，表面有细长裂隙且现颗粒性。

麦冬：石细胞类方形或长方形，直径 30 ~ 60 μm，壁较厚，有时一边薄，纹孔细密。

【备注】 麦冬的石细胞类方形或长方形，直径 30 ~ 64 μm，壁较厚，有时一边薄，纹孔细密；散有含草酸钙针晶束的黏液细胞，有的针晶直径至 10 μm。天花粉石细胞黄绿色，长方形、椭圆形、类方形、多角形或纺锤形，直径 27 ~ 72 μm，壁较厚，纹孔细密。

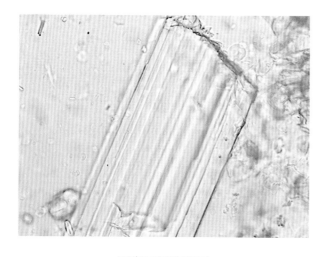

石膏显微鉴别图

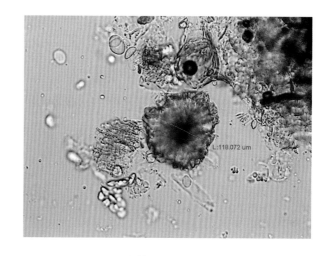

大黄显微鉴别图

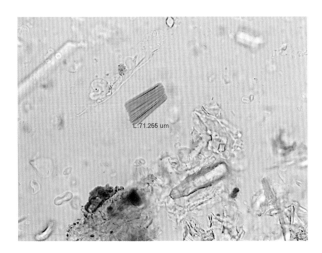

知母显微鉴别图

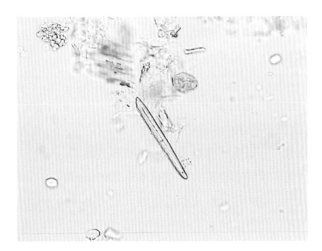

黄芩显微鉴别图

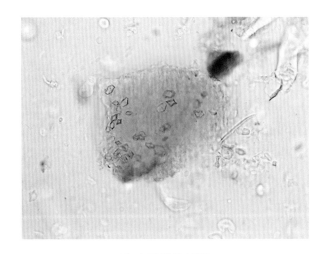

陈皮显微鉴别图

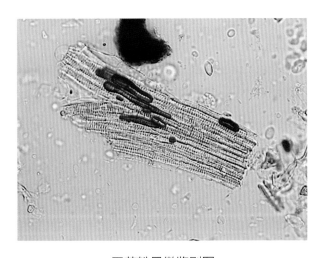

天花粉显微鉴别图

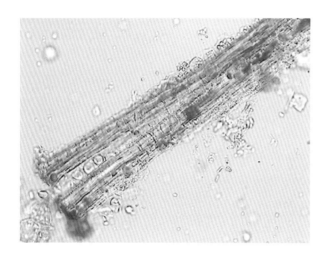

甘草显微鉴别图

玄明粉显微鉴别图

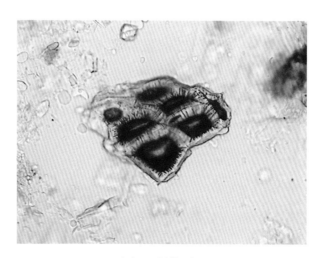

麦冬显微鉴别图

清热健胃散

【**处方**】 龙胆 30 g，黄柏 30 g，知母 20 g，陈皮 25 g，厚朴 20 g，大黄 20 g，山楂 20 g，六神曲 20 g，麦芽 30 g，碳酸氢钠 50 g。

【**制法**】 以上 10 味，除碳酸氢钠外，其余龙胆等 9 味共粉碎成粉末，加碳酸氢钠，过筛、混匀即得。

【**性状**】 本品为黄棕色粉末；气香，味苦。

【**功能**】 清热，燥湿，消食。

【**主治**】 胃热不食，宿食不化。

【**显微鉴别**】

黄柏：纤维束鲜黄色，周围细胞含草酸钙方晶，形成晶纤维，含晶细胞壁木化增厚。

知母：草酸钙针晶成束或散在，长 26 ～ 110 μm。

陈皮：草酸钙方晶成片存于薄壁组织中。

厚朴：石细胞分枝状，壁厚，层纹明显。

大黄：草酸钙簇晶大，直径 60 ～ 140 μm。

山楂：果皮石细胞淡紫红色、红色或黄棕色，类圆形或多角形，胞腔中含红棕色物，直径约至 125 μm。

麦芽：果皮细胞纵列，常有 1 个长细胞与 2 个短细胞相间排列，长细胞壁厚，波状弯曲，木化。

【**备注**】 大黄的草酸钙簇晶多，大型，掌叶大黄草酸钙簇晶棱角大多短钝，唐古特大黄草酸钙簇晶棱角大多长宽而尖，药用大黄草酸钙簇晶棱角大多短尖。山里红石细胞较多，成群或单个散在，近无毛或淡黄色，呈类圆形、长圆形、长条形、类三角形或不规则形状，直径 18 ～ 173 μm，层纹明显，孔沟较粗，有分叉，胞腔小，有的含橙黄色物；山楂多数石细胞散在，石细胞类圆形，少数呈不规则形，直径 60 ～ 100 μm，壁厚薄不一，壁孔及孔沟明显。

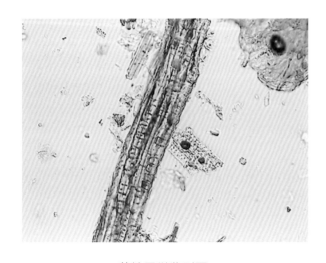

黄柏显微鉴别图

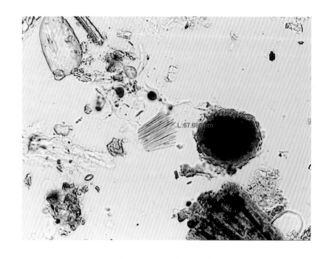

知母显微鉴别图

麦芽显微鉴别图

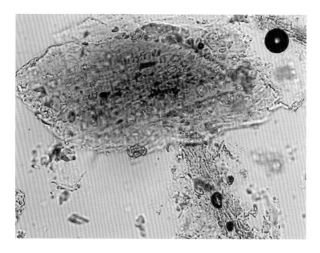

陈皮显微鉴别图

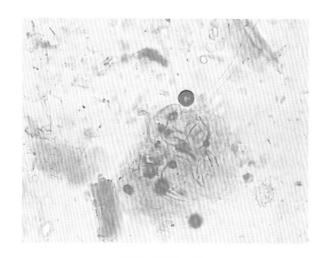

厚朴显微鉴别图

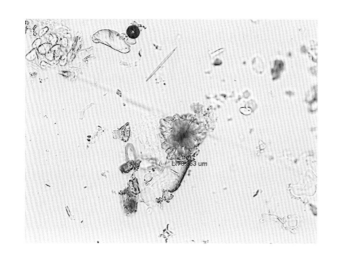

大黄显微鉴别图

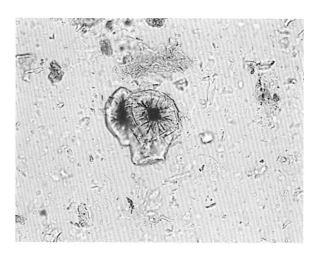

山楂显微鉴别图

麦芽显微鉴别图

清热散

【处方】 大青叶 60 g，板蓝根 60 g，石膏 60 g，大黄 30 g，玄明粉 60 g。

【制法】 以上 5 味，粉碎、过筛、混匀即得。

【性状】 本品为黄色粉末；味苦、微涩。

【功能】 清热解毒，泻火通便。

【主治】 发热，粪干。

【显微鉴别】

大青叶：靛蓝结晶蓝色，存在于叶肉组织和表皮细胞中，呈细小颗粒状或片状，常聚集成堆。

板蓝根：木纤维多成束，淡黄色，多碎断，直径 14 ~ 25 μm，微木化，纹孔及孔沟较明显。

石膏：不规则片状结晶无色，有平直纹理。

大黄：草酸钙簇晶大，直径 60 ~ 140 μm。

玄明粉：用乙醇装片观察，不规则结晶近无色，边缘不整齐，表面有细长裂隙且现颗粒性。

【备注】 大青叶的靛蓝结晶蓝色，存在于叶肉组织和表皮细胞中，呈细小颗粒状或片状，常聚集成堆。

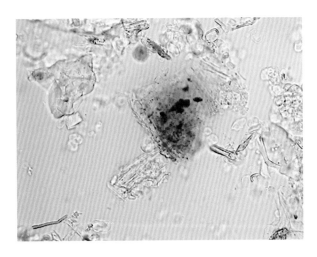

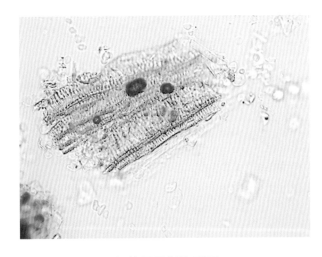

大青叶显微鉴别图　　　　　　　　　　板蓝根显微鉴别图

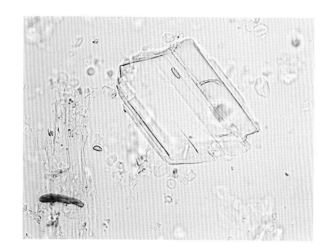

石膏显微鉴别图

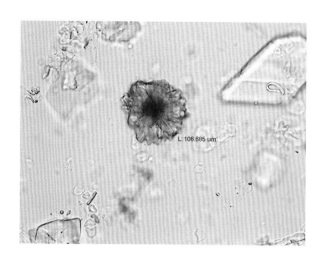

大黄显微鉴别图

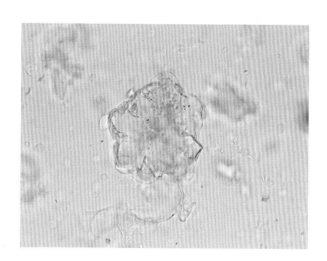

玄明粉显微鉴别图

清暑散

【处方】 香薷 30 g，白扁豆 30 g，麦冬 25 g，薄荷 30 g，木通 25 g，猪牙皂 20 g，藿香 30 g，茵陈 25 g，菊花 30 g，石菖蒲 25 g，金银花 60 g，茯苓 25 g，甘草 15 g。

【制法】 以上 13 味，粉碎、过筛、混匀即得。

【性状】 本品为黄棕色粉末；气香窜，味辛、甘、微苦。

【功能】 清热祛暑。

【主治】 伤暑，中暑。

【显微鉴别】

香薷：叶肉组织碎片中散有草酸钙方晶。

白扁豆：种皮栅状细胞长 80～150 μm。

麦冬：草酸钙针晶成束或散在，长 24～50 μm，直径约 3 μm。

茵陈："T"形毛众多，多碎断，臂细胞较平直，壁极厚，胞腔常呈细缝状，柄细胞 1～2 个。

菊花：花粉粒类圆形，直径 24～34 μm，外壁有刺，长 3～5 μm，具 3 个萌发孔。

石菖蒲：油细胞圆形，直径约至 50 μm，含黄色或黄棕色油状物。

金银花：花粉粒类圆形，直径约至 76 μm，外壁有刺状雕纹，具 3 个萌发孔。

茯苓：不规则分枝状团块无色，遇水合氯醛溶液溶化；菌丝无色或淡棕色，长 4～6 μm。

甘草：纤维束周围薄壁细胞含草酸钙方晶，形成晶纤维。

【备注】 香薷的叶肉细胞含细小草酸钙方晶，直径 1.5～6 μm。白扁豆种皮为单列栅状细胞，种脐部位为两列，长 80～150 μm，壁自内向外渐增厚，近外方有光辉带。石菖蒲薄壁组织中散有类圆形油细胞。

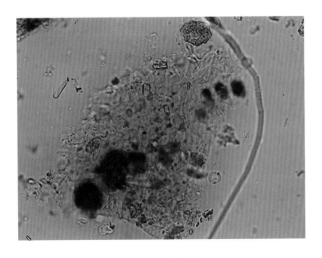

香薷显微鉴别图

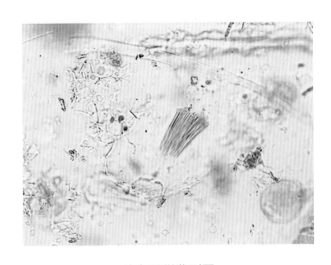

麦冬显微鉴别图

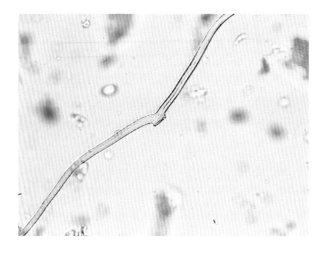

茵陈显微鉴别图

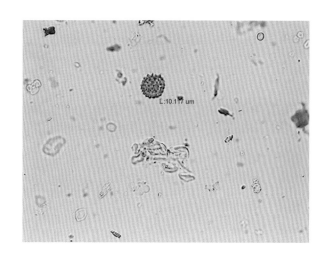

菊花显微鉴别图

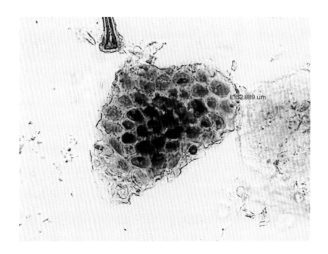

石菖蒲显微鉴别图

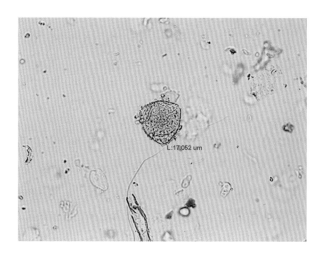

金银花显微鉴别图

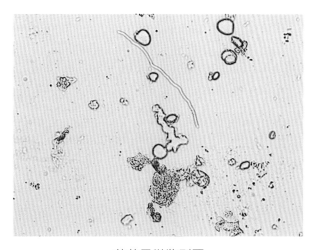

茯苓显微鉴别图

清瘟败毒散

【处方】 石膏 120 g，地黄 30 g，水牛角 60 g，黄连 20 g，栀子 30 g，牡丹皮 20 g，黄芩 25 g，赤芍 25 g，玄参 25 g，知母 30 g，连翘 30 g，桔梗 25 g，甘草 15 g，淡竹叶 25 g。

【制法】 以上 14 味，粉碎、过筛、混匀即得。

【性状】 本品为灰黄色粉末；气微香，味苦、微甜。

【功能】 泻火解毒，凉血。

【主治】 热毒发斑，高热神昏。

【显微鉴别】

石膏：不规则片状结晶无色，具平直纹理。

地黄：薄壁组织灰棕色至黑棕色，细胞多皱缩，内含棕色核状物。

水牛角：不规则碎片多呈柴片状，稍有光泽，具有规则纵长裂缝。

黄连：纤维束鲜黄色，壁稍厚，纹孔明显。

栀子：种皮石细胞黄色或淡棕色，多破碎，完整者长多角形、长方形或不规则形状，壁厚，有大的圆形纹孔，胞腔棕红色。

黄芩：纤维淡黄色，梭形，壁厚，孔沟细。

玄参：石细胞黄棕色或无色，类长方形、类圆形或不规则形状，直径约至 94 μm。

知母：草酸钙针晶成束或散在，长 26 ~ 110 μm。

连翘：内果皮纤维上下层纵横交错，纤维短梭形。

甘草：纤维束周围薄壁细胞含草酸钙方晶，形成晶纤维。

淡竹叶：表皮细胞狭长，垂周壁深波状弯曲，有气孔，保卫细胞哑铃状。

【备注】 地黄皮层薄壁细胞排列疏松，散有多数分泌细胞，含橘黄色油滴。水牛角粉末灰褐色，碎块不规则形，淡灰白色、淡灰黄色或灰褐色，纵断面观表面可见细长梭形皮层细胞，有纵长裂缝，布有微细灰棕色色素颗粒；横断面观皮层细胞平行排列，呈弧状弯曲似波峰样，有众多黄棕色色素颗粒，有的碎块表面平整，色素颗粒及裂隙均少。玄参粉末灰棕色，石细胞大多散在或 2 ~ 5 个成群，长方形、类方形、类圆形、三角形、梭形或不规则形状，直径 22 ~ 94 μm，壁厚 5 ~ 26 μm，有的孔沟分叉，胞腔较大。

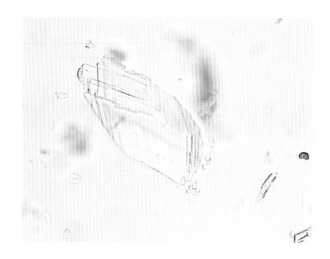

石膏显微鉴别图

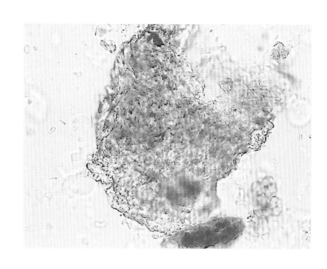

地黄显微鉴别图

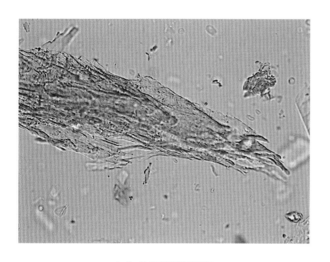

水牛角显微鉴别图

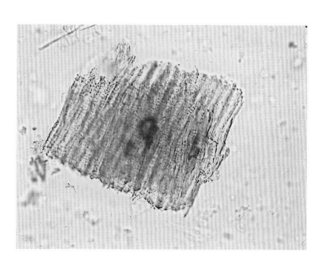

黄连显微鉴别图

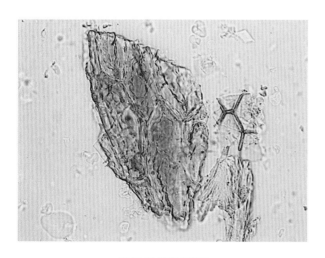

栀子显微鉴别图

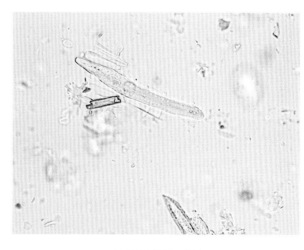

黄芩显微鉴别图

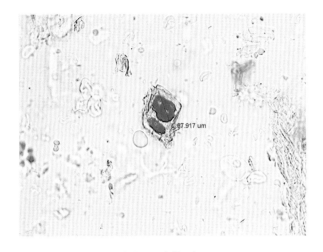

玄参显微鉴别图

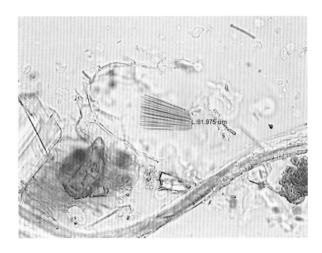

知母显微鉴别图

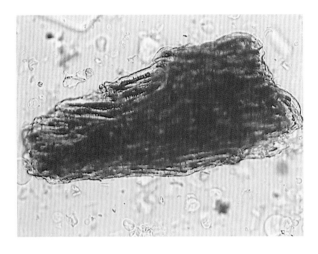

连翘显微鉴别图

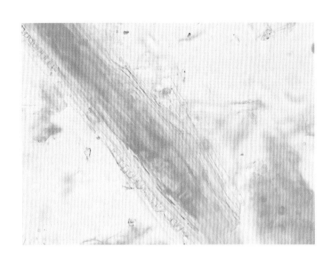

甘草显微鉴别图

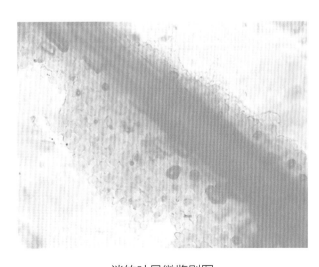

淡竹叶显微鉴别图

蛋鸡宝

【处方】 党参 100 g，黄芪 200 g，茯苓 100 g，白术 100 g，麦芽 100 g，山楂 100 g，六神曲 100 g，菟丝子 100 g，蛇床子 100 g，淫羊藿 100 g。

【制法】 以上 10 味，粉碎、过筛、混匀即得。

【性状】 本品为灰棕色粉末；气微香，味甘、微辛。

【功能】 益气健脾，补肾壮阳。

【主治】 用于提高产蛋率，延长产蛋高峰期。

【显微鉴别】

党参：联结乳管直径 12 ~ 15 μm，含细小颗粒状物。

黄芪：纤维成束或散离，壁厚，表面有纵裂纹，两端断裂成帚状或较平截。

茯苓：不规则分枝状团块无色，遇水合氯醛溶液溶化；菌丝无色或淡棕色，直径 4 ~ 6 μm（滴加稀甘油，不加热观察）。

白术：草酸钙针晶细小，长 10 ~ 32 μm，不规则地充塞于薄壁细胞中。

麦芽：果皮细胞纵列，常有 1 个长细胞与 2 个短细胞相间排列，长细胞壁厚，波状弯曲，木化。

山楂：果皮石细胞淡紫红色、红色或黄棕色，类圆形或多角形，直径约至 125 μm。

菟丝子：种皮栅状细胞 2 列，内列较外列长，有光辉带。

淫羊藿：非腺毛 3 ~ 10 个细胞，长 200 ~ 1 000 μm，顶端细胞长，有的含棕色或黄棕色物。

【备注】 党参石细胞较多，单个散在或数个成群，有的与木栓细胞相互嵌入；石细胞多角形、类方形、长方形或不规则形，直径 24 ~ 51 μm，纹孔稀疏；乳管为有节联结乳管，管中及周围细胞中充满油滴状物及细颗粒；木栓细胞棕黄色，表面观长方形、斜方形或类多角形，垂周壁微波状弯曲，木化，有纵条纹。素花党参淡黄色石细胞极多，壁厚薄不等，纹孔稀疏，孔沟明显，有的孔沟密集并纵横交错成网状、蜂窝状。川党参类白色石细胞较少，直径 25 ~ 36 μm，长 60 ~ 76 μm，孔沟明显，喇叭状或漏斗状；木薄壁细胞梭形，有的平周壁上具网状纹理，有的垂周壁呈连珠状，有的纹孔、孔沟明显。

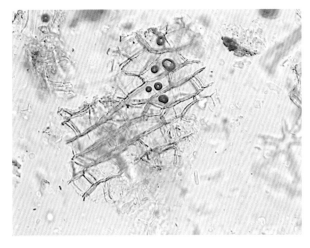

党参显微鉴别图

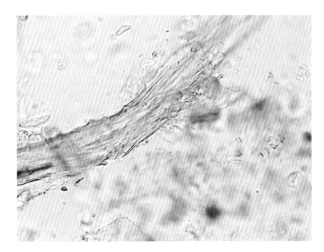

黄芪显微鉴别图

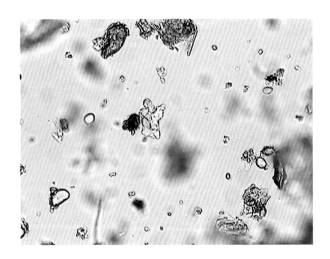

茯苓显微鉴别图

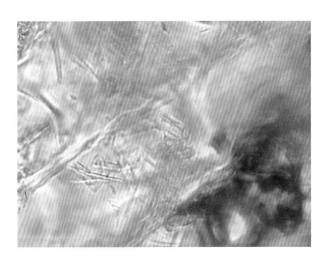

白术显微鉴别图

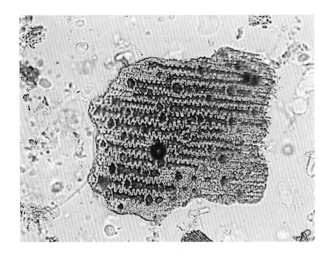

麦芽显微鉴别图

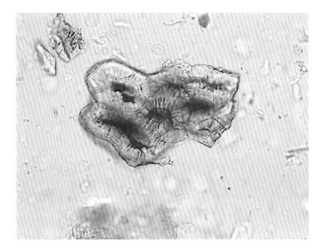

山楂显微鉴别图

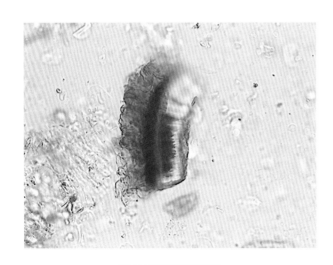

菟丝子显微鉴别图

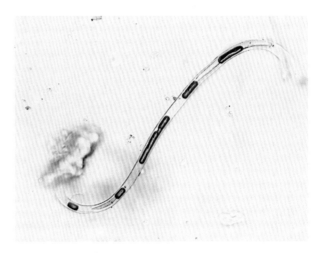

淫羊藿显微鉴别图

雄黄散

【处方】 雄黄 200 g，白及 200 g，白蔹 200 g，龙骨（煅）200 g，大黄 200 g。

【制法】 以上 5 味，粉碎、过筛、混匀即得。

【性状】 本品为橙黄色粉末；气香，味涩、微苦、辛。

【功能】 清热解毒，消肿止痛。

【主治】 热性黄肿。

【显微鉴别】

雄黄：不规则碎块金黄色或橙黄色，有光泽。

白蔹：草酸钙针晶成束，长 86 ~ 169 μm。

龙骨：不规则块淡灰褐色，有的有凹凸纹理。

大黄：草酸钙簇晶大，直径 60 ~ 140 μm。

【备注】 白及的草酸钙针晶束存在于大的类圆形黏液细胞中，或随处散在，针晶长 18 ~ 88 μm。白蔹粉末淡红棕色，草酸钙针晶散在或成束存在于黏液细胞中。

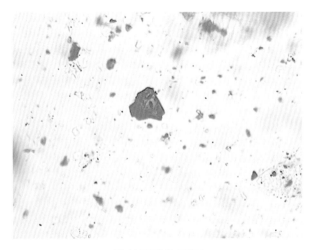

雄黄显微鉴别图

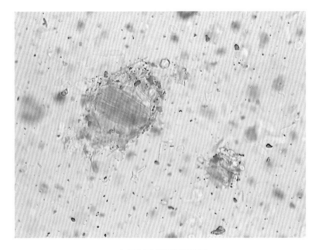

白及显微鉴别图

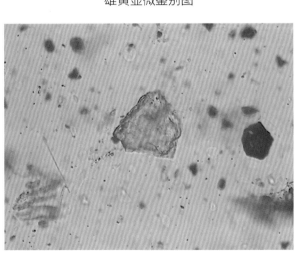

龙骨显微鉴别图

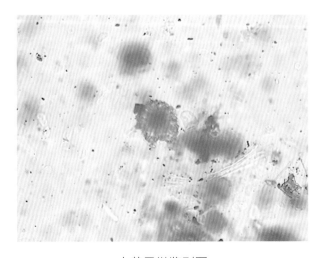

大黄显微鉴别图

喉炎净散

【处方】 板蓝根 840 g，蟾酥 80 g，人工牛黄 60 g，胆膏 120 g，甘草 40 g，青黛 24 g，玄明粉 40 g，冰片 28 g，雄黄 90 g。

【制法】 以上 9 味，取蟾酥加倍量白酒，拌匀，放置 24 小时，挥发去酒，干燥，得制蟾酥；取雄黄水飞或粉碎成极细粉；其余板蓝根等 7 味共粉碎成粉末，过筛，混匀，再与制蟾酥、雄黄配研，即得。

【性状】 本品为棕褐色粉末；气特异，味苦、有麻舌感。

【功能】 清热解毒，通利咽喉。

【主治】 鸡喉气管炎。

【显微鉴别】

板蓝根：石细胞类长方形或形状不规则，边缘稍有凹凸，2 个并列或单个散在，壁厚，孔沟细，有的一边较稀疏。

甘草：纤维束周围薄壁细胞含草酸钙方晶，形成晶纤维。

青黛：不规则块片或颗粒蓝色。

雄黄：不规则碎块金黄色或橙黄色，有光泽。

【备注】 板蓝根除石细胞、木纤维外，薄壁细胞中还含有大量淀粉粒。

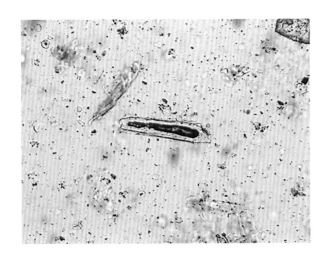

板蓝根显微鉴别图

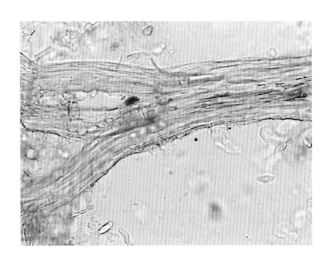

甘草显微鉴别图

青黛显微鉴别图

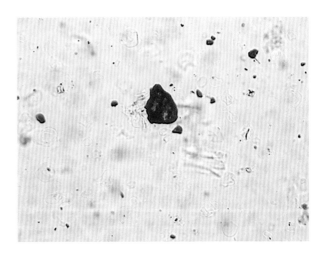

雄黄显微鉴别图

普济消毒散

【处方】　大黄 30 g，黄芩 25 g，黄连 20 g，甘草 15 g，马勃 20 g，薄荷 25 g，玄参 25 g，牛蒡子 45 g，升麻 25 g，柴胡 25 g，桔梗 25 g，陈皮 20 g，连翘 30 g，荆芥 25 g，板蓝根 30 g，青黛 25 g，滑石 80 g。

【制法】　以上 17 味，粉碎、过筛、混匀即得。

【性状】　本品为灰黄色粉末；气香，味苦。

【功能】　清热解毒，疏风消肿。

【主治】　热毒上冲，头面、腮颊肿痛，疮黄疔毒。

【显微鉴别】

大黄：草酸钙簇晶大，直径 60 ~ 140 μm。

黄芩：纤维淡黄色，梭形，壁厚，孔沟细。

黄连：纤维束鲜黄色，壁稍厚，纹孔明显。

甘草：纤维束周围薄壁细胞含草酸钙方晶，形成晶纤维。

升麻：木纤维成束，多碎断，淡黄绿色，末端狭尖或钝圆，有的有分叉，直径 14 ~ 41 μm，壁稍厚，具"十"字形纹孔对，有的胞腔中含黄棕色物。

柴胡：油管含淡黄色或黄棕色条状分泌物，直径 8 ~ 66 μm。

桔梗：连接乳管直径 14 ~ 25 μm，含淡黄色颗粒状物。

陈皮：草酸钙方晶成片存在于薄壁组织中。

连翘：内果皮纤维上下层纵横交错，纤维短梭形。

荆芥：外果皮细胞表面观多角形，壁黏液化，胞腔含棕色物。

青黛：不规则块片或颗粒蓝色。

滑石：不规则块片无色，有层层剥落痕迹。

【备注】　升麻木纤维主要为纤维管胞，单个或成束，长梭形；导管主要为具缘纹孔导管，有的导管分子粗短，呈圆桶状。

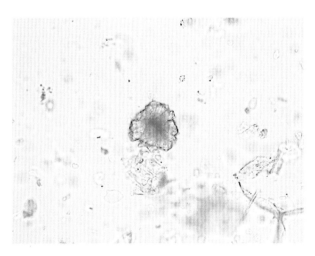

大黄显微鉴别图

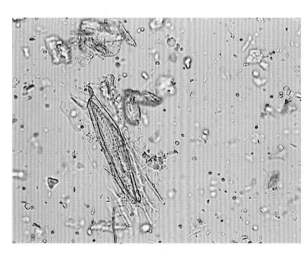

黄芩显微鉴别图

黄连显微鉴别图

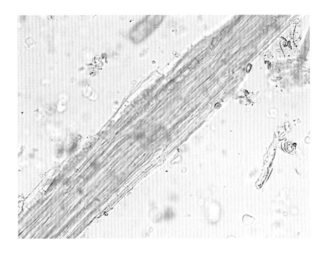

甘草显微鉴别图

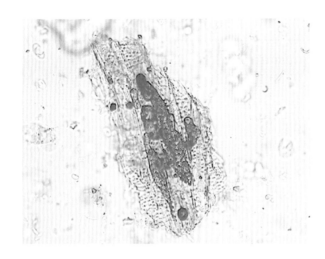

升麻显微鉴别图

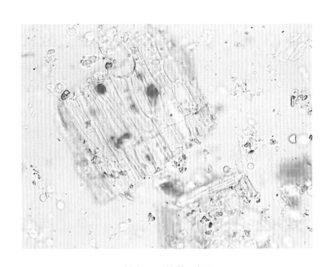

桔梗显微鉴别图

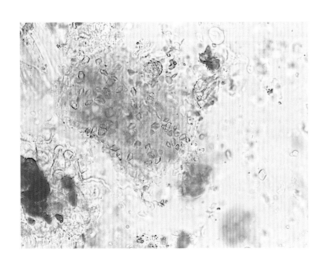

陈皮显微鉴别图

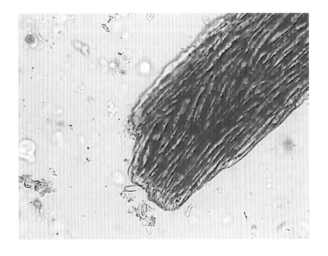

连翘显微鉴别图

滑石散

【处方】 滑石 60 g，泽泻 45 g，灯心草 15 g，茵陈 30 g，知母（酒制）25 g，黄柏（酒制）30 g，猪苓 25 g，瞿麦 25 g。

【制法】 以上 8 味，粉碎、过筛、混匀即得。

【性状】 本品为淡黄色粉末；气香，味淡、微苦。

【功能】 清热利湿，通淋。

【主治】 膀胱热结，排尿不利。

【显微鉴别】

滑石：不规则块片无色，有层层剥落痕迹。

泽泻：薄壁细胞类圆形，有椭圆形纹孔，集成纹孔群。

灯心草：星状薄壁细胞彼此以星芒相接，形成大的三角形或四边形气腔。

茵陈："T"形非腺毛，具柄部及单细胞臂部，两臂不等长，臂厚，柄细胞 1～2 个。

知母：草酸钙针晶成束或散在，长 26～110 μm。

黄柏：纤维束鲜黄色，周围细胞含草酸钙方晶，形成晶纤维，含晶细胞壁木化增厚。

猪苓：菌丝黏结成团，大多无色；草酸钙方晶正八面体形，直径 32～60 μm。

瞿麦：纤维束周围薄臂细胞含草酸钙簇晶，形成晶纤维，含晶细胞纵向成行。

【备注】 瞿麦黄绿色或黄棕色，纤维多成束，孔沟不明显，胞腔狭窄；有的纤维外侧的细胞含草酸钙簇晶，形成晶纤维；草酸钙簇晶较多，直径 7～85 μm。

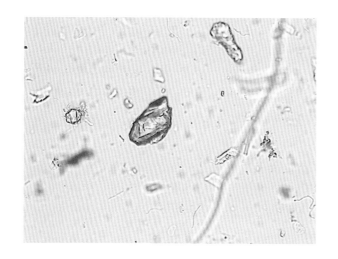

滑石显微鉴别图

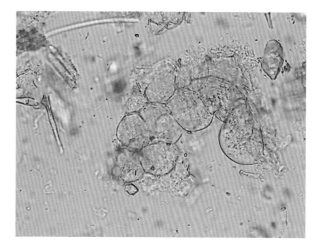

泽泻显微鉴别图

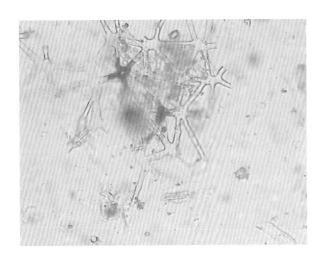

灯心草显微鉴别图

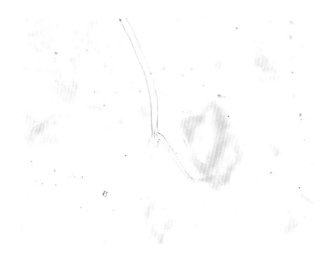

茵陈显微鉴别图

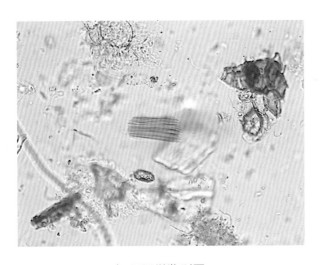

知母显微鉴别图

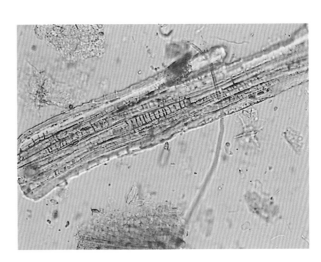

黄柏显微鉴别图

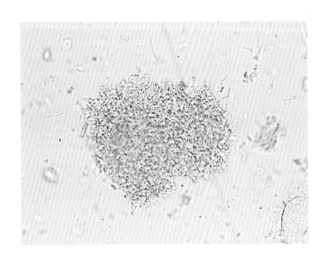

猪苓显微鉴别图

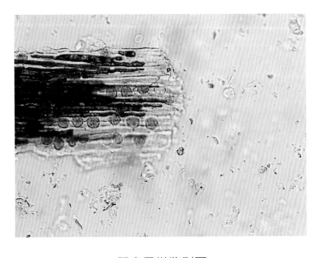

瞿麦显微鉴别图

强壮散

【处方】 党参 200 g，六神曲 70 g，麦芽 70 g，山楂（炒）70 g，黄芪 200 g，茯苓 150 g，白术 100 g，草豆蔻 140 g。

【制法】 以上 8 味，粉碎、过筛、混匀即得。

【性状】 本品为浅灰黄色粉末；气香，味微甘、微苦。

【功能】 益气健脾，消积化食。

【主治】 食欲减退，体瘦毛焦，生长迟缓。

【显微鉴别】

党参：石细胞类斜方形或多角形，一端稍尖，壁较厚，纹孔稀疏。

麦芽：果皮细胞纵列，常有 1 个长细胞与 2 个短细胞相间排列，长细胞壁厚，波状弯曲，木化。

山楂：果皮石细胞淡紫红色、红色或黄棕色，类圆形或多角形，直径约至 125 μm。

黄芪：纤维成束或散离，壁厚，表面有纵裂纹，两端断裂成帚状或较平截。

茯苓：不规则分枝状团块无色，遇水合氯醛溶液溶化；菌丝无色或淡棕色，直径 4～6 μm。

白术：草酸钙针晶细小，长 10～32 μm，不规则地充塞于薄壁细胞中。

草豆蔻：种皮表皮细胞表面观呈长条形，直径约至 30 μm，壁稍厚，常与下皮细胞上下层垂直排列；下皮细胞表面观长多角形或类长方形。

【备注】 草豆蔻种皮表皮细胞表面长条一列，末端渐尖，长至 400 μm，直径 9～31 μm，非木化；下皮细胞长角形或类方形，长至 150 μm，直径 14～31 μm，1～3 列重叠，常与种皮表皮细胞上下层垂直排列。

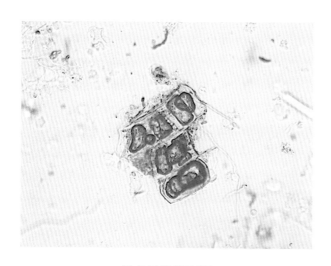

党参显微鉴别图

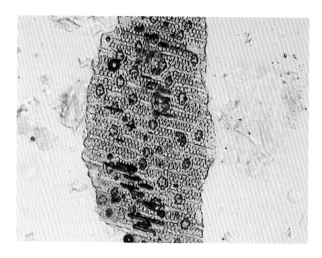

麦芽显微鉴别图

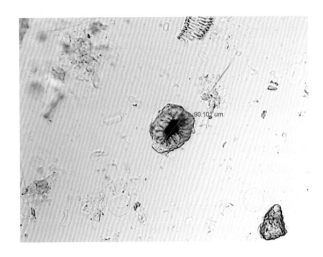

山楂显微鉴别图

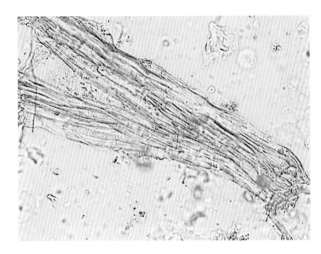

黄芪显微鉴别图

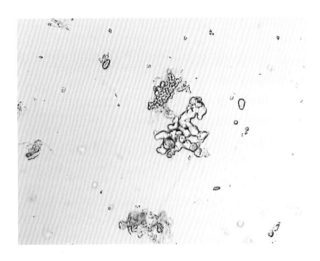

茯苓显微鉴别图

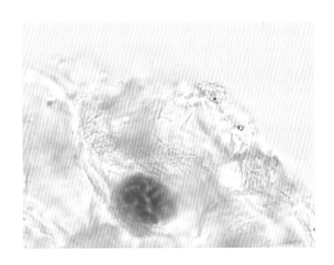

白术显微鉴别图

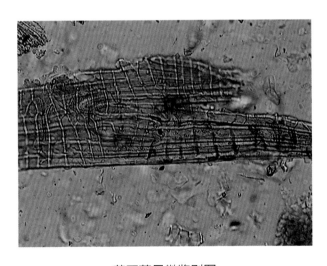

草豆蔻显微鉴别图

槐花散

【处方】 炒槐花 60 g，侧柏叶（炒）60 g，荆芥炭 60 g，枳壳（炒）60 g。

【制法】 以上 4 味，粉碎、过筛、混匀即得。

【性状】 本品为黑棕色粉末；气香，味苦、涩。

【功能】 清肠止血，疏风行气。

【主治】 肠风下血。

【显微鉴别】

槐花：花瓣下表皮细胞多角形，有不定式气孔；薄壁细胞含草酸钙方晶。

枳壳：草酸钙方晶成片存在于薄壁组织中。

【备注】 槐花萼片表皮细胞表面观多角形，可见非腺毛及毛脱落痕迹；气孔不定式，副卫细胞 4～8 个。

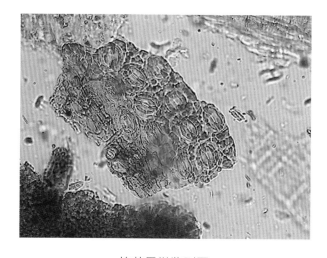

槐花显微鉴别图

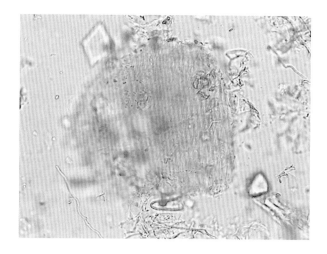

枳壳显微鉴别图

催奶灵散

【**处方**】 王不留行 20 g，黄芪 10 g，皂角刺 10 g，当归 20 g，党参 10 g，川芎 20 g，漏芦 5 g，路路通 5 g。

【**制法**】 以上 8 味，粉碎、过筛、混匀即得。

【**性状**】 本品为灰黄色粉末；气香，味甘。

【**功能**】 补气养血，通经下乳。

【**主治**】 产后乳少，乳汁不下。

【**显微鉴别**】

王不留行：种皮表皮细胞红棕色或黄棕色，表面观多角形或长多角形，直径 50 ~ 120 μm，垂周壁增厚，星角状或深波状弯曲。

黄芪：纤维成束或散离，壁厚，表面有纵裂纹，两端断裂成帚状或较平截。

当归：薄壁细胞纺锤形，壁略厚，有极微细的斜向交错纹理。

党参：石细胞类斜方形或多角形，一端稍尖，壁较厚，纹孔稀疏。

路路通：果皮石细胞类方形、梭形、不规则形或分枝状，直径 53 ~ 398 μm，壁极厚，孔沟分枝状。

【**备注**】 路路通纤维多断碎，长短不一，直径 13 ~ 45 μm，末端稍钝或钝圆，壁多波状弯曲，木化，孔沟有时明显，胞腔内常含棕黄色物；果皮石细胞类方形、梭形、不规则形或分枝状，壁极厚，孔沟分枝状。王不留行种皮表皮细胞红棕色或黄棕色，表面观多角形或长多角形，垂周壁增厚，星角状或深波状弯曲；种皮内表皮细胞淡黄棕色，表面观类方形、类长方形或多角形，垂周壁呈紧密的连珠状增厚，表面可见网状增厚纹理。

王不留行显微鉴别图

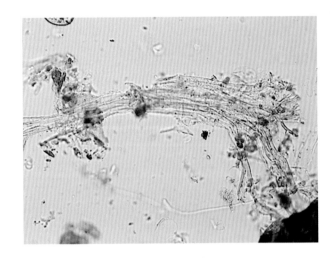

黄芪显微鉴别图

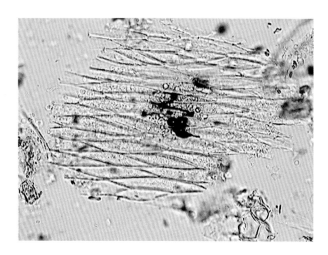

当归显微鉴别图

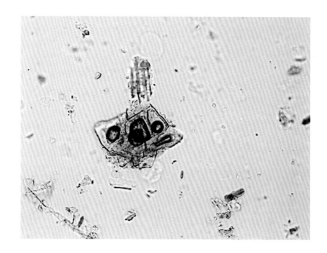

党参显微鉴别图

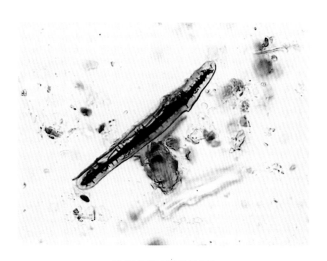

路路通显微鉴别图

催情散

【处方】 淫羊藿 6 g，阳起石（酒淬）6 g，当归 4 g，香附 5 g，益母草 6 g，菟丝子 5 g。

【制法】 以上 6 味，粉碎、过筛、混匀即得。

【性状】 本品为淡灰色粉末；气香，味微苦、微辛。

【功能】 催情。

【主治】 不发情。

【显微鉴别】

淫羊藿：非腺毛 3 ~ 10 个细胞，长 200 ~ 1 000 μm，顶端细胞长，有的含棕色或黄棕色物。

当归：薄壁细胞纺锤形，壁略厚，有极微细的斜向交错纹理。

香附：分泌细胞类圆形，含淡黄棕色至红棕色分泌物，周围细胞做放射状排列。

益母草：非腺毛 1 ~ 3 个细胞，稍弯曲，壁有疣状突起。

菟丝子：种皮栅状细胞 2 列，内列较外列长，有光辉带。

【备注】 香附粉末浅棕色，分泌细胞类圆形，直径 35 ~ 72 μm，内含淡黄棕色至红棕色分泌物，其周围 5 ~ 8 个细胞做放射状排列。益母草非腺毛长 160 ~ 320 μm，基部直径 24 ~ 40 μm，腺毛头部 1 ~ 4 个细胞。

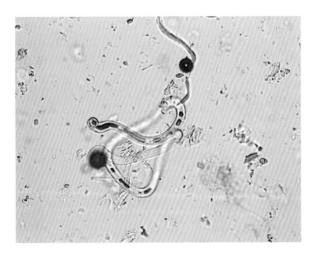

淫羊藿显微鉴别图

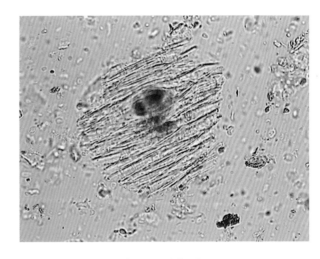

当归显微鉴别图

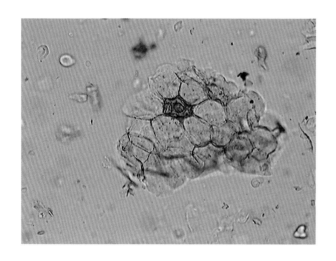

香附显微鉴别图

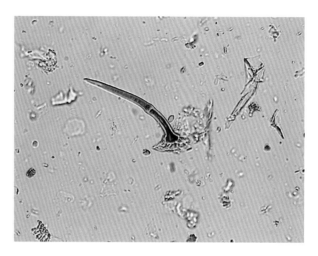

益母草显微鉴别图

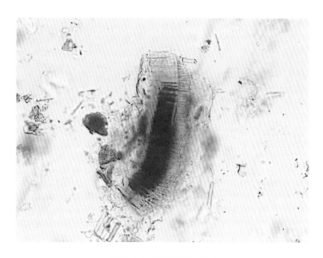

菟丝子显微鉴别图

解暑抗热散

【处方】 滑石粉 51 g，甘草 8.6 g，碳酸氢钠 40 g，冰片 0.4 g。

【制法】 甘草粉碎成中粉，过筛，与碳酸氢钠、滑石粉、冰片（另研）混匀即得。

【性状】 本品为类白色至浅黄色粉末；气清香。

【功能】 清热解暑。

【主治】 热应激，中暑。

【显微鉴别】

滑石粉：为不规则碎块片，无色，有层层剥落痕迹。

甘草：纤维束周围薄壁细胞含草酸钙方晶，形成晶纤维。

【备注】 滑石粉呈不规则碎块片，无色，有层层剥落痕迹，注意和冰片及碳酸氢钠等的区别。

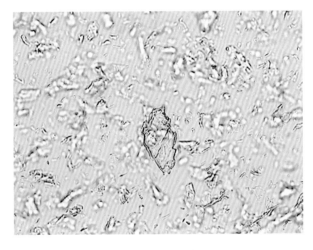

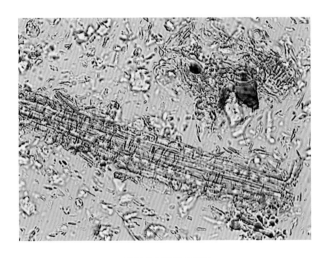

滑石粉显微鉴别图　　　　　　　　　　甘草显微鉴别图

雏痢净

【处方】 白头翁 30 g，黄连 15 g，黄柏 20 g，马齿苋 30 g，乌梅 15 g，诃子 9 g，木香 20 g，苍术 60 g，苦参 10 g。

【制法】 以上 9 味，粉碎、过筛、混匀即得。

【性状】 本品为棕黄色粉末；气微，味苦。

【功能】 清热解毒，涩肠止泻。

【主治】 雏鸡白痢。

【显微鉴别】

白头翁：为非腺毛单细胞，直径 13 ~ 33 μm；基部稍膨大，壁大多木化，有的可见螺状或双螺状纹理。

黄连：纤维束为鲜黄色，壁稍厚，纹孔明显。

黄柏：纤维束为鲜黄色；周围细胞含草酸钙方晶，形成晶纤维，含晶细胞的壁木化增厚。

马齿苋：含草酸钙簇晶，直径 7 ~ 37 μm，存在于叶肉组织中。

诃子：果皮纤维层淡黄色，斜向交错排列，壁较薄，有纹孔。

苍术：草酸钙针晶细小，长 5 ~ 32 μm，不规则地充塞于薄壁细胞中。

苦参：纤维束无色，周围薄壁细胞含草酸钙方晶，形成晶纤维。

【备注】 马齿苋叶肉细胞中含草酸钙簇晶，直径 7 ~ 37 μm。诃子外果皮为 5 ~ 8 列厚壁细胞，细胞内含棕色物；中果皮由薄壁组织、厚壁细胞环及维管束等组成，薄壁细胞为浅黄色。苦参纤维众多成束，非木化，平直或稍弯曲，直径 11 ~ 27 μm；纤维周围的细胞中含草酸钙方晶，形成晶纤维。

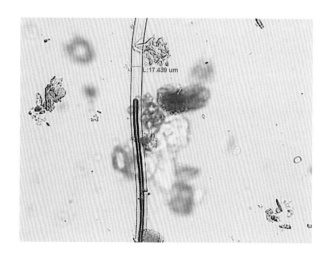

白头翁显微鉴别图

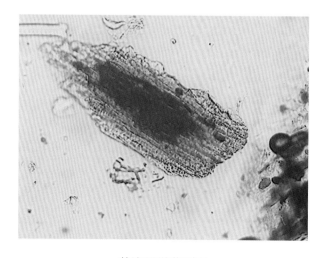

黄连显微鉴别图

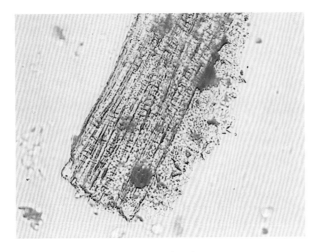

黄柏显微鉴别图

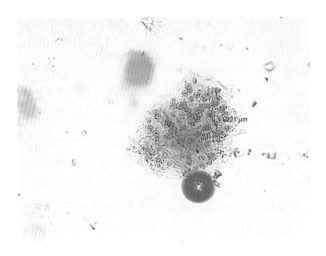

马齿苋显微鉴别图

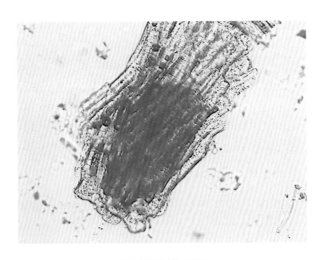

诃子显微鉴别图

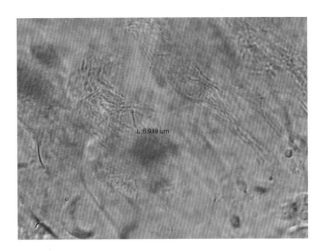

苍术显微鉴别图

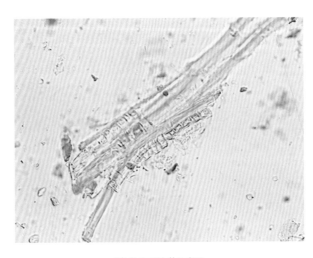

苦参显微鉴别图

镇心散

【处方】 朱砂 10 g，茯苓 25 g，党参 30 g，防风 25 g，甘草 15 g，远志 25 g，栀子 30 g，郁金 25 g，黄芩 30 g，黄连 30 g，麻黄 15 g。

【制法】 以上 11 味除朱砂另研成极细粉外，其余 10 味共粉碎成粉末，过筛，再与朱砂极细粉配研，混匀即得。

【性状】 本品为棕褐色粉末；气微香，味苦、微甜。

【功能】 镇心安神，清热祛风。

【主治】 惊狂，神昏，脑黄。

【显微鉴别】

朱砂：不规则细小颗粒呈暗棕红色，有光泽，边缘暗黑色。

茯苓：不规则分枝状团块无色，遇水合氯醛溶液溶化；菌丝为无色或淡棕色，直径 4～6 μm。

远志：草酸钙簇晶存在于薄壁细胞中或散在，直径 14～55 μm，棱角较宽而薄，先端大多较平截。

栀子：种皮石细胞为黄色或淡棕色，多破碎；完整者为长多角形、长方形或不规则形状，壁厚，有大的圆形纹孔，胞腔呈棕红色。

黄芩：纤维为淡黄色，梭形，壁厚，孔沟细。

黄连：纤维束为鲜黄色，壁稍厚，纹孔明显。

麻黄：气孔特异，保卫细胞侧面观似哑铃状。

【备注】 远志薄壁细胞大多含脂肪油滴，有的含草酸钙簇晶及方晶。朱砂为鲜红色或暗红色，条痕为红色至褐红色，具光泽，体重，质脆；片状者易破碎，粉末状者有闪烁的光泽。

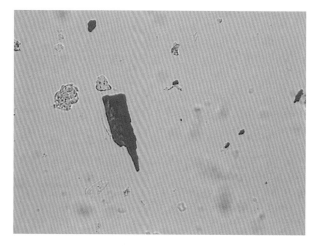

朱砂显微鉴别图

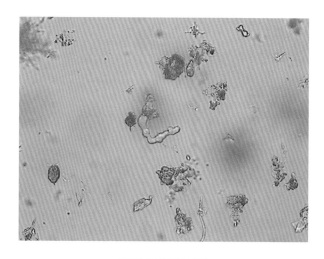

茯苓显微鉴别图

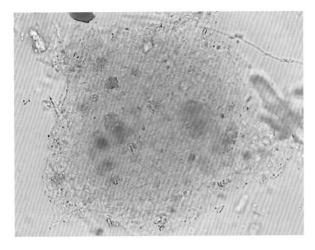

远志显微鉴别图

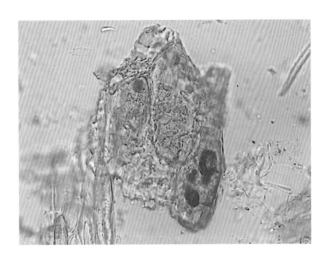

栀子显微鉴别图

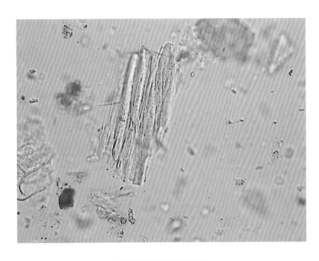

黄芩显微鉴别图

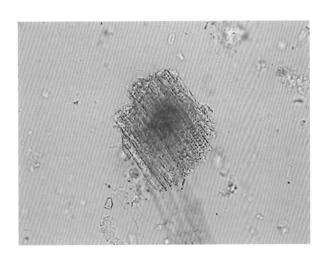

黄连显微鉴别图

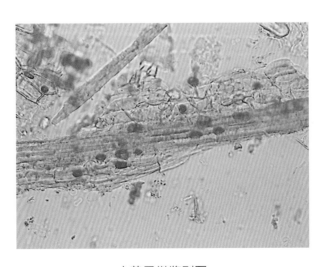

麻黄显微鉴别图

镇喘散

【处方】 香附 300 g，黄连 200 g，干姜 300 g，桔梗 150 g，山豆根 100 g，皂角 40 g，甘草 100 g，人工牛黄 4 g，蟾酥 30 g，雄黄 30 g，明矾 50 g。

【制法】 以上 11 味，取蟾酥加倍量白酒，拌匀，放置 24 小时，挥发去酒，干燥得制蟾酥；取雄黄水飞或粉碎成极细粉；其余黄连等 9 味粉碎，再与制蟾酥、雄黄配研，过筛，混匀即得。

【性状】 本品为红棕色粉末；气特异，味微甘、苦、略带麻舌感。

【功能】 清热解毒，止咳平喘，通利咽喉。

【主治】 鸡慢性呼吸道病，喉气管炎。

【显微鉴别】

香附：分泌细胞呈类圆形，含淡黄棕色至红棕色分泌物，其周围细胞以放射状排列。

黄连：纤维束为鲜黄色，壁稍厚，纹孔明显。

桔梗：联结乳管直径 14～25 μm，含淡黄色颗粒状物。

甘草：纤维束周围薄壁细胞含草酸钙方晶，形成晶纤维。

雄黄：不规则碎块为金黄色或橙黄色，有光泽。

【备注】 香附粉末为浅棕色，分泌细胞为类圆形，直径 35～72 μm，内含淡黄棕色至红棕色分泌物，其周围 5～8 个细胞以放射状环列。雄黄呈不规则块状，为金黄色、橙黄色、深红色或橙红色。

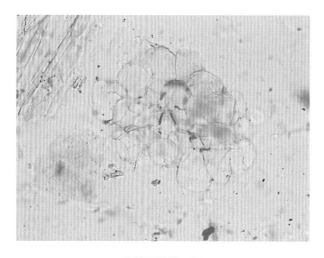

香附显微鉴别图

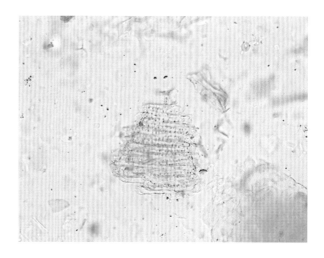

黄连显微鉴别图

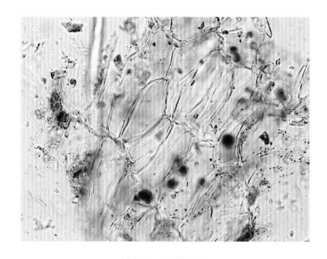

桔梗显微鉴别图

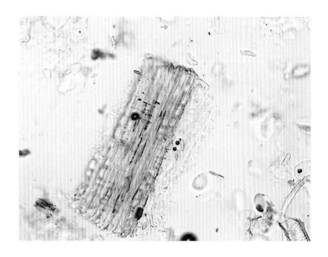

甘草显微鉴别图

雄黄显微鉴别图

激蛋散

【**处方**】　虎杖 100 g，丹参 80 g，菟丝子 60 g，当归 60 g，川芎 60 g，牡蛎 60 g，地榆 50 g，肉苁蓉 60 g，丁香 20 g，白芍 50 g。

【**制法**】　以上 10 味，粉碎、过筛、混匀即得。

【**性状**】　本品为黄棕色粉末；气香，味微苦、酸、涩。

【**功能**】　清热解毒，活血祛瘀，补肾强体。

【**主治**】　输卵管炎，产蛋功能低下。

【**显微鉴别**】

菟丝子：种皮栅状细胞两列，内列较外列长，有光辉带。

当归：薄壁细胞纺锤形，壁略厚，有极微细的斜向交错纹理。

牡蛎：为不规则块片，无色或淡黄褐色，表面具细纹理。

白芍：草酸钙簇晶直径 18～32 μm，存在于薄壁细胞中，常排列成行或一个细胞中含有数个簇晶。

【**备注**】　白芍粉末为黄白色，糊化淀粉团块甚多，所含草酸钙簇晶直径 18～32 μm，存在于薄壁细胞中，常排列成行，或一个细胞中含数个簇晶。牡蛎粉末为灰白色，微粒多呈不规则的条状、片状，边缘平直不整齐。

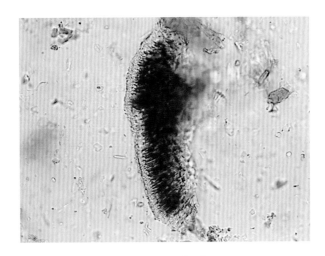

菟丝子显微鉴别图

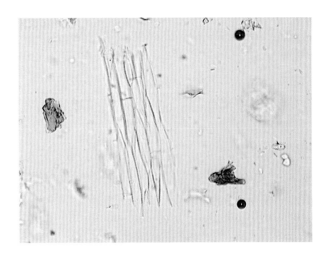

当归显微鉴别图

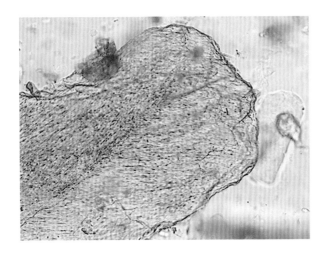

牡蛎显微鉴别图

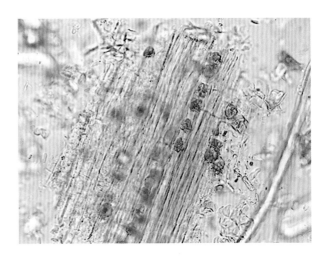

白芍显微鉴别图

藿香正气散

【处方】 广藿香 60 g，紫苏叶 45 g，茯苓 30 g，白芷 15 g，大腹皮 30 g，陈皮 30 g，桔梗 25 g，白术（炒）30 g，厚朴 30 g，法半夏 20 g，甘草 15 g。

【制法】 以上 11 味，粉碎、过筛、混匀即得。

【性状】 本品为灰黄色粉末；气香，味甘、微苦。

【功能】 解表化湿，理气和中。

【主治】 外感风寒，内伤食滞，泄泻腹胀。

【显微鉴别】

广藿香：非腺毛 1~6 个细胞，壁有疣状突起。

茯苓：不规则分枝状团块常无色，遇水合氯醛溶液溶化；菌丝无色或淡棕色，直径 4~6 μm（滴加稀甘油，不加热观察）。

大腹皮：中果皮纤维成束，细长，直径 8~15 μm，微木化，纹孔明显，周围细胞中含有圆簇状硅质块，直径约 8 μm。

陈皮：草酸钙方晶成片存在于薄壁组织中。

白术：草酸钙针晶细小，长 10~32 μm，不规则地充塞于薄壁细胞中。

厚朴：石细胞分枝状，壁厚，层纹明显。

半夏：草酸钙针晶成束，长 32~144 μm，存在于黏液细胞中或散在。

甘草：纤维束周围薄壁细胞含草酸钙方晶，形成晶纤维。

【备注】 大腹皮粉末为黄白色或黄棕色。中果皮纤维束周围细胞含硅质块，含硅质块细胞壁厚，木化。广藿香粉末为淡棕色，非腺毛 1~6 个细胞，平直或先端弯曲，长 97~590 μm，壁具刺状突起，有的胞腔含黄棕色物。

广藿香显微鉴别图

茯苓显微鉴别图

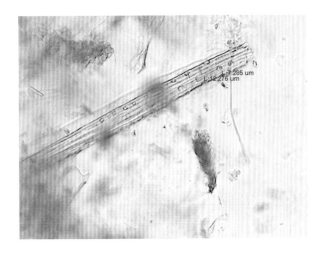

大腹皮显微鉴别图

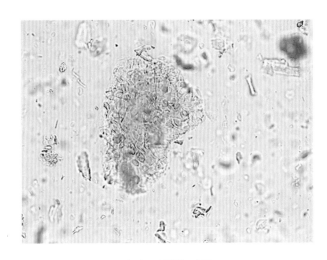

陈皮显微鉴别图

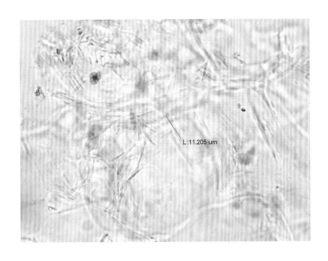

白术显微鉴别图

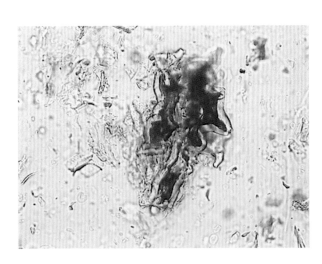

厚朴显微鉴别图

半夏显微鉴别图

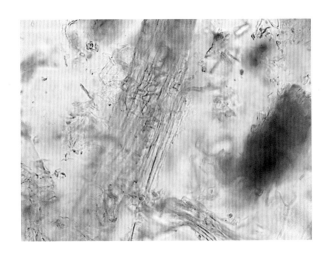

甘草显微鉴别图